普通高等教育"十一五"国家级规划教材

尹静 朱恽 主编

吴海涛 李胜 副主编

Access 2010
数据库技术与应用

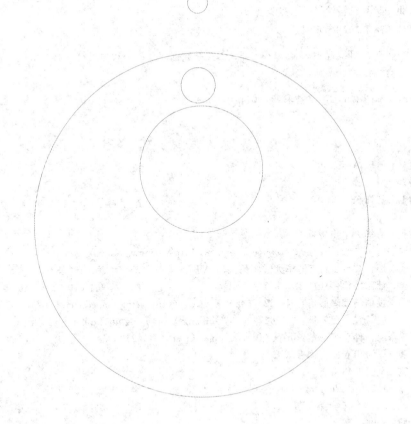

21世纪计算机科学与技术实践型教程

丛书主编 陈明

清华大学出版社

北京

内 容 简 介

本书根据教育部高等学校计算机基础教学指导委员会编制的《普通高等学校计算机基础教学基本要求》最新版本中对数据库技术和程序设计方面的基本要求以及《全国计算机等级考试二级 Access 数据库程序设计考试大纲(2013 版)》进行编写。全书共分为 9 章,主要内容包括数据库基础知识、Access 2010 数据库、表、查询、窗体、报表、宏、VBA 编程基础和 VBA 数据库编程等。另外,每章配有适量的习题和上机操作题,使读者能够在学习过程中提高操作能力和实际应用能力。

本书内容丰富、结构清晰、语言简练、图文并茂,具有很强的实用性和可操作性。为方便教学,本书免费提供电子课件、素材与计算机等级考试模拟软件。

本书既可作为普通高等院校 Access 数据库设计基础教材,也可作为计算机等级考试培训教材。

图书在版编目(CIP)数据

Access 2010 数据库技术与应用/尹静,朱恽主编.—北京:清华大学出版社,2014(2017.8重印)

21 世纪计算机科学与技术实践型教程

ISBN 978-7-302-35669-1

Ⅰ.①A… Ⅱ.①尹… ②朱… Ⅲ.①关系数据库系统—程序设计—高等学校—教材

Ⅳ.①TP311.138

中国版本图书馆 CIP 数据核字(2014)第 052982 号

责任编辑:谢 琛 薛 阳
封面设计:何凤霞
责任校对:白 蕾
责任印制:刘祎淼

出版发行:清华大学出版社

   网 址:http://www.tup.com.cn,http://www.wqbook.com

   地 址:北京清华大学学研大厦 A 座   邮 编:100084

   社 总 机:010-62770175   邮 购:010-62786544

   投稿与读者服务:010-62776969,c-service@tup.tsinghua.edu.cn

   质 量 反 馈:010-62772015,zhiliang@tup.tsinghua.edu.cn

   课 件 下 载:http://www.tup.com.cn,010-62795954

印 装 者:三河市春园印刷有限公司

经 销:全国新华书店

开 本:185mm×260mm   印 张:22.75   字 数:522 千字

版 次:2014 年 6 月第 1 版   印 次:2017 年 8 月第 5 次印刷

印 数:6001~7000

定 价:45.00 元

产品编号:057173-02

《21世纪计算机科学与技术实践型教程》

序

21世纪影响世界的三大关键技术：以计算机和网络为代表的信息技术；以基因工程为代表的生命科学和生物技术；以纳米技术为代表的新型材料技术。信息技术居三大关键技术之首。国民经济的发展采取信息化带动现代化的方针，要求在所有领域中迅速推广信息技术，导致需要大量的计算机科学与技术领域的优秀人才。

计算机科学与技术的广泛应用是计算机学科发展的原动力，计算机科学是一门应用科学。因此，计算机学科的优秀人才不仅应具有坚实的科学理论基础，而且更重要的是能将理论与实践相结合，并具有解决实际问题的能力。培养计算机科学与技术的优秀人才是社会的需要、国民经济发展的需要。

制订科学的教学计划对于培养计算机科学与技术人才十分重要，而教材的选择是实施教学计划的一个重要组成部分，《21世纪计算机科学与技术实践型教程》主要考虑了下述两方面。

一方面，高等学校的计算机科学与技术专业的学生，在学习了基本的必修课和部分选修课程之后，立刻进行计算机应用系统的软件和硬件开发与应用尚存在一些困难，而《21世纪计算机科学与技术实践型教程》就是为了填补这部分空白。将理论与实际联系起来，使学生不仅学会了计算机科学理论，而且也学会了应用这些理论解决实际问题。

另一方面，计算机科学与技术专业的课程内容需要经过实践练习，才能深刻理解和掌握。因此，本套教材增强了实践性、应用性和可理解性，并在体例上做了改进——使用案例说明。

实践型教学占有重要的位置，不仅体现了理论和实践紧密结合的学科特征，而且对于提高学生的综合素质，培养学生的创新精神与实践能力有特殊的作用。因此，研究和撰写实践型教材是必需的，也是十分重要的任务。优秀的教材是保证高水平教学的重要因素，选择水平高、内容新、实践性强的教材可以促进课堂教学质量的快速提升。在教学中，应用实践型教材可以增强学生的认知能力、创新能力、实践能力以及团队协作和交流表达能力。

实践型教材应由教学经验丰富、实际应用经验丰富的教师撰写。此系列教材的作者不但从事多年的计算机教学，而且参加并完成了多项计算机类的科研项目，他们把积累的经验、知识、智慧、素质融于教材中，奉献给计算机科学与技术的教学。

我们在组织本系列教材过程中，虽然经过了详细的思考和讨论，但毕竟是初步的尝试，不完善甚至缺陷不可避免，敬请读者指正。

本系列教材主编　陈明

2005年1月于北京

前　　言

Access 是一个关系型数据库管理系统,作为 Microsoft Office 的一个组成部分,可以有效地组织和管理数据库中的数据,并把数据库与网络结合起来,为人们提供了强大的数据管理工具。Access 具有功能完备、界面友好、操作简单、使用方便等特点,被广泛地应用于各种数据库管理软件的开发。

将理论与实践相结合,使学生掌握 Access 数据库技术的基础理论,掌握 Access 数据库的设计与管理、数据的应用与程序设计方法,使学生通过学习能设计一个简单的数据库应用系统,是数据库技术教学的基本目的。为了更好地进行教学,我们组织编写了本教材。

本书根据教育部高等学校计算机基础教学指导委员会编制的《普通高等学校计算机基础教学基本要求》和《全国计算机等级考试二级 Access 数据库程序设计考试大纲(2013版)》,从教学实际需求出发,由浅入深、循序渐进地讲解了 Access 数据库技术知识。全书共分为 9 章,主要内容包括数据库基础知识、Access 2010 数据库、表、查询、窗体、报表、宏、VBA 编程基础和 VBA 数据库编程等。

第 1 章主要介绍与数据库管理系统相关的理论和基础知识,关系数据库设计理论以及 Access 2010 系统的相关知识。

第 2 章主要介绍数据库的基本操作和数据库的维护,包括数据库的创建、打开及关闭、数据库设置密码、账户及账户组的管理数据库的备份与恢复、数据库的导出等。

第 3 章主要介绍表的基本操作,包括表的创建、设置表的属性、创建索引及表间的关系等。

第 4 章介绍查询及其应用,包括查询的创建、SQL 语句等。

第 5 章主要介绍窗体的设计及应用,包括窗体的创建、窗体的属性设置、窗体控件以及窗体的使用等。

第 6 章主要介绍报表的基本操作及其应用,包括各种类型报表的创建、使用报表进行数据计算和统计等。

第 7 章主要介绍宏基本操作和应用,包括宏的设计、创建宏组和条件宏、宏的调试以及用宏设计系统菜单等。

第 8 章主要介绍 VBA 编程基础,包括模块的基本概念、模块的创建、VBA 程序的基本结构、子程序的创建等。

第 9 章主要介绍 VBA 数据库编程,用 ADO 访问 Access 数据库以及面向对象程序设计等。

　　本书内容丰富、结构清晰、语言简练、图文并茂,具有很强的实用性和可操作性,既可作为普通高等院校 Access 数据库设计基础教材,也可作为计算机等级考试培训教材。为方便教学,本书免费提供电子课件、素材与计算机等级考试模拟软件,如果需要,请发送电子邮件索取。

　　本书由尹静、朱恽任主编,吴海涛、李胜任副主编,何光明、朱贵喜、张华明、张伍荣、吴婷、卢振侠、石雅琴、陈莉萍、张辰晓、李海、范荣钢、赵明、李佐勇、陈海燕参与了本书部分章节的编写和资料整理工作,在此表示衷心感谢!

　　由于编者水平有限,书中不足与疏漏之处在所难免,敬请读者批评指正,联系邮箱:Book21Press@126.com。

编　者

2014 年 2 月

目　　录

第1章 数据库基础知识

数据库技术是 20 世纪 60 年代末到 20 世纪 70 年代初发展起来的一门新的学科,其核心是利用计算机高效地管理数据,它依赖于专门的软件——数据库管理系统所支持。本章从数据库系统的基础知识入手,介绍数据库系统的相关概念、数据模型和数据库设计方法,对关系数据结构、关系代数、关系完整性以及关系数据库的设计规范进行专门介绍。另外,介绍了 Access 2010 数据库系统的结构和主界面,为进一步学习与使用数据库打下必要的基础。

1.1 数据库系统概述

数据库是 20 世纪 60 年代末发展起来的一项重要技术,它的出现使数据处理进入了一个崭新的时代。它把大量的数据按照一定的结构存储起来,在数据库管理系统的集中管理下,实现数据共享。

1.1.1 数据管理的发展

1. 数据

数据是指存储在某一载体上能够被识别的物理符号。数据包含两个方面的内容,一是对事物特征的描述,表示事物的属性,如大小、形状、数量等;二是存储的形式,如数字、文字、图形、图像、声音、动画、影像等。例如,图书馆中的某种图书的书名、出版社、作者、数量等属性可以存放在记录本中,也可以存储在计算机的磁盘中,可以是文字材料,也可以是影像资料,这些信息都称为数据。

2. 数据管理技术

人们对数据进行收集、组织、存储、加工、传播和利用等一系列活动的总和称为数据管理。古代人类通过结绳、垒石子等方式记录打猎的收获、生活用品分配情况。文字出现后,人们不但通过文字记录来描述现实世界的事物,又出现了算数的需求。随着人类文明的进步,社会活动更加活跃,数据运算也越来越频繁、越来越复杂。由于计算机的产生和发展,在应用需求的推动下,数据管理技术得到迅猛发展,在整个利用计算机进行数据管理的发展过程中又经历了人工管理、文件系统、数据库系统三个阶段。当前的计算机数据处理是基于数据库的一种计算机应用和发展,它是按特定需求对数据进行加工的过程。

到了 20 世纪 60 年代后期,计算机性能大幅度提高,特别是大容量磁盘的出现,使存储容量大大增加并且价格下降。这时出现了数据库系统,应用程序与数据之间的关系如图 1.1 所示。

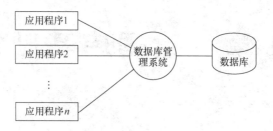

图 1.1　数据库系统阶段应用程序与数据之间的关系

　　在 20 世纪 70 年代之后,数据库技术与通信网络技术相结合产生了分布式数据库系统。网络技术的发展为数据库提供了分布式运行的环境,从主机-终端体系结构发展到客户/服务器(Client/Server,C/S)体系结构。C/S 结构将应用程序分布到客户的计算机和服务器上,将数据库管理系统和数据库放置到服务器上,客户端的程序使用开放数据库连接(ODBC)标准协议通过网络访问远端的数据库。Access 为创建功能强大的客户/服务器应用程序提供了专用工具。

　　数据库技术与面向对象程序设计技术相结合产生了面向对象的数据库系统。它采用面向对象的观点来描述现实世界实体(对象)的逻辑组织、对象之间的限制和联系等,克服了传统数据库的局限性,能够自然地存储复杂的数据对象以及这些对象之间的复杂关系,大大提高了数据库管理的效率,降低了用户使用的复杂性。

1.1.2　数据库系统

1. 基本概念

1) 数据库

　　数据库(DataBase,DB)是存储在计算机存储设备上、结构化的相关数据集合。它不仅包括描述事物的数据本身,而且还包括相关事物之间的联系。数据库中的数据按一定的数据模型组织、描述和存储,具有较小的冗余度、较高的数据独立性和易扩展性,并可供各种用户共享。对于数据库中数据的增加、删除、修改和检索等操作均由系统软件进行统一的控制。

　　2) 数据库管理系统

　　数据库管理系统(DataBase Management System,DBMS)是位于用户与操作系统之间的一层数据管理软件。市场上可以看到各种各样的数据库管理系统软件产品,如 Oracle、SQL Server、Access、Visual FoxPro、Informix、Sybase 等。其中 Oracle、SQL Server 数据库管理系统适用于大中型数据库;Access 是微软公司 Office 办公套件中一个极为重要的组成部分,是目前世界上最流行的桌面数据管理系统,它适用于中小型数据库应用系统。

　　数据库管理系统的主要功能包括以下几个方面。

　　(1) 数据定义功能。数据库管理系统提供数据定义语言,通过它可以方便地对数据库中的相关内容进行定义。如对数据库、基本表、视图、查询和索引等进行定义。

（2）数据操纵功能。数据库管理系统提供数据操纵语言，实现对数据库的基本操作，如对数据库中数据的插入、删除、修改和查询等操作。

（3）数据库的运行管理。这是数据库管理系统的核心部分，所有数据库操作都是在系统的统一管理下进行，以保证数据的安全性、完整性以及多用户对数据库的并发使用。

（4）数据的组织、存储和管理。数据库中需要存放多种数据，DBMS 需要确定以何种文件结构和存取方式物理地组织这些数据，如何实现数据之间的联系，以便提高存储空间的利用率以及提高查找、增加、删除、修改等操作的时间效率。

（5）数据库的建立和维护。包括数据库初始数据的输入和转换，数据库的存储和恢复，数据库的重新组织和性能监视、分析功能等。这些功能通常是由一些实用程序完成的，它是数据库管理系统的一个重要组成部分。

（6）数据通信接口。DBMS 需要提供与其他软件系统进行通信的功能。

3）数据库应用系统

数据库应用系统是由系统开发人员利用数据库系统资源开发出来的、面向某一类实际应用的应用软件系统。例如，以数据库为基础开发的图书管理系统、学生管理系统、人事管理系统。

4）数据库系统

数据库系统（DataBase System，DBS）是指引入数据库后的计算机系统。一般由数据库、数据库管理系统及其开发工具、应用系统、数据库管理员和用户构成。数据库系统的目标是解决数据冗余、实现数据独立性、实现数据共享并解决由于数据共享而带来的数据完整性、安全性及并发控制等一系列问题。数据库系统的构成如图 1.2 所示。

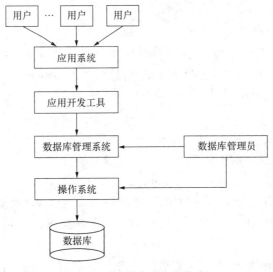

图 1.2 数据库系统的构成

5）数据库管理员

数据库管理员（DataBase Administrator，DBA）是负责监督和管理数据库系统的专门人员或管理机构，主要负责决定数据库中的数据和结构，决定数据库的存储结构和策略，保证数据库的完整性和安全性,监控数据库的运行和使用,进行数据库的改造、升级和重组等。

2. 数据库系统的特点

数据库技术是信息系统的核心和基础,它的出现极大地促进了计算机应用向各行各业的渗透。从一般的小型事务处理到大型的信息系统,越来越多的领域开始采用数据库技术存储与处理其信息资源。

数据库系统的主要特点如下。

(1) 采用特定的数据结构,以数据库文件组织形式长期保存。数据库中的数据是有特定结构的,这种结构由数据库管理系统支持的数据模型表现出来。数据库系统不仅表示事物本身各项数据之间的联系,而且能表示事物与事物之间的联系,从而反映出现实世界事物之间的联系。

(2) 实现数据共享,冗余度小。数据库系统的数据组织结构采用面向全局的观点组织数据库中的数据,所以数据能够满足多用户、多应用程序的不同需求。数据共享程度大,不仅节约存储空间,还能保证数据的一致性。

(3) 具有较高的独立性。在数据库系统中,应用程序与数据的逻辑结构和物理存储结构无关,数据具有较高的逻辑独立性和物理独立性。

(4) 具有统一的数据控制功能。在数据库系统中,对数据的定义和描述已经从应用程序中分离出来,数据库可以被多个用户或应用程序共享,数据的操作往往具有并发性,即多个用户同时对同一数据库进行操作。例如,在火车售票系统中,各地的售票员可能同时对车票进行查询或出售,数据库管理系统必须提供必要的保护措施,以保证数据的安全性和完整性。

3. 数据库系统的内部结构体系

数据库系统在其内部采用了三级模式和二级映射的抽象结构体系,如图 1.3 所示。三级模式分别为概念级模式、内部模式和外部模式,二级映射分别为概念级到内部级的映射、外部级到概念级的映射。

1) 三级模式

(1) 概念模式。是数据库系统中全局数据逻辑结构的描述,是全体用户(应用)公共数据视图。该模式与具体的硬件环境、软件环境及平台无关。概念模式可用 DBMS 中的数据模式定义语言(Data Definition Language,DDL)定义。

(2) 外模式。也称子模式或用户模式,是用户所看到和理解的数据模式,是从概念模式导出的子模式。外模式给出了每个用户的局部数据描述。DBMS 一般提供相关的外模式描述语言(外模式 DDL)。

(3) 内模式。又称为物理模式,它给出了物理数据库的存储结构和物理存取方法,如数据存储的文件结构、索引、集簇及存取路径。DBMS 一般提供相关的内模式描述语言(内模式 DDL)。

在数据库系统中,三级模式是对数据的三个级别抽象。为实现在三级模式层次上的联系与转换,数据库管理系统在三级模式之间提供了两级映射功能,这两级映射也保证了

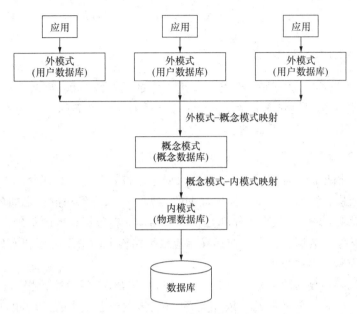

图1.3 数据库系统的三级模式结构与二级映像

数据库系统中的数据具有较高的逻辑独立性和物理独立性,数据的物理组织改变与逻辑概念级的改变相互独立,使得只要调整映射方式而不必改变用户模式。

2)二级映射

(1)外模式到概念模式的映射。

概念模式描述系统的全局逻辑结构,外模式描述每个用户的局部逻辑结构。对应于一个概念模式可以有任意多个外模式。对应于每一个外模式,数据库系统都有一个从外模式到概念模式的映射,该模式给出了外模式与概念模式的对应关系。

应用程序是依据数据的外模式编写的。当数据库模式改变时,通过对各个外模式到概念模式的映射作相应改变,可以使外模式保持不变,从而不必修改应用程序,保证了数据与程序的逻辑独立性,简称数据的逻辑独立性。

(2)概念模式到内模式的映射。

由于数据库只有一个概念模式和一个内模式,所以数据库中从概念模式到内模式的映射是唯一的。这种映射定义了数据全局逻辑结构与存储结构之间的对应关系。

当数据库的存储结构发生改变时,数据库管理员通过修改内模式到概念模式映射,可使概念模式保持不变,使应用程序不受影响,保证了数据与程序的物理独立性,简称数据的物理独立性。

1.2 数 据 模 型

数据模型是现实世界数据特征的抽象。数据模型是工具,是用来抽象、表示和处理现实世界中的数据和信息的工具。数据模型主要包括网状模型、层次模型、关系模型和面向对象模型等。

1.2.1　数据模型的概念

为了有效地实现对数据的管理,必须使用一定的结构来组织、存储数据,并且需要一种方法来建立各种类型之间的联系,表示实体类型及实体之间的联系的模型称为"数据模型"。

1. 数据模型的组成

数据模型所描述的内容包括数据结构、数据操作和数据约束三部分。

(1) 数据结构。数据结构主要描述数据的类型、内容、性质和数据之间的联系等。数据结构是数据模型的基础,数据操作和数据约束均建立在数据结构的基础之上。

(2) 数据操作。数据操作主要描述在相应数据结构上的操作类型和操作方式。数据库的操作主要有检索和更新两大类。

(3) 数据约束。数据约束是一组完整性规则的集合,主要描述数据结构内数据间的语法、语义联系,它们之间的制约与依存关系,以及数据动态变化的规则,以确保数据的正确、有效和相容。

数据模型给出了在计算机系统上描述和动态模拟现实数据及其变化的一种抽象方法,数据模型不同,描述和实现方法也不相同,相应的支持软件,即数据库管理系统也就不同。

2. 数据模型的分类

数据模型按不同的应用层次分为概念数据模型、逻辑数据模型和物理数据模型。

(1) 概念数据模型。概念数据模型简称概念模型,它是一种面向客观世界、面向用户的模型,与具体的平台和数据库管理系统无关。概念模型是整个数据模型的基础,较为著名的概念模型有 E-R 模型、扩充的 E-R 模型、面向对象模型等。

(2) 逻辑数据模型。逻辑数据模型又称数据模型,是面向数据库系统的模型,着重于在数据库系统一级的实现。较为成熟的逻辑数据模型有层次模型、网状模型、关系模型和面向对象模型等。

(3) 物理数据模型。物理数据模型又称物理模型,是面向计算机物理表示的模型。

1.2.2　E-R 模型

概念模型是现实世界到信息世界的第一层抽象,是现实世界到计算机的一个中间层次。概念模型是数据库设计的有力工具和数据库设计人员与用户之间进行交流的语言。E-R 模型是长期以来被广泛使用的一种概念模型。

1. E-R 模型的基本概念

1) 实体

实体(Entity)是客观存在并可相互区别的事物。实体可以是实际事物,也可以是抽象事件。比如,一个学生、一个部门属于实际事物;一次订货、借阅若干本图书是比较抽象的事件。同一类实体的集合称为实体集。例如全体职工的集合、全馆图书等。

2）属性

属性（Attribute）刻画了实体的特性。一个实体往往可以有若干个属性。例如，职工实体可以用若干个属性（职工编号、姓名、性别、出生日期、职位等）来描述。属性的具体取值称为属性值，一个属性的取值范围称为该属性的值域或值集。

3）联系

实体集之间的对应关系称为联系（Relationship），它反映现实世界事物之间的相互关联。如生产者和消费者之间的供求关系。

两个实体集之间的联系实际上是实体集之间的函数关系，有三种类型。

（1）一对一（One to One）的联系。如果对于实体集 A 中的每一个实体，实体集 B 中至多有一个实体与之联系，反之亦然，则称实体集 A 与实体集 B 具有一对一的联系，记为 1∶1。例如，学校和校长之间存在一对一的联系，因为一个学校只能有一个正校长，一个校长不能同时在其他学校和单位兼任校长。

（2）一对多（One to Many）的联系。如果对于实体集 A 中的每一个实体，实体集 B 中有 n 个实体（$n \geqslant 0$）与之联系；反之，对于实体集 B 中的每一个实体，实体集 A 中至多只有一个实体与之联系，则称实体集 A 与实体集 B 具有一对多的联系，记为 1∶n。例如，班级和学生之间存在一对多的联系，因为一个班级可以有多个学生，而一个学生只能属于某一个班级。

（3）多对多（Many to Many）的联系。如果对于实体集 A 中的每一个实体，实体集 B 中有 n 个实体（$n \geqslant 0$）与之联系；反之，对于实体集 B 中的每一个实体，实体集 A 中也有 m 个实体（$m \geqslant 0$）与之联系，则称实体集 A 与实体集 B 具有多对多的联系，记为 $m∶n$。例如，学生和教师之间存在多对多的联系，因为一个教师可以教授多个学生，一个学生又可以受教于多个教师。

2. E-R 模型的图示法

E-R 模型可以用一种非常直观的图的形式来描述现实世界的概念模型。这种图称为 E-R 图，如图 1.4 所示。E-R 图有三个要素。

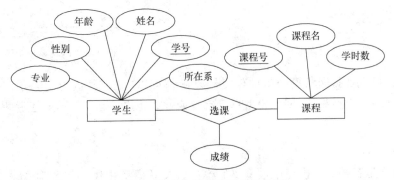

图 1.4 学生与课程关系的 E-R 图

（1）实体：用矩形并在框内标注实体名称来表示，如图 1.4 中的实体集"学生"、"课程"。

（2）属性：用椭圆形表示，并用连线将其与相应的实体连接起来。在图1.4中，学生的属性有专业、性别、年龄、姓名、学号和所在系。

（3）联系：用菱形表示，菱形框内写明联系名，并用连线分别与有关实体连接起来，如图1.4中学生和课程间的联系"选课"。有时为了进一步刻画实体间的函数关系，还可以在连线上标上联系的类型（1∶1、1∶n 或 $m∶n$）。

1.2.3　常用的数据模型

每个数据库管理系统都是基于某种数据模型的。在目前的数据库领域中，常用的数据模型有层次模型、网状模型、关系模型和面向对象模型等。

1. 层次模型

层次模型是最早发展起来的数据模型，它是把客观问题抽象为一个严格的自上而下的层次关系。层次模型用树状结构表示各类实体以及实体间的联系，如图1.5所示，它具有以下特点：一是有且仅有一个根结点无双亲，这个结点即为树的根；二是其他结点有且仅有一个双亲。因此，层次模型只能反映实体间的一对多的联系。现实世界中许多实体间存在着自然的层次关系，如组织机构、家庭关系和物品分类等。

2. 网状模型

网状模型的数据结构是一个网络结构，其基本特征是：一个双亲允许有多个子女；反之，一个子女也可以有多个双亲，如图1.6所示。广义地讲，任意一个连通的基本层次联系的集合就是一个网状模型。

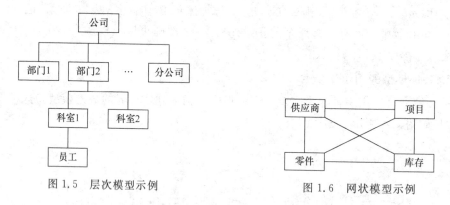

图1.5　层次模型示例　　　　　　　图1.6　网状模型示例

与层次模型不同，网状模型中的任意结点间都可以有联系，适用于表示多对多的联系。因此，与层次模型相比，网状模型更具有普遍性。也可以认为层次模型是网状模型的特例。

3. 关系模型

关系模型是各种数据模型中最重要的模型。关系模型是建立在数学概念基础上的，在关系模型中，把数据看成一个二维表，这个二维表就叫做关系。表1.1是一个表示学生情况的关系模型，表1.2是一个表示教师任课情况的关系模型。这两个关系也表示了学生和任课教师间的多对多联系，它们之间的联系是由在两个关系中的同名属性"班级"表示的。

表 1.1　学生关系表

学生编号	姓名	班级	…
20100102	王大海	201001	…
20100104	刘小萍	201001	…
20100301	王芳	201003	…
20100401	毛程伟	201004	…
…	…	…	…

表 1.2　教师任课关系表

教师姓名	系别	任课名称	班级	…
张小林	经济	经济学	201001	…
李艳艳	机电	机械模具设计	201003	…
王小灵	商务	商务英语	201004	…
李柏平	机电	机械模具设计	201001	…
…	…	…	…	…

关系模型中的主要概念有关系、属性、元组、域和关键字等,将在第 2 章中予以详细的介绍。

与层次和网状模型相比,关系模型的数据结构单一,不管实体还是实体间的联系都用关系来表示;同时关系模型是建立在严格的数学概念基础上,具有坚实的理论基础;此外,关系模型还将数据定义和数据操纵统一在一种语言中,易学易用。

4. 面向对象模型

在一些经典的数据库技术资料中,所提到的数据模型为关系模型、层次模型和网状模型。但是,随着面向对象技术的兴起和多媒体计算机的出现,数据库管理系统的发展也产生了飞跃,使数据库能够处理图像、影视、声音等 OLE 对象。这就是"面向对象型数据库系统",因此,就有了面向对象模型(Object-Oriented Model)。

面向对象数据模型中的主要概念有对象、类、方法、消息、封装、继承和多态等。其中,最基本的概念是对象(Object)和类(Class)。对象是现实世界中实体的模型化,每一个对象有唯一的标识符,把"状态"和"行为"封装在一起。其中,对象的"状态"是该对象属性值的集合,对象的"行为"是在对象状态上操作的方法集。一个对象由一组属性和一组方法组成,属性用来描述对象的特征,方法用来描述对象的操作。一个对象的属性可以是另一个对象,另一个对象的属性还可以用其他对象描述,以此来模拟现实世界中的复杂实体。

面向对象的数据模型主要具有以下优点。

(1) 可以表示复杂对象,精确模拟现实世界中的实体。

(2) 具有模块化的结构,便于管理和维护。

（3）具有定义抽象数据类型的能力。

1.3　关系数据库

1.3.1　关系模型

一个关系可看做一个二维表,由表示一个实体的若干行或表示实体(集)某方面属性的若干列组成。可以用数学语言将关系定义为元组的集合。关系有"型"和"值"之分,关系模式是对关系的型即关系数据结构的描述,关系可看成按型填充所得到的值。一般来说,关系模式是稳定的,而关系本身却会跟随所描述的客观事物的变化而不断变化。客观世界中事物的性质是互相关联的,往往还要受到某些限制。在关系数据模型中,这些关联和限制表现为一系列数据的约束条件,包括域约束、键(码)约束、完整性约束和数据依赖等。

1. 关系模型的组成

关系模型由关系数据结构、关系操作集合和关系完整性约束三大要素组成。

1) 关系数据结构

关系模型把数据库表示为关系的集合。在用户看来,关系模型中数据的逻辑结构是一张二维表。关系模型的数据结构单一,在关系模型中,现实世界的实体以及实体间的各种联系均可用关系来表示。

2) 关系操作集合

关系模型中常用的操作包括选择、投影、连接、除、并、交、差等,以及查询操作和插入、删除、更新操作。查询操作是其中最主要的部分。

3) 关系的完整性约束

数据库的数据完整性是指数据库中数据的正确性、相容性和一致性。这是一种语义概念,包括以下两方面的意思。

（1）数据库中的数据与现实世界中应用需求的数据的正确性、相容性和一致性;

（2）数据库内数据之间的正确性、相容性和一致性。

数据的完整性由完整性规则来定义,关系模型的完整性规则是对关系的某种约束,因此也称为完整性约束。它提供了一种手段来保证当用户对数据库进行插入、删除、更新时不会破坏数据库中数据的正确性、相容性和一致性。

2. 关系模型的数据结构和基本术语

在关系模型中,数据结构用单一的二维表结构来表示实体及实体间的联系,如图1.7所示。

1) 关系

在关系模型中,一个关系就是一张二维表,每一个关系有一个关系名。例如,图1.7中含有一张表,即一个关系:"学生登记表"关系。

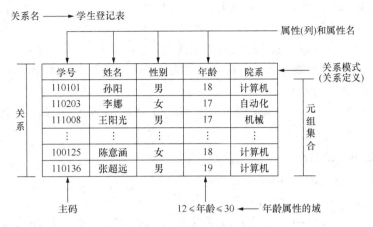

图 1.7 关系模型的数据结构示例

2）属性

二维表中垂直方向的列称为属性，每一个列有一个属性名，列的值称为属性值。例如，图 1.7 中，"学生登记表"关系的属性有学号、姓名、性别、年龄和院系。

3）元组

二维表中水平方向的行称为元组，一行就是一个元组。元组对应数据表中的一条记录，元组的各分量分别对应于关系的各个属性。关系模型要求每个元组的每个分量都是不可再分的数据项。例如，在图 1.7 所示的学生登记表中，(110101,孙阳,男,18,计算机)就是一个元组，110101、"孙阳"、"男"、18、"计算机"都是它的分量。

4）域

属性所取值的变化范围称为属性的域（Domain）。域约束规定属性的值必须是来自域中的原子值，即那些就关系模型而言已不可再分的数据，如整数、字符串等，而不应包括集合、记录、数组这样的组合数据。

5）关系模式

关系的描述称为关系模式（Relation Schema）。它可以形式化地表示为

$$R(U,D,\text{Dom},F)$$

其中，R 为关系名，U 为组成关系的属性名集合，D 为属性组 U 中属性所来自的域，Dom 为属性向域的映像集合，F 为属性间数据依赖关系的集合。

在关系数据库中，关系模式是型，关系是值，关系模式是静态的，关系是关系模式在某一刻的状态或内容，关系是动态的。

6）码（关键字）

能唯一标识一个元组的属性或属性组称为该关系的码或关键字。

7）候选码（候选关键字）

如果关系中的一个码移去了任何一个属性，它就不再是这个关系的码，则称这样的码为该关系的候选码或候选关键字。

8）主码（主关键字）

一个关系中往往有多个候选码，若选定其中一个用来唯一标识该关系的元组，则称这

个被指定的候选码为该关系的主码或主关键字,在 Access 2010 中,也可以称为主键。

9)外码(外关键字)

当关系中的某个属性或属性组虽然不是这个关系的主码,或只是主码的一部分,但却是另一个关系的主码时,则称该属性或属性组为这个关系的外码或外部关键字。

10)主属性和非主属性

关系中包含在任何一个候选码中的属性称为主属性,不包含在任何一个候选码中的属性称为非主属性。

3. 关系的形式定义和限制

关系是属性值域笛卡儿积的一个子集。

1)笛卡儿积

设有一组域 $D_1,D_2,\cdots,D_n$,这些域可以部分或者全部相同。域 $D_1,D_2,\cdots,D_n$ 的笛卡儿积定义为如下集合:

$$D_1 \times D_2 \times \cdots \times D_n = \{(d_1,d_2,\cdots,d_n) \mid d_i \in D_i, i = 1,2,\cdots,n\}$$

其中,每一个元素 $(d_1,d_2,\cdots,d_n)$ 称为一个 n 元组(或简称元组),元素中的每一个值 d_j 称为一个分量。

若干个域的笛卡儿积具有相当多的元素,在实际应用中可能包含许多"无意义"的元素。人们通常感兴趣的是笛卡儿积的某些子集,笛卡儿积的子集就是一个关系。

两个集合 R 和 S 的笛卡儿积是元素对的集合,该元素对是通过选择 R 的某一元素(任何元素)作为第一个元素,S 的元素作为第二个元素构成的,该乘积用 $R \times S$ 表示。笛卡儿积的结果可表示为一个二维表,表中的每行对应一个元组,表中的每列对应一个域。

例如,给出三个域:

D_1=导师集合　　导师=王斌,刘志明

D_2=专业集合　　专业=软件工程专业,动漫设计专业

D_3=研究生集合　　学生=陈小明,王刚,胡志强

则 D_1,D_2,D_3 的笛卡儿积为:

$D_1 \times D_2 \times D_3$={(王斌,软件工程专业,陈小明),(王斌,软件工程专业,王刚),(王斌,软件工程专业,胡志强),(王斌,动漫设计专业,陈小明),(王斌,动漫设计专业,王刚),(王斌,动漫设计专业,胡志强),(刘志明,软件工程专业,陈小明),(刘志明,软件工程专业,王刚),(刘志明,软件工程专业,胡志强),(刘志明,动漫设计专业,陈小明),(刘志明,动漫设计专业,王刚),(刘志明,动漫设计专业,胡志强)}

该笛卡儿积的基数为 $2 \times 2 \times 3 = 12$,这也就是说 $D_1 \times D_2 \times D_3$ 一共有 $2 \times 2 \times 3 = 12$ 个元组,这 12 个元组的总体可组成一张二维表,如表 1.3 所示。

2)关系的形式定义

笛卡儿积 $D_1 \times D_2 \times \cdots \times D_n$ 的子集 R 称为在域 $D_1 \times D_2 \times \cdots \times D_n$ 上的一个关系(Relation),通常表示为:

$$R(D_1,D_2,\cdots,D_n)$$

其中,R 表示关系的名称,n 称为关系 R 的元数或度数(Degree),而关系 R 中所含有的元组个数称为 R 的基数(Cardinal Number)。

表 1.3 D_1，D_2，D_3 的笛卡儿积

导 师	专 业	学 生	导 师	专 业	学 生
王斌	软件工程专业	陈小明	刘志明	软件工程专业	陈小明
王斌	软件工程专业	王刚	刘志明	软件工程专业	王刚
王斌	软件工程专业	胡志强	刘志明	软件工程专业	胡志强
王斌	动漫设计专业	陈小明	刘志明	动漫设计专业	陈小明
王斌	动漫设计专业	王刚	刘志明	动漫设计专业	王刚
王斌	动漫设计专业	胡志强	刘志明	动漫设计专业	胡志强

关系是笛卡儿积的子集，所以关系也是一个二维表，表的每行对应一个元组，表的每列对应一个域。由于域可以相同，为了加以区分，必须为每列起一个名字，称为属性（Attribute），n 目关系必有 n 个属性。

例如，可以在表 1.3 的笛卡儿积中取出一个子集来构造一个关系。由于一个研究生只师从于一个导师，学习某一个专业，所以笛卡儿积中的许多元组是无实际意义的，从中取出有实际意义的元组来构造关系。给关系命名为 SAP，属性名就取域名，即导师、专业和学生，则这个关系可以表示为：SAP（导师，专业，学生）。

假设导师与专业是一对一的，即一个导师只有一个专业；导师与研究生是一对多的，即一个导师可以带多名研究生，而一名研究生只有一个导师，这样 SAP 关系可以包含三个元组，如表 1.4 所示。

表 1.4 SAP 关系

导 师	专 业	学 生
王斌	动漫设计专业	陈小明
王斌	动漫设计专业	王刚
刘志明	动漫设计专业	胡志强

假设学生不会重名（这在实际当中是不合适的，这里只是为了举例方便），则"学生"属性的每一个值都能唯一地标识一个元组，因此可以作为 SAP 关系的主码。

关系可以有三种类型：基本关系（通常又称为基本表或基表）、查询表和视图表。基本表是实际存在的表，它是实际存储数据的逻辑表示；查询表是查询结果对应的表；视图表是虚表，是由基本表或其他视图表导出的表，不对应实际存储的数据。

由上述定义可以知道，域 D_1，D_2，$\cdots$，D_n 上的关系 R，就是由域 D_1，D_2，$\cdots$，D_n 确定的某些元组的集合。

3）关系模型对关系的限制

在关系模型中，对关系做了下列规范性限制。

（1）关系中不允许出现相同的元组。

（2）不考虑元组之间的顺序，即没有元组次序的限制。

（3）关系中每一个属性值都是不可分解的。

（4）关系中属性顺序可以任意交换。

（5）同一属性下的各个属性的取值必须来自同一个域,是同一类型的数据。

（6）关系中各个属性必须有不同的名字。

1.3.2 关系代数

关系代数是以集合代数为基础发展起来的。在关系代数的操作中,其操作对象和操作结果均为关系。关系代数也是一种抽象的查询语言,它通过对关系的操作来表达查询。关系代数的基本运算有两类:传统的集合运算(并、交、差等)和专门的关系运算(选择、投影、联接),有些查询需要几个基本运算的组合。

1. 并（Union）

设有关系 R、S（R、S 具有相同的关系模式）,则关系 R 与关系 S 的并由属于 R 或者属于 S 的元组组成。记做:

$$R \cup S = \{t \mid t \in R \vee t \in S\}$$

式中,$\cup$ 为并运算符,t 为元组变量,结果 $R \cup S$ 为一个新的与 R、S 同类的关系。

例如,有两个关系模式相同的学生关系 R 和 S,分别存放两个班的学生,将第二个班的学生记录追加到第一个班的学生记录后面就是两个关系的并集。

2. 差（Difference）

设有关系 R、S（R、S 具有相同的关系模式）,则关系 R 与关系 S 的差由属于 R 而不属于 S 的元组组成。记做:

$$R - S = \{t \mid t \in R \wedge t \notin S\}$$

式中,$-$ 为差运算符,t 为元组变量,结果 $R - S$ 为一个新的与 R、S 同类的关系。

例如,有选修数据库技术的学生关系 R,选修计算机基础的学生关系 S,查询选修了数据库技术而没有选修计算机基础的学生,就可以使用差运算。

3. 交（Intersection）

设有关系 R、S（R、S 具有相同的关系模式）,则关系 R 与关系 S 的交由既属于 R 又属于 S 的元组组成。记做:

$$R \cap S = \{t \mid t \in R \wedge t \in S\}$$

式中,$\cap$ 为交运算符,结果 $R \cap S$ 为一个新的与 R、S 同类的关系。

例如,有选修数据库技术的学生关系 R,选修计算机基础的学生关系 S,要查询既选修了数据库技术又选修计算机基础的学生,就可以使用交运算。

4. 选择（Selection）

选择是在关系 R 中选择满足给定条件的元组,即从行的角度进行操作。记做:

$$\sigma_F\{R\} = \{t \mid t \in R \wedge F(t) = \text{true}\}$$

式中,$\sigma_F(R)$ 表示由从关系 R 中选择出满足条件 F 的元组所构成的关系,F 表示选择条件。

例如,从教师表中查询职称为"讲师"的教师信息,使用的查询操作就是选择运算。

5. 投影(Projection)

投影是从关系 R 中选择处若干属性列,并且将这些列组成一个新的关系,即从列的角度进行操作。

设有关系 R,其元组变量为 $t^k = <t_1, t_2, \cdots, t_k>$,那么关系 R 在其分量 $A_{i1}, A_{i2}, \cdots, A_{in}(n \leqslant k, i1, i2, \cdots, in$ 为 $1 \sim k$ 之间互不相同的整数)上的投影记做:

$$\prod\nolimits_{i1, i2, \cdots, in}(R) = \{t \mid t = <t_{i1}, t_{i2}, \cdots, t_{in}> \wedge <t_1, t_2, \cdots, t_k> \in R\}$$

例如,从学生表中查询学生的学号、姓名和班级信息,使用的查询操作就是投影运算。

6. 连接(Join)

连接又称为 θ 连接,它是将两个关系拼接成一个更宽的关系,生成的新关系中包含满足连接条件的元组。记做:

$$R \underset{i\theta j}{\bowtie} S = \sigma_{i\theta j}(R \times S)$$

式中 $\bowtie$ 为连接运算符, $i\theta j$ 是一个比较式,其中 i、j 分别为 R 和 S 中的域, θ 为算术比较符。该式说明, R 与 S 的 θ 连接是 R 与 S 的笛卡儿积再加上限制 $i\theta j$ 而成。显然, $R \underset{i\theta j}{\bowtie} S$ 中元组的个数远远少于 $R \times S$ 的元组个数。

连接运算有多种类型,自然连接是最常用的连接运算。在连接运算中,按关系的属性值对应相等为条件进行的连接操作称为等值连接,自然连接是去掉重复属性的等值连接。

1.3.3　关系完整性

关系模型的完整性规则是对关系的某种约束条件。关系模型有三类完整性约束:实体完整性、参照完整性和用户定义的完整性。其中实体完整性和参照完整性是关系模型必须满足的完整性约束条件,被称做是关系的两个不变性,应该由关系系统自动支持。

1. 实体完整性

实体完整性(Entity Integrity)规则要求表中的主码不能取空值或重复的值。例如,在关系学生(学号,姓名,性别,年龄,专业,班级)中,"学号"属性为主码,则"学号"不能取空值,也不能取重复值。

对于实体完整性规则说明如下。

(1)实体完整性规则是针对基本关系而言的。一个基本表通常对应现实世界的一个实体集。例如,学生关系对应于学生的集合。

(2)现实世界中的实体是可区分的,即它们具有某种唯一性标识。例如,学生关系中的"学号",学生可以有重名的,但学号没有重复的。

(3)相应地,关系模型中以主码作为唯一性标识。

(4)主码中的属性即主属性不能取空值。所谓空值就是"不知道"或"无意义"的值。

2. 参照完整性

参照完整性(Referential Integrity)规则就是定义外码与主码之间的引用规则。若属性(或属性组)F 是基本关系 R 的外码,它与基本关系 S 的主码 K 相对应(基本关系 R 和 S 不一定是相同的关系),则 R 中的每个元组在 F 上的值必须为:

(1) 或者取空值(F 的每个属性值均为空值);

(2) 或者等于 S 中的某个元组的主码值。

例如,职工关系中每个元组的"车间号"属性只能取下面两类值:

(1) 空值,表示尚未给该职工分配车间;

(2) 非空值,其取值必须是车间关系中某个元组的"车间号"值。

参照完整性与表之间的联系有关,当插入、删除或修改一个表中的数据时,通过参照引用相互关联的另一个表中的数据,来检查对表的数据操作是否正确。

例如,有如下三个关系,其中主码用下划线标识:

学生(<u>学号</u>,姓名,性别,年龄,专业,班级)

课程(<u>课程号</u>,课程名,教师)

选课(<u>学号</u>,<u>课程号</u>,成绩)

这三个关系之间存在着属性的引用,选课关系引用了学生关系的主码"学号"和课程关系的主码"课程号"。选课关系中的"学号"值必须是确实存在的学生的学号;选课关系中的"课程号"值也必须是确实存在的课程的课程号。选课关系的"学号"属性与学生关系的主码"学号"相对应,"课程号"属性与课程关系的主码"课程号"相对应,因此"学号"和"课程号"属性是选课关系的外码。这里学生关系和课程关系均为被参照关系,成绩关系为参照关系,如图 1.8 所示。

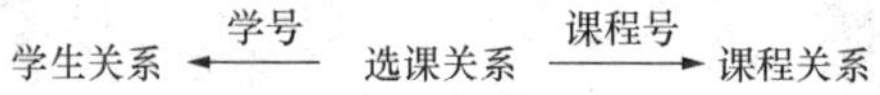

图 1.8　关系的参照图

3. 用户定义的完整性

任何关系数据库系统都应该支持实体完整性和参照完整性。除此之外,不同的关系数据库系统根据其应用环境的不同,往往还需要一些特殊的约束条件,用户定义的完整性(User-defined Integrity)就是针对某一具体关系数据库的约束条件。它反映某一具体应用所涉及的数据必须满足的语义要求。例如,某个属性的取值必须唯一,某些属性值之间应满足一定的函数关系,某个属性的取值范围在 0～100 之间等。关系模型应提供定义和检验这类完整性的机制,以便用统一的系统的方法处理它们。

1.3.4　关系数据库的规范化理论

对于同一个应用问题,可以构造出不同的 E-R 模型,所以也可能设计出不同的关系模式。不同的关系模式性能差别很大,为了评估数据库模式的优劣,E. F. Codd 于 1971—1972 年系统地提出了第一范式(First Normal Form,1NF)、第二范式(Second Normal Form,2NF)和第三范式(Third Normal Form,3NF)的概念。1974 年,Codd 和 Boyce 又共同提出了 BCNF 范式,作为第三范式的改进。1976 年,Fagin 又提出了 4NF,后来又有人提出了 5NF。通常只使用前三种范式。

　　一个低级范式的关系模式,通过分解(投影)方法可转换成多个高一级范式的关系模式的集合,这种过程称为规范化。规范化设计方法称为关系模式的规范化。

　　使用范式表示关系模式满足规范化的等级,满足最低要求的为第一范式(1NF),在第一范式中满足进一步要求的为第二范式,其余依此类推,规范化的进一步等级为2NF、3NF。

1. 第一范式

　　在关系模式 R 中的每一个具体关系 r 中,如果每个属性值都是不可再分的最小数据单位,则该关系模式为第一范式(1NF)。

　　例如,设计成绩关系如表 1.5 所示,由于成绩属性含有分项,不是不可再分的最小数据单位,所以,该成绩关系不符合第一范式。

表 1.5　成绩关系

学　号	课程号	成　绩			学　分
		上机成绩	笔试成绩	综合成绩	
10213301	01	92	90	182	4
10213302	02	88	87	175	3
10213303	01	75	89	164	4
10213304	02	76	82	158	3
10213305	03	68	77	145	4
10213306	01	66	78	144	3

　　第一范式是对关系模式的基本要求,不满足第一范式的数据库就不是关系数据库。

2. 第二范式

　　如果关系模式 $R(U,F)$ 是 1NF,且所有非主属性都完全函数依赖于任意一个候选码,则称 R 为第二范式(2NF)。

　　提示:函数依赖理论利用一个关系中属性的依赖关系评价和优化关系模式。设 $R(U)$ 为一关系模式,X 和 Y 为属性全集 U 的子集,若对 $R(U)$ 的任意一个可能的关系 r,r 中不可能存在两个元组在 X 上的属性值相等,而在 Y 上的属性值不等,则称"X 函数决定 Y"或"Y 函数依赖于 X",并记做 $X \rightarrow Y$,其中 X 称为决定因素。由函数依赖的定义可知,给定一个 X,就能唯一决定一个 Y。完全函数依赖的定义为:在关系模式 $R(U)$ 中,如果 $X \rightarrow Y$ 成立,并且对 X 的任何真子集 X' 不能函数决定 Y,则称 Y 对 X 是完全函数依赖,记做 $X \xrightarrow{f} Y$。

　　例如,关系成绩(学号,课程号,上机成绩,笔试成绩,综合成绩,学分),其中,主码为组合关键字("学号"、"课程号"),但学分不完全函数依赖于这个组合关键字,却完全函数依赖于课程号,这个关系就不符合第二范式。

　　使用以上关系模式会存在以下几个问题。

（1）数据冗余：假设有 500 名学生选修同一门课，就要重复 500 次相同学分。

（2）更新复杂：若调整了某门课程的学分，相应的记录（元组）学分值都要更新，不能保证修改后的不同元组一门课学分完全相同。

（3）插入异常：假如开一门新课，可能没有学生选修，没有学号关键字，只能等到有学生选修才能把课程号和学分加入。

（4）删除异常：如果学生已经毕业，由于学号不存在，选修记录也必须删除。

产生以上问题的主要原因是：非主属性"学分"仅依赖于课程号，不是完全依赖组合关键字（学号，课程号）。

解决的方法是将一个非 2NF 的关系模式分解为多个 2NF 的关系模式。通过模式分解，将成绩关系分成两个关系模式，分别是关系成绩（学号，课程号，上机成绩，笔试成绩，综合成绩）和关系课程（课程号，课程名称，学分），新的成绩关系和课程关系之间通过成绩关系中的外码（外部关键字）课程号与课程关系的课程号相联系，如表 1.6 和表 1.7 所示。分解后得到的成绩关系和课程关系满足第二范式（2NF）。

表 1.6　模式分解后的成绩关系

学　号	课程号	上机成绩	笔试成绩	综合成绩
10213301	01	92	90	182
10213302	02	88	87	175
10213303	01	75	89	164
10213304	02	76	82	158
10213305	03	68	77	145
10213306	01	66	78	144

表 1.7　模式分解后的课程关系

课程号	课程名称	学　分
01	计算机组成原理	4
02	计算机应用基础	3
03	数据库技术	4

3. 第三范式

如果关系模式 $R(U,F)$ 为第一范式，且不存在非主属性对任何候选码的传递函数依赖，则称 R 为第三范式（3NF）。

符合第三范式的关系不仅满足第二范式，而且它的任何一个非主属性都不传递函数依赖任何主码。

提示：传递函数依赖的定义为：在关系模式 $R(U)$ 中，如果 $X \rightarrow Y(Y \not\subseteq X)$，$Y \not\rightarrow X$，$Y \rightarrow Z$，则称 Z 对 X 是传递函数依赖。

例如，有一个关系模式 Student（学号，姓名，性别，出生日期，院系，地址），主码"学号"决定各个属性,由于是单一主码,没有部分依赖的问题。

但这个关系会存在大量的冗余数据,学生所在院系和地址属性是重复存储的信息,在插入、删除和修改时也存在大量冗余和更新异常的问题。

数据冗余的原因是关系中存在传递依赖,因为学号→院系成立,而院系→学号不成立,但院系→地址成立,因此学号对地址的关系是通过传递函数依赖关系实现的,学号不直接决定非主属性地址。

通过模式分解,去掉传递函数依赖。把 Student 关系分解为两个关系 Stud(学号,姓名,性别,出生日期,院系编号)和 Sdep(院系编号,名称,地址)。

例如,在如表 1.5 所示的成绩关系中,主码是学号和课程号,上机成绩、笔试成绩函数依赖主码,但是综合成绩不依赖于主码,因此可以取消综合成绩属性,使成绩关系满足第三范式。

4. BCNF、4NF 和 5NF

如果关系模式 R 是第一范式,且每个属性(包括主属性)既不存在部分函数依赖也不存在传递函数依赖于候选码,则称 R 是改进的第三范式(Boyce-Codd Normal Form,BCNF)。

如果关系模式 R 是第一范式,对于 R 的每个非平凡的多值依赖 $X \rightarrow \rightarrow Y (Y \notin X)$,$X$ 含有候选码,则 R 是第四范式(4NF)。

提示:若 $X \rightarrow Y$,但 Y 不属于 $X(Y \notin X)$,则称 $X \rightarrow Y$ 是平凡函数依赖,否则称为非平凡函数依赖。多值依赖表示关系中属性(例如 A,B,C)之间的依赖,对于 A 的每个值,都存在一个 B 或者 C 的值的集合,而且 B 和 C 的值是相互独立的,记为 $A \rightarrow \rightarrow B$、$A \rightarrow \rightarrow C$。

如果 R 是一个满足第五范式(5NF)的关系模式,当且仅当 R 的每一个非平凡连接依赖都被 R 的候选码所蕴涵,也就是从第四范式中消除非候选码所蕴涵的连接依赖。

提示:设 R 是一个关系模式,R 的属性子集为 $R_1,R_2,R_3,R_4,\cdots$,当且仅当 R 的每个合法值都等于 $R_1,R_2,R_3,R_4,\cdots$ 的投影连接时,称 R 满足连接依赖。

1.4　数据库设计基础

如果使用较好的数据库设计过程,就能迅速、高效地创建一个设计完善的数据库,为访问所需信息提供方便。本节将介绍在 Access 中设计关系数据库的方法。

1.4.1　数据库设计的内容

概括起来,数据库设计包括两个方面的内容:一是数据库的结构设计,二是数据库应用系统的功能设计。

1. 数据库的结构设计

数据库的结构设计,就是建立一组结构合理的基表,这是整个数据库的数据源。必须合理地规划、有效地组织数据,以便实现高度的数据集成和有效的数据共享。基表应满足关系规范化的原则,尽可能地减少数据冗余,保证数据的完整性和一致性。

2. 数据库应用系统的功能设计

系统的功能设计,是在充分进行用户需求分析的基础上来实现的,它包括各种用户的界面设计和功能的实现策略。

如果使用较好的数据库设计过程,就能迅速、高效地创建一个设计完善的数据库,为访问所需信息提供方便。在设计时打好坚实的基础,设计出结构合理的数据库,将会节省日后整理数据库所需的时间,并能更快地得到精确的结果。

1.4.2　数据库设计步骤

数据库应用系统与其他计算机应用系统相比,一般具有数据量庞大、数据保存时间长、数据关联比较复杂、用户要求多样化等特点。设计数据库的目的实质上是设计出满足实际应用需求的实际关系模型。在 Access 中具体实施时表现为数据库和表的结构合理,不仅存储了所需要的实体信息,而且反映出实体之间客观存在的联系。

1. 设计原则

为了合理组织数据,应遵从以下基本设计原则。

(1) 关系数据库的设计应遵从概念单一化"一事一地"的原则。一个表描述一个实体或实体间的一种联系,避免设计大而杂的表。首先分离那些需要作为单个主题而独立保存的信息,然后通过 Access 确定这些主题之间的联系,以便在需要时将正确的信息组合在一起。通过将不同的信息分散在不同的表中,可以使数据的组织工作和维护工作更简单,同时也可以保证建立的应用程序具有较高的性能。

例如,将有关教师基本情况的数据,包括姓名、性别、工作时间等,保存到教师表中;将工资单的信息保存到工资表中,而不是将这些数据统统放到一起;同样道理,应当把学生信息保存到学生表中,把有关课程的成绩保存在选课成绩表中。

(2) 避免在表之间出现重复字段。除了保证表中有反映与其他表之间存在联系的外部关键字之外,应尽量避免在表之间出现重复字段。这样做的目的是使数据冗余尽量小,防止在插入、删除和更新时造成数据的不一致。

例如,在课程表中有了课程名字段,在选课表中就不应该有课程名字段。需要时可以通过两个表的联系找到所选课程对应的课程名称。

(3) 表中的字段必须是原始数据和基本数据元素。表中不应包括通过计算可以得到的"二次数据"或多项数据的组合。能够通过计算从其他字段推导出来的字段也应尽量避免。

例如,在职工表中应当包括出生日期字段,而不应包括年龄字段。当需要查询年龄的时候,可以通过简单计算得到准确年龄。

在特殊情况下可以保留计算字段,但是必须保证数据的同步更新。

(4) 用外码(外部关键字)保证有关联的表之间的联系。表之间的关联依靠外部关键字来维系,使得表结构合理,不仅存储了所需要的实体信息,并且反映出实体之间的客观存在的联系,最终设计出满足应用需求的实际关系模型。

2. 设计的步骤

利用 Access 来开发数据库应用系统，一般步骤如图 1.9 所示。

图 1.9　数据库设计步骤

1）需求分析

确定建立数据库的目的，这有助于确定数据库保存哪些信息。对用户的需求进行分析主要包括以下三方面的内容。

（1）信息需求。即用户要从数据库获得的信息内容。信息需求定义了数据库应用系统应该提供的所有信息，注意描述清楚系统中数据的数据类型。

（2）处理要求。即需要对数据完成什么处理功能及处理的方式。处理需求定义了系统的数据处理的操作，应注意操作执行的场合、频率、操作对数据的影响等。

（3）安全性和完整性要求。在定义信息需求和处理需求的同时必须相应确定安全性、完整性约束。

2）确定需要的表

仔细研究需要从数据库中取出的信息，遵从概念单一化"一事一地"的原则，即一个表描述一个实体或实体间的一种联系，并将这些信息分成各种基本实体。一般情况下，设计者不要急于在 Access 中建立表，而应先在纸上进行设计。为了能够更合理地确定数据库中应包含的表，可按以下原则对数据进行分类。

（1）每个表应该只包含关于一个主题的信息。如果每个表只包含关于一个主题的信息，那么就可以独立于其他主题来维护每个主题的信息。例如，将学生信息和教师信息分开，保存在不同的表中，这样当删除某一学生信息时不会影响教师信息。

（2）表中不应该包含重复信息，并且信息不应该在表之间复制。如果每条信息只保存在一个表中，那么只需在一处进行更新，这样效率更高，同时也消除了包含不同信息重复项的可能性。

3）确定所需字段

确定在每个表中要保存哪些字段，确定表的码（关键字），字段中要保存数据的数据类型和数据的长度。通过对这些字段的显示或计算应能够得到所有需求信息。下面是确定字段时需要注意的问题。

（1）每个字段直接和表的实体相关。首先必须确保一个表中的每个字段直接描述该表的实体。如果多个表中重复同样的信息，应删除不必要的字段。然后分析表之间的联系，确定描述另一个实体的字段是否为该表的外码。

（2）以最小的逻辑单位存储信息。表中的字段必须是基本数据元素，而不能是多项数据的组合。如果一个字段中结合了多种数据，将会很难获取单独的数据，应尽量把信息分解成较小的逻辑单位。例如，教师工资中的基本工资、奖金、津贴等应是不同的字段。

（3）表中的字段必须是原始数据。在通常情况下，不必把计算结果存储在表中，对于可推导得到或需要计算的数据，在要查看结果时可通过计算得到。

（4）确定主码（主关键字）字段。为了使保存在不同表中的数据产生联系，数据库中的每个表必须有一个字段能唯一标识每条记录，这个字段就是主关键字。主码可以是一个字段，也可以是一组字段。

4）确定联系

对每个表进行分析，确定一个表中的数据和其他表中的数据有何联系。必要时可在表中加入一个字段或创建一个新表来明确联系。

5）设计求精

对设计进一步分析，查找其中的错误；创建表，在表中加入几个示例数据记录，考虑能否从表中得到想要的结果。需要时可调整设计。

在初始设计时，难免会发生错误或遗漏数据。这只是一个初步方案，以后可以对设计方案进一步完善。完成初步设计后，可以利用示例数据对表单、报表的原型进行测试。经过反复修改之后，就可以开发数据库应用系统的原型了。

1.5   Access 2010 简介

Access 2010 是微软办公软件包 Office 2010 的一部分。Access 2010 是一个面向对象的、采用事件驱动的新型关系型数据库。这样说可能有些抽象，但是相信读者经过后面的学习，就会对"什么是面向对象"、"什么是事件驱动"有更深刻的理解。

Access 2010 提供了表生成器、查询生成器、宏生成器、报表设计器等许多可视化的操作工具，以及数据库向导、表向导、查询向导、窗体向导、报表向导等多种向导，可以帮助用户很方便地构建一个功能完善的数据库系统。Access 还为开发者提供了 Visual Basic for Application（VBA）编程功能，使高级用户可以开发功能更加完善的数据库系统。

Access 2010 还可以通过 ODBC 与 Oracle、Sybase、Visual FoxPro 等其他数据库相连，实现数据的交换和共享。并且，作为 Office 办公软件包中的一员，Access 还可以与 Word、Outlook、Excel 等其他软件进行数据的交互和共享。

此外，Access 2010 还提供了丰富的内置函数，以帮助数据库开发人员开发出功能更加完善、操作更加简便的数据库系统。

1.5.1   Access 2010 主界面

选择"开始"|"所有程序"|Microsoft Office|Microsoft Access 2010 命令，启动 Access 2010 程序，这时即可看到 Access 2010 的启动界面，如图 1.10 所示，选择 Access 模板，创建数据库文件。

Access 2010 采用了一种全新的用户界面，这种用户界面可以帮助用户提高工作效率，如图 1.11 所示。

1. 功能区

新界面使用称为"功能区"的标准区域来替代 Access 早期版本中的多层菜单和工具栏，如图 1.12 所示。

图 1.10　选择数据库模板类型

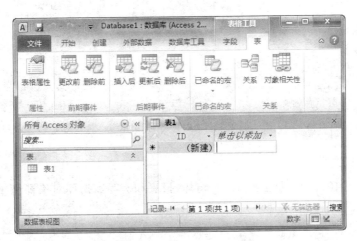

图 1.11　Access 2010 界面

图 1.12　Access 2010 的功能区

功能区位于程序窗口顶部的区域,以选项卡的形式将各种相关的功能组合在一起。使用 Access 2010 的功能区,可以更快地查找相关命令组。例如,如果要创建一个新的窗体,可以在"创建"选项卡下找到各种创建窗体的方式。

同时,使用这种选项卡式的功能区,可以使各种命令的位置与用户界面更为接近,使各种功能按钮不再深深嵌入菜单中,大大方便了用户的使用。

2. 导航窗格

导航窗格区域位于窗口左侧,用以显示当前数据库中的各种数据库对象。导航窗格取代了 Access 早期版本中的数据库窗口,如图 1.13 所示。

单击导航窗格右上方的小箭头,即可弹出"浏览类别"菜单,可以在该菜单中选择查看对象的方式,如图 1.14 所示。

例如,当选择"表和相关视图"命令进行查看时,各种数据库对象就会根据各自的数据源表进行分类,如图 1.15 所示。

图 1.13 导航窗格   图 1.14 "浏览类别"菜单   图 1.15 表和相关视图

3. 选项卡式文档

在 Access 2010 中,默认将表、查询、窗体、报表和宏等数据库对象都显示为选项卡式文档,如图 1.16 所示。

图 1.16 选项卡式文档

当然,也可以更改这种设置,将各种数据库对象显示为重叠式窗口。具体操作为:

(1) 启动 Access 2010,打开需要进行设置的数据库。

（2）单击"文件"选项卡中的"选项"按钮，如图 1.17 所示。

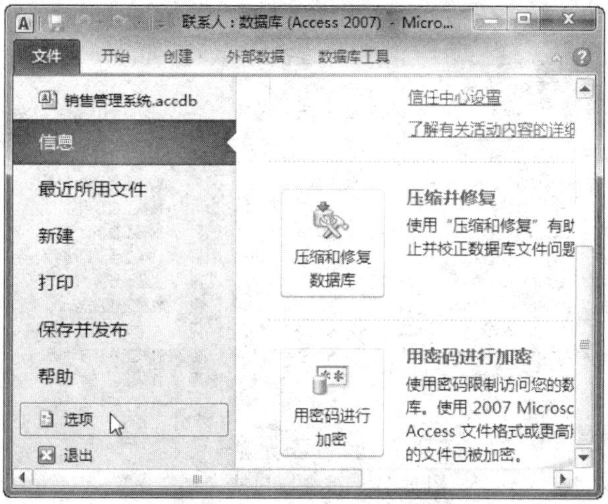

图 1.17　Backstage 视图列表

（3）弹出"Access 选项"对话框，在左侧导航栏中选择"当前数据库"选项组，在右边的"应用程序选项"区域中选中"重叠窗口"单选按钮，再单击"确定"按钮，如图 1.18 所示。

图 1.18　重叠窗口

（4）这就为当前数据库设置了重叠式窗口显示，重新启动数据库以后，打开几个数据表，就可以看到原来的选项卡式文档变为重叠窗口式文档了，如图 1.19 所示。

4. 状态栏

"状态栏"位于窗口底部，用于显示状态信息。状态栏中还包含用于切换视图的按钮。如图 1.20 所示的是一个表的"设计视图"中的状态栏。

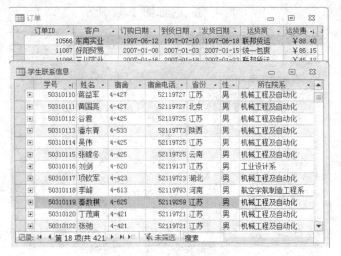

图 1.19　重叠窗口式文档

图 1.20　表设计视图中的状态栏

5. 样式库

样式库控件专为使用"功能区"而设计,并将侧重点放在获取所需的结果上。样式库控件不仅可显示命令,还可显示使用这些命令的结果。其目的是为用户提供一种可视方式,以便浏览和查看 Access 2010 执行的操作,从而将焦点放在命令的执行结果上,而不仅是命令本身上。

例如,图 1.21 是一个报表对象的打印预览视图,在该视图中,样式库提供了多种页边距的设置方式。

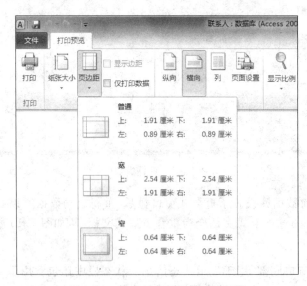

图 1.21　报表对象的打印预览视图

1.5.2　Access 的功能区

功能区位于程序窗口顶部的区域，可以在该区域中选择命令。功能区可以分为多个部分，下面将对各个部分进行相应的介绍。

1. 命令选项卡

在 Access 2010 的"功能区"中有 4 个选项卡，分别为"开始"、"创建"、"外部数据"和"数据库工具"，称为 Access 2010 的命令选项卡。

在每个选项卡下，都有不同的操作工具。例如，在"开始"选项卡下，有"视图"组、"字体"组等，用户可以通过这些组中的工具，对数据库中的数据库对象进行设置。下面分别对其进行介绍。

1)"开始"选项卡

如图 1.22 所示为"开始"选项卡下的一些工具组。

图 1.22　"开始"选项卡下的一些工具组

利用"开始"选项卡下的工具，可以完成以下几个方面的功能。

（1）选择不同的视图。

（2）从剪贴板复制和粘贴。

（3）设置当前的字体格式。

（4）设置当前的字体对齐方式。

（5）对备注字段应用 RTF 格式。

（6）操作数据记录（刷新、新建、保存、删除、汇总、拼写检查等）。

（7）对记录进行排序和筛选。

（8）查找记录。

2)"创建"选项卡

图 1.23 是"创建"选项卡下的工具组。用户可以利用该选项卡下的工具，创建数据表、窗体和查询等各种数据库对象。

图 1.23　"创建"选项卡下的工具组

利用"创建"选项卡下的工具,可以完成以下几个方面的功能。

(1) 插入新的空白表。

(2) 使用表模板创建新表。

(3) 在 SharePoint 网站上创建列表,在链接至新创建的列表的当前数据库中创建表。

(4) 在设计视图中创建新的空白表。

(5) 基于活动表或查询创建新窗体。

(6) 创建新的数据透视表或图表。

(7) 基于活动表或查询创建新报表。

(8) 创建新的查询、宏、模块或类模块。

3)"外部数据"选项卡

在"外部数据"选项卡下,有如图 1.24 所示的工具组,用户可以利用该工具组中的数据库工具,导入和导出各种数据。

图 1.24　"外部数据"选项卡下的工具组

利用"外部数据"选项卡下的工具,可以完成以下几个方面的功能。

(1) 导入或链接到外部数据。

(2) 导出数据。

(3) 通过电子邮件收集和更新数据。

(4) 使用联机 SharePoint 列表。

(5) 将部分或全部数据库移至新的或现有的 SharePoint 网站。

4)"数据库工具"选项卡

在"数据库工具"选项卡下,有如图 1.25 所示的各种工具组。用户可以利用该选项卡下的各种工具进行数据库 VBA、表关系的设置等。

图 1.25　"数据库工具"选项卡下的各种工具组

利用"数据库工具"选项卡下的工具,可以完成以下几个方面的功能。

(1) 启动 Visual Basic 编辑器或运行宏。

(2) 创建和查看表关系。

(3) 显示/隐藏对象相关性或属性工作表。

（4）运行数据库文档或分析性能。

（5）将数据移至 Microsoft SQL Server 或 Access（仅限于表）数据库。

（6）运行链接表管理器。

（7）管理 Access 加载项。

（8）创建或编辑 VBA 模块。

2. 上下文命令选项卡

上下文命令选项卡就是根据用户正在使用的对象或正在执行的任务而显示的命令选项卡。例如，当用户在设计视图中设计一个数据表时，会出现"表格工具"下的"设计"选项卡，如图 1.26 所示。

而在报表的设计视图中创建一个报表时，则会出现"报表设计工具"下的四个选项卡，如图 1.27 所示。

图 1.26 "表格工具"下的"设计"选项卡   图 1.27 "报表设计工具"下的四个选项卡

3. 快速访问工具栏

"快速访问工具栏"就是在界面左上方的一个标准工具栏。它提供了最常用的命令（如"保存"和"撤销"），如图 1.28 所示。

单击快速访问工具栏右边的向下三角箭头，在弹出的"自定义快速访问工具栏"菜单中设置要在该工具栏中显示的图标，如图 1.29 所示。

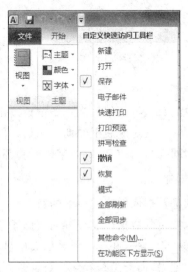

图 1.28 快速访问工具栏   图 1.29 自定义快速访问工具栏

1.5.3 Access 数据库的系统结构

人们经常说数据库对象，那么数据库对象到底是什么呢？一些用户一直认为 Access 只是一个能够简单存储数据的容器，而前面提到 Access 数据库能完成的功能有很多，那么这些功能是依靠数据库中的什么结构来实现的呢？

本节中将介绍 Access 数据库的 6 大数据对象。可以说，Access 的主要功能就是通过这 6 大数据对象来完成的。

1. 表

表是数据库中最基本的组成单位。建立和规划数据库，首先要做的就是建立各种数据表。数据表是数据库中存储数据的唯一单位，它将各种信息分门别类地存放在各种数据表中。

虽然不同的表存储的内容各不相同，但是它们都有共同的表结构，如图 1.30 所示。表的第一行为标题行，标题行的每个标题称为字段。下面的行为表中的具体数据，每一行的数据称为一条记录。该表在外观上与 Excel 电子表格相似，因为二者都是以行和列存储数据的。这样，就可以很容易地将 Excel 电子表格导入到数据库表中。

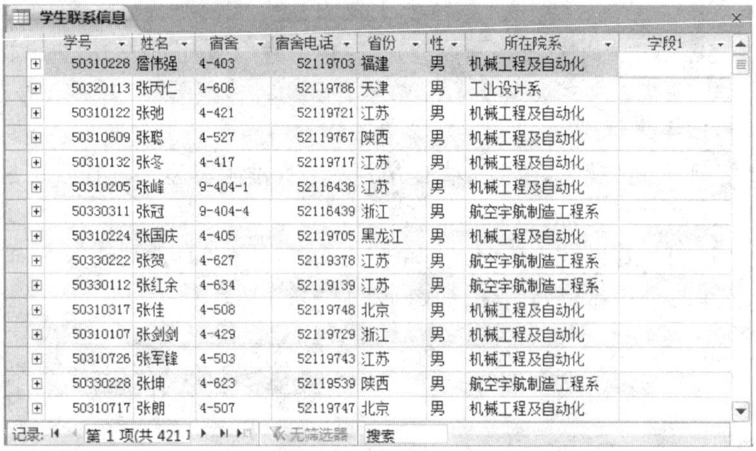
学生联系信息

学号	姓名	宿舍	宿舍电话	省份	性	所在院系	字段1
50310228	詹伟强	4-403	52119703	福建	男	机械工程及自动化	
50320113	张丙仁	4-606	52119786	天津	男	工业设计系	
50310122	张弛	4-421	52119721	江苏	男	机械工程及自动化	
50310609	张聪	4-527	52119767	陕西	男	机械工程及自动化	
50310132	张冬	4-417	52119717	江苏	男	机械工程及自动化	
50310205	张峰	9-404-1	52116436	江苏	男	机械工程及自动化	
50330311	张冠	9-404-4	52116439	浙江	男	航空宇航制造工程系	
50310224	张国庆	4-405	52119705	黑龙江	男	机械工程及自动化	
50330222	张贺	4-627	52119378	江苏	男	航空宇航制造工程系	
50330112	张红余	4-634	52119139	江苏	男	航空宇航制造工程系	
50310317	张佳	4-508	52119748	北京	男	机械工程及自动化	
50310107	张剑剑	4-429	52119729	浙江	男	机械工程及自动化	
50310726	张军锋	4-503	52119743	江苏	男	机械工程及自动化	
50330228	张坤	4-623	52119539	陕西	男	航空宇航制造工程系	
50310717	张朗	4-507	52119747	北京	男	机械工程及自动化	

记录: 第 1 项(共 421 项) 无筛选器 搜索

图 1.30 学生联系信息表

表中的每一行数据称为一条记录。记录用来存储各条信息。每一条记录包含一个或多个字段。字段对应表中的列。例如，可能有一个名为“雇员”的表，其中每一条记录(行)都包含不同雇员的信息，每一字段(列)都包含不同类型的信息(如名字、姓氏和地址等)。

2. 查询

查询是数据库中应用最多的对象之一，可执行很多不同的功能。最常用的功能是从表中检索特定的数据。要查看的数据通常分布在多个表中，通过查询可以将多个不同表中的数据检索出来，并在一个数据表中显示这些数据。而且，由于用户通常不需要一次看到所有的记录，而只是查看某些符合条件的特定记录，因此用户可以在查询中添加查询条件，以筛选出有用的数据。

图 1.31 显示了一个典型的查询运行结果。

图 1.31 查询的运行结果

3. 窗体

窗体有时被称为"数据输入屏幕"。窗体是用来处理数据的界面,而且通常包含一些可执行各种命令的按钮。

窗体提供了一种简单易用的处理数据的格式,而且还可以向窗体中添加一些功能元素,如命令按钮等。用户可以对按钮进行编程来确定在窗体中显示哪些数据、打开其他窗体或报表或者执行其他各种任务。

例如,可以在如图 1.32 所示的客户资料窗体中输入客户的新资料。

使用窗体还可以控制其他用户与数据库之间的交互方式。例如,创建一个只显示特定字段且只允许查询却不能编辑数据的窗体,有助于保护数据并确保输入数据的正确性。

4. 报表

如果要对数据库中的数据进行打印,使用报表是最简单且有效的方法。报表主要用来打印或者显示,因此一个报表通常可以回答一个特定问题,如"今年每个客户的订单情况怎样?"或者"我们的客户分布在哪些城市?"。

在设计报表的过程中,可以根据该报表要回答的问题,设置每个报表的分组显示,从而以最容易阅读的方式来显示信息。如图 1.33 所示就是一个典型的报表的例子。

5. 宏

可以将宏看做是一种简化的编程语言。利用宏,用户不必编写任何代码,就可以实现一定的交互功能。例如,弹出对话框、单击按钮打开窗体等。

通过宏,可以实现以下几项功能。

(1) 打开/关闭数据表、窗体,打印报表和执行查询。

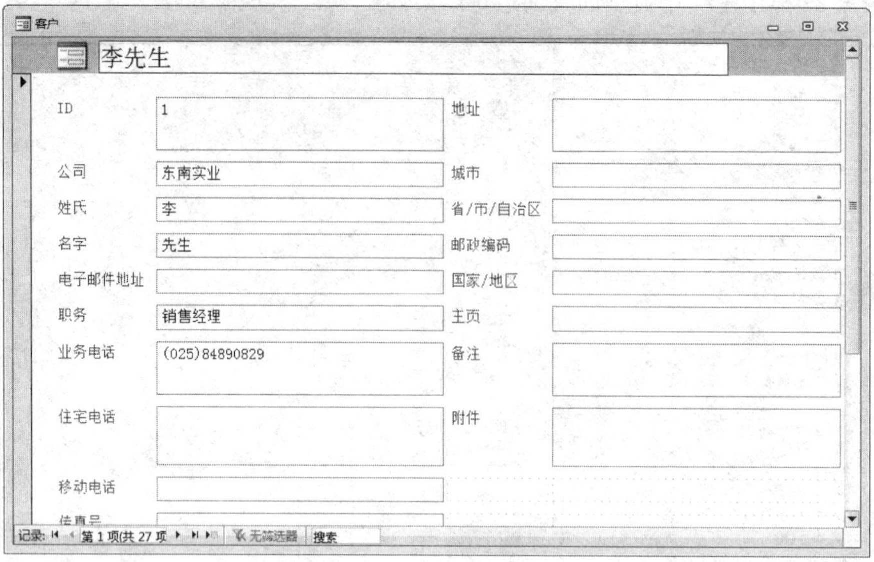

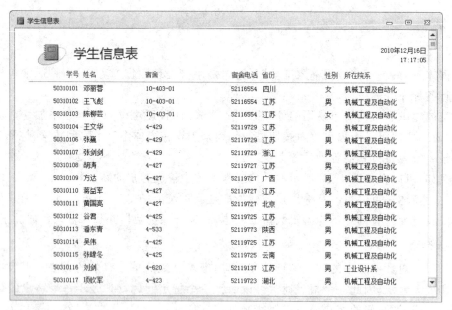

图 1.32 客户资料窗体

图 1.33 报表

(2) 弹出提示信息框,显示警告。

(3) 实现数据的输入和输出。

(4) 在数据库启动时执行操作等。

(5) 筛选查找数据记录。

6. 模块

不仅可以通过从宏操作列表中以选择的方式在 Access 中创建宏,而且还可以用

VBA 编程语言编写过程模块。

模块是声明、语句和过程的集合，它们作为一个单元存储在一起。模块可以分为类模块和标准模块两类。类模块中包含各种事件过程，标准模块包含与任何其他特定对象无关的常规过程。

值得说明的是，新版的 Access 2010 中，不再支持数据访问页对象。如果希望在 Web 上部署数据输入窗体并在 Access 中存储所生成的数据，则需要将数据库部署到 Microsoft Windows SharePoint Services 3.0 服务器上，使用 Windows SharePoint Services 所提供的工具实现所要求的目标。

习　　题

一、选择题

1. 在数据库系统中，数据的最小访问单位是_____。

　　A. 字节　　　　　　B. 字段　　　　　　C. 记录　　　　　　D. 表

2. 数据是指存储在某一媒体上的_____。

　　A. 数学符号　　　　B. 物理符号　　　　C. 逻辑符号　　　　D. 概念符号

3. 数据库系统中，最早出现的数据库模型是_____。

　　A. 语义网络　　　　B. 层次模型　　　　C. 网状模型　　　　D. 关系模型

4. 用树状结构表示实体之间联系的模型是_____。

　　A. 关系模型　　　　B. 网状模型　　　　C. 层次模型　　　　D. 以上三个都是

5. 在层次数据模型中，有_____个结点无双亲。

　　A. 1　　　　　　　　B. 2　　　　　　　　C. 3　　　　　　　　D. 多

6. 数据库系统的核心是_____。

　　A. 数据模型　　　　　　　　　　B. 数据库管理系统

　　C. 软件工具　　　　　　　　　　D. 数据库

7. 假设数据库中表 A 与表 B 建立了"一对多"关系，表 B 为"多"的一方，则下述说法中正确的是_____。

　　A. 表 A 中的一条记录能与表 B 中的多条记录匹配

　　B. 表 B 中的一条记录能与表 A 中的多条记录匹配

　　C. 表 A 中的一个字段能与表 B 中的多个字段匹配

　　D. 表 B 中的一个字段能与表 A 中的多个字段匹配

8. "商品"与"顾客"两个实体集之间的联系一般是_____。

　　A. 一对一　　　　　B. 一对多　　　　　C. 多对一　　　　　D. 多对多

9. 数据库（DB）、数据库系统（DBS）、数据库管理系统（DBMS）之间的关系是_____。

　　A. DB 包含 DBS 和 DBMS　　　　B. DBMS 包含 DB 和 DBS

　　C. DBS 包含 DB 和 DBMS　　　　D. 没有任何关系

10. 为了合理地组织数据,应遵循的设计原则是_____。

    A. "一事一地"的原则,即一个表描述一个实体或实体间的一种联系

    B. 表中的字段必须是原始数据和基本数据元素,并避免在表中出现重复字段

    C. 用外部关键字保证有关联的表之间的关系

    D. A、B 和 C

11. 在数据库中能够唯一地标识一个元组的属性或属性的组合称为_____。

    A. 记录　　　　　　B. 字段　　　　　　C. 域　　　　　　D. 关键字

12. 关系数据库的任何检索操作都是由三种基本运算组合而成,这三种基本运算不包括_____。

    A. 联接　　　　　　B. 关系　　　　　　C. 选择　　　　　　D. 投影

13. 关系数据库管理中所谓的关系是指_____。

    A. 各条记录中的数据彼此有一定的关系

    B. 一个数据库文件与另一个数据库文件之间有一定的关系

    C. 数据模型符合满足一定条件的二维表格式

    D. 数据库中各个字段之间彼此有一定的关系

14. 关系数据库的基本操作是_____。

    A. 增加、删除和修改　　　　　　　　B. 选择、投影和联接

    C. 创建、打开和关闭　　　　　　　　D. 索引、查询和统计

15. 将两个关系拼接成一个新的关系,生成的新关系中包括满足条件的元组,这种操作称为_____。

    A. 选择　　　　　　B. 投影　　　　　　C. 连接　　　　　　D. 并

16. 在数据库的 6 大对象中,用于存储数据的数据库对象是_____,用于和用户进行交互的数据库对象是_____。

    A. 表　　　　　　　B. 查询　　　　　　C. 窗体　　　　　　D. 报表

17. 在 Access 2010 中,随着打开数据库对象的不同而不同的操作区域称为_____。

    A. 命令选项卡　　　　　　　　　　　B. 上下文命令选项卡

    C. 导航窗格　　　　　　　　　　　　D. 工具栏

18. Access 2010 停止了对数据访问页的支持,转而大大增强的协同工作是通过_____来实现的。

    A. 数据选项卡　　　　　　　　　　　B. SharePoint 网站

    C. Microsoft 在线帮助　　　　　　　D. Outlook 新闻组

19. Access 的数据库类型是_____。

    A. 层次数据库　　　　　　　　　　　B. 网状数据库

    C. 关系数据库　　　　　　　　　　　D. 面向对象数据库

二、填空题

1. 数据库系统的主要特点为:实现数据_____,减少数据_____,采用特定的_____,具有较高的_____,具有统一的数据控制功能。

2. 数据库管理员的英文缩写是_____。

3. 学生教学管理系统、图书管理系统都是以_____为基础核心的计算机应用系统。

4. 数据模型不仅表示反映事物本身的数据,而且表示_____。

5. 用二维表的形式来表示实体之间联系的数据模型叫做_____。

6. 二维表中的列称为关系的_____,二维表中的行称为关系的_____。

7. 在关系数据库的基本操作中,从表中取出满足条件的元组操作称为_____;把两个关系中相同属性值的元组连接到一起形成新的二维表的操作称为_____;从表中取出属性值满足条件列的操作称为_____。

8. 自然联接指的是_____。

9. 实体与实体之间的联系有三种,它们是_____、_____和_____。

10. 一个关系表的行称为_____。

11. 在关系数据库中,将数据表示为二维表的形式,每一个二维表称为_____。

12. 在现实世界中,每个人都有自己的出生地,实体"人"和实体"出生地"之间的联系是_____。

13. 在教师表中,如果要找出职称为"教授"的教师,那么应该采用的关系运算是_____。

三、综合题

1. 解释下列术语:

关系模型　关系模式　关系实例　属性　域　元组　主码

2. 传统的集合运算包括哪些?专门的关系运算有哪些?

3. 为什么关系中的元组没有先后顺序?

4. 为什么关系中不允许有重复的元组?

5. 关系与普通的表格、文件有什么区别?

6. 广义笛卡儿积、等值连接、自然连接三者之间有什么区别?

7. 设有关系 R、S 如下:

关系 R

A	B	C
A	b	c
b	a	d
C	d	e
D	f	g

关系 S

A	B	C
b	a	d
d	f	g

求 $R \cup S$、$R-S$、$R \cap S$、$R \times S$。

8. 关系模型中包括哪三类完整性约束?

9. 简述 1NF 和 2NF 的主要内容。

10. 简述关系规范化的含义。

11. 安装好 Office 2010,并启动其中的 Access 2010,观察新版本 Access 的界面新特征。

12. 理解 Access 2010 相对于其他版本 Access 的新的界面特征和功能特性,理解 Access 数据库相对于其他数据库的优、缺点。

13. 对 Access 2010 的 6 大数据库对象要了然于心,熟悉各个对象的功能与区别。

第 2 章 Access 2010 数据库

数据库是数据库对象的容器。数据库正是利用它的 6 大数据库对象进行工作的。表作为其 6 大数据库对象之一,是数据库中存储数据的唯一对象。设计良好的表结构,对整个数据库系统的高效运行至关重要。

2.1 建立新数据库

首先应该明确数据库各个对象之间的关系。通过前面的介绍已经知道数据库中有 6 个对象,分别为"表"、"查询"、"窗体"、"报表"、"宏"和"模块",这 6 个对象构成了数据库系统。而数据库,就是存放各个对象的容器,执行数据仓库的功能。因此在创建数据库系统之前,最先应做的就是创建一个数据库。

在 Access 2010 中,可以用多种方法建立数据库,既可以使用数据库建立向导,也可以直接建立一个空数据库。建立数据库以后,就可以在里面添加表、查询、窗体等数据库对象了。

下面将分别介绍创建数据库的几种方法。

2.1.1 创建一个空白数据库

先建立一个空数据库,以后根据需要向空数据库中添加表、查询、窗体、宏等对象,这样能够灵活地创建更加符合实际需要的数据库系统。

【实例 2.1】 建立一个空数据库。

【操作步骤】

(1) 启动 Access 2010 程序,并进入 Backstage 视图,然后在左侧导航窗格中单击"新建"按钮,接着在中间窗格中选中"空数据库"选项,如图 2.1 所示。

(2) 在右侧窗格中的"文件名"文本框中输入新建文件的名称,再单击"创建"按钮,如图 2.2 和图 2.3 所示。

(3) 这时将新建一个空白数据库,并在数据库中自动创建一个数据表,如图 2.4 所示。

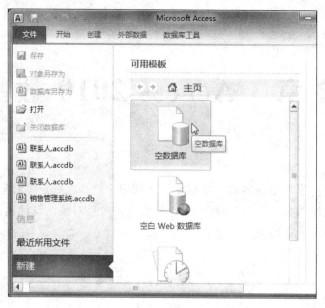

图 2.1　空数据库模板

图 2.2　新建数据库文件存储位置

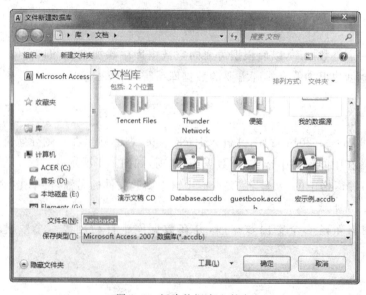

图 2.3　新建数据库文件名

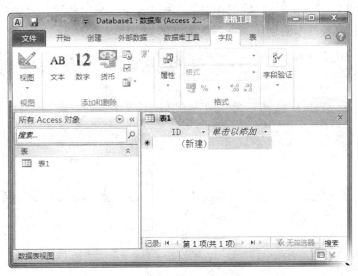

图 2.4 自动创建的一个数据表

2.1.2 利用模板创建数据库

Access 2010 提供了 12 个数据库模板。使用数据库模板,用户只需要进行一些简单操作,就可以创建一个包含表、查询等数据库对象的数据库系统。

【实例 2.2】 利用 Access 2010 中的模板,创建一个"联系人"数据库。

【操作步骤】

(1) 启动 Access 2010,在"样本模板"选项列出的 12 个模板中选择需要的模板,这里选择"联系人 Web 数据库"选项,如图 2.5 所示。

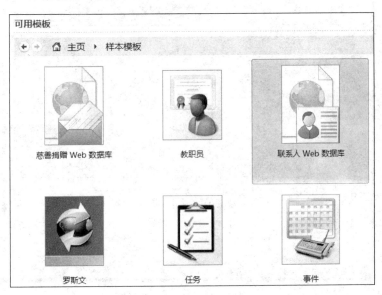

图 2.5 样本模板

（2）在屏幕右下方弹出的"数据库名称"中输入想要采用的数据库文件名，然后单击"创建"按钮，完成数据库的创建。创建的数据库如图2.6所示。

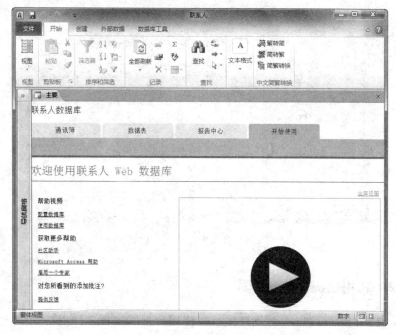

图2.6 创建的数据库

（3）这样就利用模板创建了"联系人"数据库。单击"通讯簿"选项卡下的"新增"按钮，弹出如图2.7所示的对话框，即可输入新的联系人资料。

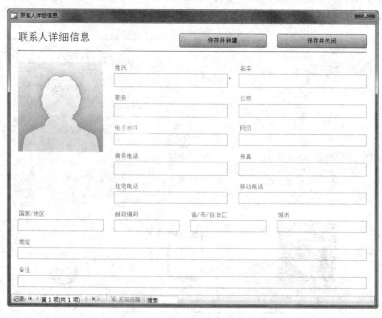

图2.7 利用模板创建的"联系人"数据库

可见,通过数据库模板可以创建专业的数据库系统,但是这些系统有时不太符合要求,最简便的方法就是先利用模板生成一个数据库,然后再进行修改,使其符合要求。

2.2　数据库的基本操作

数据库的打开、关闭与保存是数据库最基本的操作,对于学习数据库是必不可少的。

2.2.1　打开数据库

在创建了数据库后,以后用到数据库时就需要打开已创建的数据库,这是数据库操作中最基本、最简单的操作,下面就以实例介绍如何打开数据库。

【操作步骤】

(1) 启动 Access 2010,执行“文件”菜单中的“打开”命令,如图 2.8 所示。

图 2.8　执行“打开”命令

(2) 在弹出的“打开”对话框中选择要打开的文件,单击“打开”按钮,即可打开选中的数据库,如图 2.9 和图 2.10 所示。

创建了数据库以后,就可以为数据库添加表、查询等数据库对象了。一般而言,表作为数据库中各种数据的唯一载体,往往是最先应该创建的。

至于如何在数据库中创建数据表,以及如何设计数据表的结构等内容,将在后面进行介绍。

2.2.2　保存数据库

创建数据库,并为数据库添加了表等数据库对象后,就需要将数据库保存,以保存添加的项目。另外,用户在处理数据库时,应记得随时保存,以免出现错误导致大量数据丢失。

图 2.9　"打开"对话框

图 2.10　打开最近使用的数据库

【操作步骤】

（1）执行"文件"菜单中的"保存"命令，即可保存输入的信息，如图 2.11 所示。若单击"数据库另存为"命令，可更改数据库的保存位置和文件名，如图 2.12 所示。

（2）系统会弹出 Microsoft Access 对话框，提示保存数据库前必须关闭所有打开的对象，单击"是"按钮即可，如图 2.13 所示。

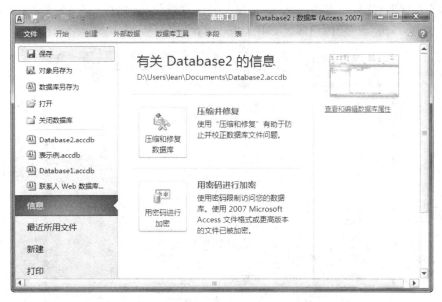

图 2.11 保存数据库

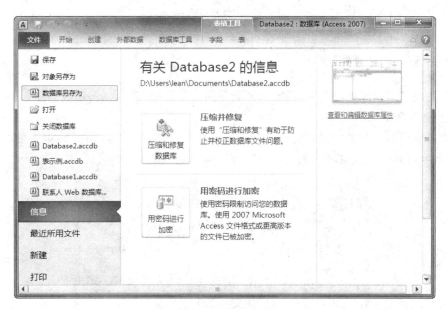

图 2.12 数据库另存

图 2.13 提示保存数据库前对话框

（3）在弹出的"另存为"对话框中选择文件的存放位置，然后在"文件名"文本框中输入文件名称，单击"保存"按钮即可，如图2.14所示。

图2.14 "另存为"对话框

2.2.3 关闭数据库

在完成了数据库的保存后，当不再需要使用数据库时，就可以关闭数据库了。

【操作步骤】

单击窗口右上角的"关闭"按钮，如图2.15所示。或者执行"文件"菜单中的"关闭数据库"命令，即可关闭数据库，如图2.16所示。

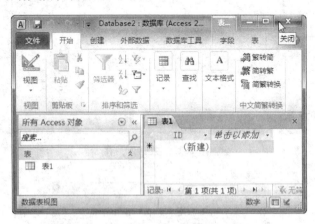

图2.15 "关闭"按钮

图 2.16　"关闭数据库"命令

2.3　数据库的安全保护

数据库应用系统开发人员必须明确用户的安全级别,要确定哪些用户可以使用数据库,哪些用户不能使用指定的对象。设置安全机制可以利用系统提供的工具设置,也可以在开发的应用程序中提供安全保护功能。

2.3.1　数据库用户密码

为了保护数据库不被他人使用或修改,也可以给数据库设置用户密码。设置数据库用户密码后,一旦需要可以更改或修改数据库用户密码,也可以撤销原来的密码,还可以重新为数据库设置用户密码。

1. 设置用户密码

设置用户密码的操作步骤如下。

(1) 以独占方式打开数据库。

(2) 执行"文件"菜单中的"信息"命令,打开"有关选课管理的信息"窗格,如图 2.17 所示。

(3) 在"有关选课管理的信息"窗格中单击"设置数据库密码",打开"设置数据库密码"对话框,如图 2.18 所示。

(4) 在"设置数据库密码"对话框中,先输入用户密码,再输入验证码,然后单击"确定"按钮,用户密码设置完成。

在设置数据库用户密码后,在每次打开数据库时,需要输入用户密码,因此,用户要牢记自己设置的密码,或在设置用户密码之前将数据库制作一个备份,以防万一。

2. 撤销用户密码

撤销数据库用户密码的步骤如下。

(1) 启动 Access 系统,并选择以独占方式打开要撤销的数据库。

(2) 执行"文件"菜单中的"信息"命令,打开"有关选课管理的信息"窗格,单击"解密数据库"按钮,打开"撤销数据库密码"对话框,如图 2.19 所示。

图 2.17　"有关选课管理的信息"窗格

图 2.18　"设置数据库密码"对话框

图 2.19　"撤销数据库密码"对话框

（3）在"撤销数据库密码"对话框中，输入数据库的密码，然后单击"确定"按钮，完成数据库密码撤销。

2.3.2　压缩和修复数据库

在对数据库进行操作时，用户要不断地对数据库中的对象进行增加、修改、删除等操作，这会导致数据库文件中存在一定数量的碎片，使数据库越来越大，从而使数据库文件的利用率降低。另外，数据库在使用过程中，有可能遭到破坏，导致数据不正确。压缩/修复数据可以重新整理数据库，消除磁盘中的碎片，修复被破坏的数据库，从而提高数据库的使用效率，保证数据库中数据的正确性。

压缩和修复数据库的操作步骤如下。

（1）启动 Access 2010，打开要压缩和修复的数据库。

（2）执行"文件"菜单中的"信息"命令，打开"有关数据库的信息"窗格，单击"压缩并修复"按钮,或单击"数据库工具"选项卡下"工具"组中的"压缩并修复数据库"按钮,系统将自动对当前数据库进行压缩和修复,并生成与数据库文件名同名扩展名为.accdb的文件。

2.3.3　数据库的编码和解码

数据库的编码是对数据库进行加密处理。加密是保护数据库中数据安全的有效手段。对数据库进行加密可以压缩数据库,并使其难以用通常的方法破译,从而达到保护数据库的目的。Access 2010提供了数据库编码和解码的功能,对数据库编码后,将会产生一个原有数据库的副本文件。

1. 数据库的编码

数据库加密的操作步骤如下。

(1) 打开要编码的数据库。

(2) 执行"文件"菜单中的"信息"命令,打开"有关选课管理的信息"窗格,如图2.20所示。

图2.20　"有关选课管理的信息"窗格

(3) 单击"用户和权限"按钮,并在下拉列表框中选择"编码/解码数据库"命令,打开"数据库编码后另存为"对话框,如图2.21所示。

(4) 输入数据库加密后的文件名,单击"保存"按钮,将在指定位置生成加密后的数据库文件。

生成加密文件后,原有未加密的数据库文件仍然存在,可以将其删除。经过加密的文件不能被Access之外的其他应用程序打开。

图 2.21 "数据库编码后另存为"对话框

2. 数据库解码

数据库解码的操作步骤如下。

（1）打开要解码的数据库。

（2）执行"文件"菜单中的"信息"命令，打开"有关选课管理的信息"窗格，单击"用户和权限"按钮，并在下拉列表框中选择"编码/解码数据库"命令，打开"数据库解码后另存为"对话框，如图 2.22 所示。

图 2.22 "数据库解码后另存为"对话框

（3）在"文件名"文本框中输入解密后的数据库文件名"jxgl. accdb"，然后单击"保存"

按钮,解密后的数据库保存到指定的数据库文件中。

2.3.4 设置用户和组账户

保护数据库中数据的主要措施是根据用户设置安全级别。Access 系统将数据库系统中的用户分成两组:管理员组和用户组。两个组中只有管理员用户账户。用户可以根据需要添加新的用户账户和组账户,还可使用户隶属于不同的组。进行用户和组账户的设置,若要完成该过程,则必须以管理员组成员的身份登录到数据库中。

1. 添加和删除用户账户

【实例 2.3】 为数据库"选课管理"添加一个用户账户,用户名为 xxh。

【操作步骤】

(1) 打开"选课管理"数据库。

(2) 执行"文件"菜单中的"信息"命令,打开"有关选课管理的信息"窗格,单击"用户和权限"按钮,并在下拉列表框中选择"用户和组账户"命令,打开"用户与组账户"对话框,切换到"用户"选项卡,如图 2.23 所示。

(3) 单击"新建"按钮,打开"新建用户/组"对话框,如图 2.24 所示。

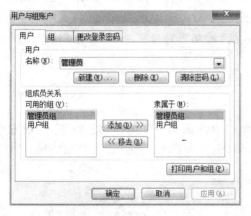

图 2.23 "用户与组账户"对话框——"用户"选项卡   图 2.24 "新建用户/组"对话框

(4) 在"新建用户/组"对话框中,输入新账户的名称 xxh 和个人 ID 1001,然后单击"确定"按钮,返回"用户与组账户"对话框,新账户会自动添加到用户账户,新用户的创建完成。

若要删除某一个用户只需在"用户与组账户"对话框中选择指定的用户,单击"删除"按钮即可。

2. 添加和删除组账户

【实例 2.4】 为"选课管理"数据库添加一个组账户,组名为"教师"。

【操作步骤】

(1) 打开"选课管理"数据库。

(2) 执行"文件"菜单中的"信息"命令,打开"有关选课管理的信息"窗格,单击"用户和权限"按钮,并在下拉列表框中选择"用户和组账户"命令,打开"用户与组账户"对话框,切换到"组"选项卡,如图2.25所示。

（3）单击"新建"按钮,打开"新建用户/组"对话框,如图2.24所示。

（4）在"新建用户/组"对话框中,输入新账户的名称"教师"和个人ID"2001",然后单击"确定"按钮,返回"用户与组账户"对话框,新组账户会自动添加到组账户中。

3. 将用户账户添加到组中

【实例2.5】 将用户"xxh"添加到"教师"组中。

【操作步骤】

（1）打开"选课管理"数据库。

（2）执行"文件"菜单中的"信息"命令,

图2.25 "用户与组账户"对话框——"组"选项卡

打开"有关选课管理的信息"窗格,单击"用户和权限"按钮,并在下拉列表框中选择"用户和组账户"命令,打开"用户与组账户"对话框,切换到"用户"选项卡,如图2.23所示。

（3）在"名称"组合框中选择用户名xxh。

（4）在"可用的组"框中选择用户要加入的"教师"组,然后单击"添加"按钮。所选择的组将显示在"隶属于"列表中。

（5）单击"确定"按钮,操作完成。

4. 设置用户密码

对使用数据库应用系统的用户进行分组可以保证同一个组的用户权限,而设置用户密码能够保证用户的使用安全。在Access中,允许为管理员用户设置登录密码。

设置用户的密码操作步骤如下。

（1）打开数据库。

（2）执行"文件"菜单中的"信息"命令,打开"有关选课管理信息"窗格,单击"用户和权限"按钮,并在下拉列表中选择"用户和组账户"命令,打开"用户与组账户"对话框。

（3）切换到"更改登录密码"选项卡,如图2.26所示。

（4）分别输入旧密码、新密码和验证码,注意,在"验证"文本框中输入的密码必须和新密码相同。然后,单击"确定"按钮,密码设置完成。

设置密码后,当下一次打开数据库时,会自动弹出"登录"对话框,如图2.27所示。

输入用户名和登录密码,单击"确定"按钮,Access 2010将启动系统并打开数据库。

2.3.5 设置用户和组权限

设置用户和组的时候可以将用户划分为不同的用户组,而不同组的用户对数据库的操作所拥有的权限是不同的。在Access 2010中,可以为用户和组设置权限。

设置用户和组权限的操作步骤如下。

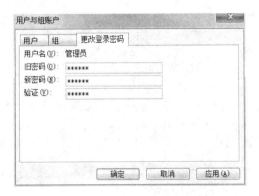

图 2.26 "更改登录密码"选项卡

图 2.27 "登录"对话框

（1）打开数据库。

（2）执行"文件"菜单中的"信息"命令，打开"有关选课管理信息"窗格，单击"用户和权限"按钮，并在下拉列表框中选择"用户和组权限"命令，打开"用户与组权限"对话框，如图 2.28 所示。

（3）切换到"权限"选项卡，选中"用户"或"组"单选按钮，会在"用户名/组名"列框表中显示系统所需要设置权限的用户名或组名。

（4）在"权限"列表框中单击需要指定权限的复选框，如果需要还可以选择对象类型和对象名称。单击"确定"按钮，权限设置完成。

图 2.28 "用户与组权限"对话框

2.3.6 创建数据库副本

创建数据库副本是指将数据库文件(.accdb)制作一个备份。在 Access 中，创建数据库副本的操作步骤如下。

（1）打开数据库。

（2）在"文件"菜单中单击"保存并发布"选项，打开"文件类型"与"数据库另存为"窗格，如图 2.29 所示。

在"文件类型"窗格中选择"数据库另存为"选项，然后在右侧的窗格中单击"备份数据库"按钮和"另存为"按钮，打开"另存为"对话框，如图 2.30 所示。

（3）输入备份数据库的文件名，选择保存文件类型，然后单击"保存"按钮，系统将自动为数据库制作副本。

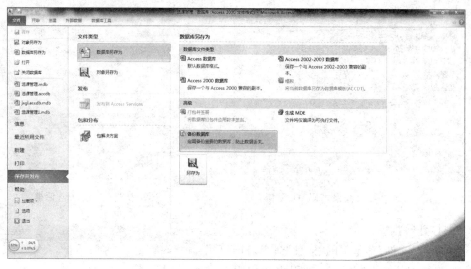

图 2.29 "文件类型"与"数据库另存为"窗格

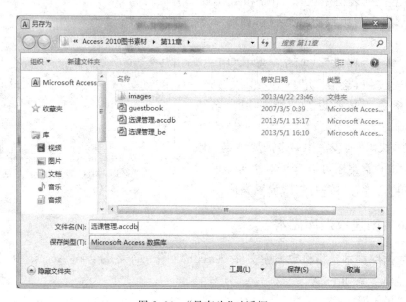

图 2.30 "另存为"对话框

2.4 数据库的转换与导出

用 Access 2010 创建的数据库有时需要在其他环境中使用,如不同版本的 Access 系统、Microsoft Excel、其他的数据库系统(如 dBase、ODBC 等)。由于不同环境下生成的文件格式是不同的,因此在 Access 以外的环境使用 Access 数据库时,应对数据库中的数据做相应的处理。Access 不仅提供了在不同版本的 Access 系统之间进行数据库的转换,还可以在不同系统之间进行数据传递,从而实现数据资源共享。

2.4.1 数据库转换

在 Access 2010 中,可以将当前数据库转换为 Access 2000、Access 2003 系统的格式,也可以将低版本的 Access 数据库转换为 Access 2010 格式,操作步骤如下。

(1) 打开要转换的数据库。

(2) 选择"文件"菜单,单击"保存与发布"选项,打开"文件类型"与"数据库另存为"窗格,单击"数据库另存为"命令,如图 2.31 所示。

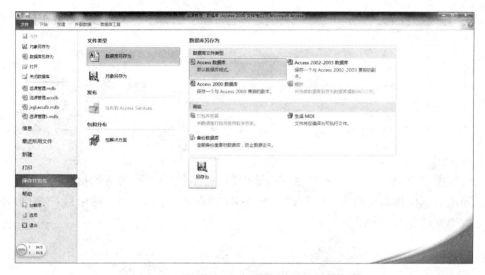

图 2.31 "文件类型"与"数据库另存为"窗格

(3) 在右侧窗格中的"数据库文件类型"选项中,有 4 个按钮:

① "Access 数据库"按钮的功能为将当前打开的数据库转换为 Access 2010 格式。

② "Access 2002-2003 数据库"按钮的功能为将当前数据库转换为 Access 2003 格式。

③ "Access 2000 数据库"按钮的功能为将当前数据库转换为 Access 2000 格式。

④ "模板"按钮的功能是将当前数据库另存为模板数据库。

单击所需要的按钮,然后单击"另存为"按钮,打开"另存为"对话框,如图 2.32 所示。

(4) 输入转换后的数据库文件名,单击"保存"按钮,系统将对数据库文件进行转换并保存在指定的文件夹中。

2.4.2 数据库的导出

导出是指将 Access 中的数据库对象导出到另一个数据库或导出到外部文件的过程。数据的导出使得 Access 中的数据库对象可以传递到其他环境中,从而达到信息交流的目的。

Access 2010 可以将数据库对象导出为多种数据类型,包括 Excel 文件、SharePoint 列表、文本文件、Word 文件、XML 文件、HTML 文件和 dBase 文件等,还可以将数据导出

图 2.32 "另存为"对话框

到其他数据库中,甚至可以直接使用 Word 中的"邮件合并向导"合并数据等。

导出数据操作通常使用"外部数据"选项卡的"导出"组中的功能按钮进行操作,导出功能按钮如图 2.33 所示。

图 2.33 "导出"组的功能按钮

导出数据时,一般通过 Access 的导出向导来完成操作。

1. 将数据库对象导出到 Access 数据库中

在 Access 中,可以将当前数据库中的所有数据库对象导出到其他数据库或当前数据库中。Access 提供了导出操作向导,按照系统提示的步骤操作,可以很容易导出数据。

【实例 2.6】 将"选课管理"数据库中的"课程"表导出到"教师管理"数据库中。

【操作步骤】

(1) 打开数据库,在"导航"窗格中选择表对象"课程"表。

(2) 在"外部数据"选项卡的"导出"组中单击 Access 按钮,打开"导出-Access 数据库"对话框,如图 2.34 所示。

(3) 指定存储导出对象的数据库文件,在"文件名"文本框中输入文件名,或单击"浏览"按钮,打开"保存文件"对话框,如图 2.35 所示。

(4) 在"保存文件"对话框中,选择数据库文件所在文件夹和文件名"教师管理",然后单击"保存"按钮,返回"导出-Access 数据库"对话框,这时"文件名"文本框中显示存储导出对象的数据库文件名称。

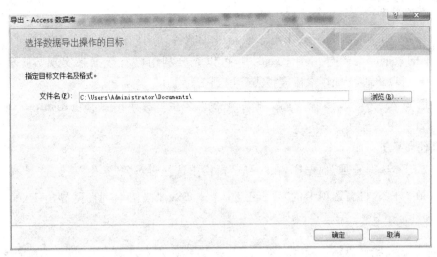

图 2.34 "导出-Access 数据库"对话框

图 2.35 "保存文件"对话框

（5）单击"保存"按钮，打开"导出"对话框，如图 2.36 所示。

（6）在"将课程导出到"文本框中显示导出表的默认名称，用户可以对其进行修改，如果原数据库与目标数据库不同，可以直接使用默认表名。在"导出表"选项组中可以选择导出数据或只导出表结构。单击"确定"按钮，导出操作结束。

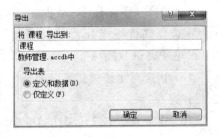

图 2.36 "导出"对话框

2. 将数据库对象导出到 Excel 中

Excel 是 Microsoft Office 中电子表格处理软件,它具有数据计算和统计的功能,将 Access 中的数据库对象导出到 Excel 中,可以充分利用已有数据来实现数据管理。在 Access 中,可以将表、查询、窗体或报表导出到 Excel 中。

【实例 2.7】 将"选课管理"数据库中的"学生"表导出到 Microsoft Excel 文件 student. xlsx 中。

【操作步骤】

(1) 打开"选课管理"数据库,在"导航"窗格中选择表对象"学生"表。

(2) 在"外部数据"选项卡的"导出"组中单击 Excel 按钮,打开"导出-Excel 电子表格"对话框,如图 2.37 所示。

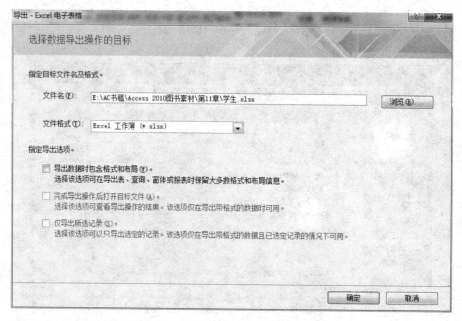

图 2.37 "导出-Excel 电子表格"对话框

(3) 指定存储学生表数据的 Excel 文件名和文件格式。单击"浏览"按钮,打开"保存文件"对话框,如图 2.38 所示。

(4) 在"保存文件"对话框中,选择 Excel 文件的保存路径,输入文件名"student. xlsx",选择文件格式"Excel 97-Excel 2003 工作簿",然后单击"保存"按钮,返回"导出-Excel 电子表格"对话框。

(5) 指定导出选项。可以选择导出时是否包含格式和布局,然后单击"确定"按钮,导出操作完成。

(6) 在 Excel 中打开文件 student. xlsx,显示结果如图 2.39 所示。

图 2.38　"保存文件"对话框

图 2.39　导出的 Excel 文件

2.5　拆 分 数 据 库

如果数据库作为网络数据被多个用户共享,则应考虑将数据库拆分。拆分数据不仅有助于提高数据库的性能,还能降低数据库文件损坏的风险,从而更好地保护数据库。

　　拆分数据库后,数据库被组织成两个文件:后端数据库和前端数据库。后端数据库只包括表,而前端数据库则包含查询、窗体和报表以及数据库其他对象,每个用户都是用前端数据库的本地副本进行数据交互。拆分数据库后必须将前端数据库分发给网络用户。

　　拆分数据库前,应该将数据库进行备份。需要时可以使用备份的数据库进行还原。在多用户的情况下,拆分数据库时,应该通知用户不要使用数据库,否则在拆分时如果用户更改了数据,所做的更改不会反映在后端数据库中。如果在拆分数据库时有用户更改了数据,则可以在拆分完毕后再将新数据导入后端数据库中。

　　拆分数据可以使用 Access 2010 提供的数据库拆分器向导完成,具体操作步骤如下。

　　(1)打开数据库。

　　(2)在“数据库工具”选项卡的“移动数据”组中单击“拆分数据库”按钮，打开“数据库拆分器”对话框,如图 2.40 所示。

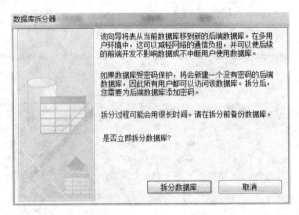

图 2.40　“数据库拆分器”对话框

　　(3)单击“拆分数据库”按钮,打开“创建后端数据库”对话框,如图 2.41 所示。

图 2.41　“创建后端数据库”对话框

（4）在"文件名"文本框中显示后端数据库的默认文件名，拆分后的数据库文件名为原数据库文件名称末尾加后缀_be，可以对后端数据库重新命名。一般情况下，这样的文件名不需要再更改。选择后端数据库文件保存位置，然后单击"拆分"按钮。系统将进行数据库拆分，拆分完成后显示确认消息框，如图 2.42 所示。

图 2.42　"数据库拆分器"消息框

数据库拆分后，原数据库文件被一分为二，新的后端数据库文件中只包含表对象，而原来的数据库文件中，表的对象都变成指向后端数据库中表的快捷方式，不再含有实际的表对象。

在数据库的使用过程中，随着使用次数越来越多，难免会产生大量的垃圾数据，使数据库变得异常庞大，如何去除这些无效数据呢？为了数据的安全，备份数据库是最简单的方法，在 Access 中数据库又是如何备份的呢？还有打开一个数据库以后，如何查看这个数据库的各种信息呢？

所有的问题都可以在数据库的管理菜单下解决，下面就介绍基本的数据库管理方法。

2.6　数据库应用系统的集成

当数据库所有的功能设计完成后，为保证数据库应用系统的安全，可以将数据库应用系统打包，生成 ACCDE 文件。ACCDE 文件是将所有对象，包括表、查询、报表、窗体、模块等进行编译，移除可以编辑的代码，并进行压缩所生成的打包文件，当生成 ACCDE 文件后，系统的窗体、报表和模块不能在 Access 中进行修改，从而保护了系统的源代码，这是对数据库应用系统进行安全保护的一个有效的措施和手段。

生成 ACCDE 文件的操作步骤如下。

（1）打开数据库。

（2）在"文件"菜单中单击"保存与发布"选项，打开如图 2.43 所示的窗格。

图 2.43　"文件类型"与"数据库另存为"窗格

（3）单击右侧窗格中的"生成 ACCDE"按钮，弹出"另存为"对话框，如图 2.44 所示。

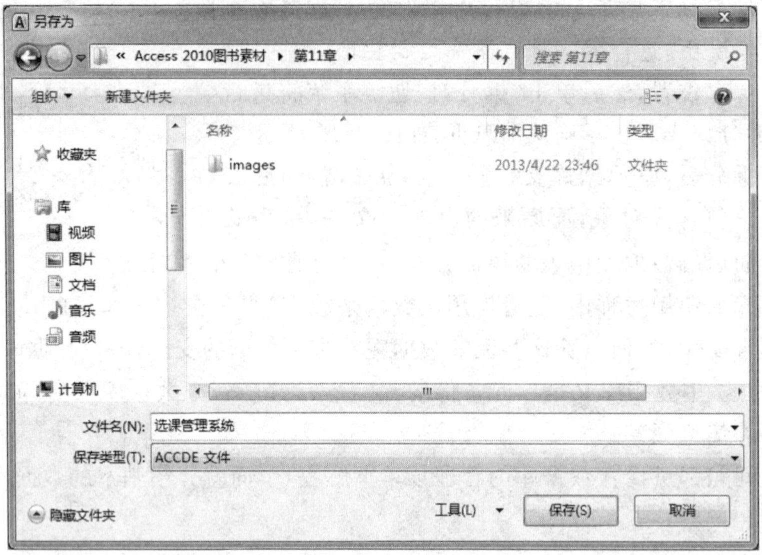

图 2.44 "另存为"对话框

（4）输入 ACCDE 文件的名称并选择保存路径，然后单击"保存"按钮，系统会自动将当前数据库打包成 ACCDE 文件并保存在指定目录中。

当生成 ACCDE 文件后，执行目标数据库文件，如果设置了自动启动窗体，便可以运行应用系统。

由于在生成 ACCDE 文件后用户不能再对窗体、报表以及程序进行编辑和修改，而在程序使用过程中经常需要对系统进行调试和修改，因此，在生成 ACCDE 文件之前应对数据库文件进行备份，以保证系统的正常使用。

系统开发是一个复杂的系统工程，即便是有经验的开发人员也会不可避免地出现疏漏。在系统开发和使用过程中要不断学习和纠正系统不完善的地方，从而使设计过程成为学习系统开发并不断提高进步的过程，达到学习使用 Access 的目的。

习 题

1. 选择题

1. 新版本的 Access 2010 的默认数据库格式是_____。

    A. MDB   B. ACCDB   C. ACCDE   D. MDE

2. 如果用户要新建一个商务联系人数据库系统，那么最快的建立方法是_____。

    A. 通过数据库模板建立   B. 通过数据库字段模板建立

    C. 新建空白数据库   D. 所有建立方法都一样

3. 新建一个空数据库的快捷键是_____。

    A. Ctrl+S   B. Ctrl+O   C. Ctrl+N   D. Ctrl+A

4. 下面_____不是压缩和修复数据库的作用。

    A. 减小数据库占用空间   B. 提高数据库打开速度

    C. 美化数据库   D. 提高运行效率

5. 退出 Access 数据库管理系统可以使用的快捷键是_____。

    A. Alt+F+X   B. Alt+X   C. Ctrl+C   D. Ctrl+O

6. 在 Access 数据库中，表就是_____。

    A. 关系   B. 记录   C. 索引   D. 数据库

7. Access 中表和数据库的关系是_____。

    A. 一个数据库可以包含多个表   B. 一个表只能包含两个数据库

    C. 一个表可以包含多个数据库   D. 数据库就是数据表

8. 若要为数据库设置用户密码，数据库必须以_____方式打开。

    A. 共享   B. 独占   C. 只读   D. 独占只读

9. Access 2010 可以将数据库应用系统打包，生成_____文件。

    A. EXE   B. ACCDB   C. ACCDE   D. COM

二、填空题

1. Access 2010 数据库的文件扩展名是_____。

2. 为数据库设置密码时，数据库应以_____方式打开。

3. 为消除对数据库进行频繁更新所带来的存储碎片，可以对数据库实施的操作是_____。

4. 数据库的转换是指_____。

5. 工作组设置信息保存在工作组文件中，系统默认的工作组文件名为_____。

6. 设置用户和组账户，操作员必须以_____身份登录到数据库中。

三、操作题

1. 新建一个"联系人"数据库，并对其进行个性化的设置修改。

2. 利用模板建立一个"罗斯文"数据库。

3. 练习操作数据库的打开、保存和关闭。

4. 对建立的"罗斯文"数据库进行压缩和备份操作。

5. 为教师管理数据库设置密码。

6. 为数据库"选课管理"添加一个用户账号，用户名为自己的姓名。

7. 将教师管理数据库转换并另存为 Access 97 格式。

8. 将教师管理数据库生成 ACCDE 文件。

四、思考题

1. 设置用户和组账户的作用是什么？

2. 如何将一个用户加入到组中？

3. 数据导出有何作用？

4. 如何将数据库的表导出到 Excel 文件？

5. 拆分数据库有何用途？

6. 生成 ACCDE 文件有何优点？

第3章 表

表是整个数据库的基本单位,同时它也是所有查询、窗体和报表的基础。简单来说,表就是特定主题的数据集合,它将具有相同性质或相关联的数据存储在一起,以行和列的形式来记录数据。

作为数据库中其他对象的数据源,表结构设计得好坏直接影响到数据库的性能优劣,也直接影响整个系统设计的复杂程度。因此设计一个结构、关系良好的数据表在系统开发中是相当重要的。

3.1 表的组成

在关系型数据库中,表是用来存储和管理数据的对象,它是整个数据库系统的基础,也是数据库其他对象的操作基础。

在 Access 中,表是一个满足关系模型的二维表,即由行和列组成的表格。表存储在数据库中并以唯一的名称标识,表的名称可以使用汉字或英文字母等。

3.1.1 表的结构

表由表结构和表中的数据组成。表的结构由字段名称、字段类型以及字段属性组成。

字段名称是指二维表中某一列的名称。字段的命名必须符合以下规则:可以使用字母、汉字、数字、空格和其他字符,长度为 1~64 个字符,但不能使用“.”、“!”、“[”、“]”等符号。

字段类型是指字段取值的数据类型,即表中每列数据的类型,有文本型、数字型、备注型、日期/时间型、逻辑型等 10 种数据类型。

字段属性是指字段特征值的集合,分为常规属性和查阅属性两种,用来控制字段的操作方式和显示方式。字段说明是对字段的说明。

在选课管理系统中,包含教师表、学生表、课程表、选课表及用户表等。各个表的结构如下。

(1) 教师表:字段包括职工号、姓名、性别、参加工作日期、职称、工资、系号、邮政编码和电话等,如图 3.1 所示。

(2) 学生表:字段包括学号、姓名、性别、出生日期、婚否、政治面貌、家庭住址、电话号码、系号等,如图 3.2 所示。

字段名称	数据类型	说明
职工号	文本	文本型，宽度为8
姓名	文本	文本型，宽度为8
性别	文本	文本型，宽度为2
参加工作日期	日期/时间	日期型
职称	文本	文本型，宽度为10
工资	数字	单精度型
系号	文本	文本型，宽度为5
邮政编码	文本	文本型，宽度为6
电话	文本	文本型，宽度为15

图 3.1 教师表结构

字段名称	数据类型	说明
学号	文本	
姓名	文本	
性别	文本	
出生日期	日期/时间	
婚否	是/否	
政治面貌	文本	
家庭住址	文本	
电话号码	文本	
系号	文本	

图 3.2 学生表结构

(3) 课程表：字段包括课程号、课程名称、开课学期、学时、学分、课程类型、专业和教研室，如图 3.3 所示。

字段名称	数据类型	说明
课程号	文本	课程编号
课程名称	文本	
开课学期	文本	
学时	数字	
学分	数字	
课程类型	文本	
专业	文本	
教研室	文本	

图 3.3 课程表结构

(4) 选课表：字段包括学号、课程号和成绩，如图 3.4 所示。

字段名称	数据类型	说明
学号	文本	
课程号	文本	
成绩	数字	

图 3.4 选课表结构

(5) 用户表：字段包括用户名、口令和权限，如图 3.5 所示。

用户表

字段名称	数据类型	说明
用户名	文本	用户名称
口令	文本	用户密码
权限	文本	

字段属性

图 3.5 用户表结构

(6) 系部表：字段包括系号、系名称、负责人、电话和系主页，如图 3.6 所示。

系部

字段名称	数据类型	说明
系号	文本	
系名称	文本	
负责人	文本	
电话	文本	
系主页	超链接	

字段属性

图 3.6 系部表结构

3.1.2 字段的数据类型

数据类型决定了表中数据的存在形式和使用方式。在 Access 中，字段的数据类型可分为文本型、数字型、备注型、日期/时间型、货币型、是/否(逻辑)型、自动编号型、OLE 对象型、超链接型以及查阅向导型等。

1. 文本型

文本型字段用来存放字符串数据，如学号、姓名、性别等字段。文本型数据可以存储汉字和 ASCII 码字符集中可以打印的字符，文本型字段数据的最大长度为 255，系统默认的字段长度为 50，用户可以根据需要自行设置。例如，设置字段大小为 5，则该字段的值最多只能容纳 5 个字符。

2. 备注型

备注型字段用来存放较长的文本型数据，如备忘录、简历等字段。备注型数据是文本型数据类型的特殊形式，没有数据长度的限制，但受磁盘空间的限制。当字段中存放的字符个数超过 255 时，应该定义该字段为备注型。

3. 数字型

数字型字段用来存储由整数、实数等可以进行计算的数据。根据数字型数据的表示形式和存储形式的不同，数值型可以分为整型、长整型、单精度型、双精度型等，其数据的长度由系统设置,分别为 1、2、4、8 个字符。

4. 日期/时间型

日期/时间型字段用于存放日期、时间或日期时间的组合。如出生日期、参加工作的时间等字段。日期/时间型数据分为常规日期、长日期、短日期、长时间、中时间、短时间等类型。字段大小为 8 个字节,由系统自动设置。

5. 货币型

货币型字段用于存放具有双精度属性的货币数据。当输入货币型数据时,系统会根据所输入的数据自动添加货币符号及千位分隔符,当数据的小数部分超过两位时,系统会自动完成四舍五入。字段大小为 8 个字节,由系统自动设置。

6. 自动编号型

自动编号型字段用于存放系统为记录绑定的顺序号。自动编号型字段的数据无须输入,当增加记录时,系统为该记录自动编号。字段大小为 4 个字节,由系统自动设置。

一个表只能有一个自动编号型字段,该字段中的顺序号永久和记录相连,不能人工指定或更改自动编号型字段中的数值。删除表中含有自动编号字段的记录以后,系统将不再使用已被删除的自动编号字段中的数值。

7. 是/否型

是/否型字段用于存放逻辑数据,表示"是/否"或"真/假"。字段大小为 1 个字节,由系统自动设置。如婚否、团员否等字段可以使用是/否型。

8. OLE 对象型

OLE(Object Linking and Embedding)的中文含义是"对象的链接和嵌入",用来链接或嵌入 OLE 对象,如文字、声音、图像、表格等。表中的照片字段应设为 OLE 对象类型。

9. 超链接型

超链接型字段存放超链接地址,如网址、电子邮件等。超链接型字段大小不定。

10. 附件

附件类型用于存储所有种类的文档和二进制文件,可将其他程序中的数据添加到该类型字段中。对于压缩的附件,附件类型字段最大容量为 2GB,对于非压缩的附件,该类型最大容量大约为 700KB。

11. 计算

计算类型用于显示计算结果,计算时必须引用同一表中的其他字段。可以使用表达式生成器来创建计算。计算字段的字段长度为 8 个字节。

12. 查阅向导型

查阅向导型字段仍然显示为文本型,所不同的是该字段保存一个值列表,输入数据时从一个下拉式值列表中选择。

3.2　建　立　表

3.2.1　建立表结构

创建表的方法有以下几种。

1. 使用设计视图创建表

使用设计视图创建表,用户可以根据自己的需求创建表,需要定义字段名、数据类型及相关属性。

【实例3.1】　使用设计视图创建学生表结构,表结构如图3.2所示。

【操作步骤】

(1) 打开"选课管理"数据库。

(2) 在"创建"选项卡的"表格"组中单击"表设计"按钮，打开表设计窗口,如图3.7所示。

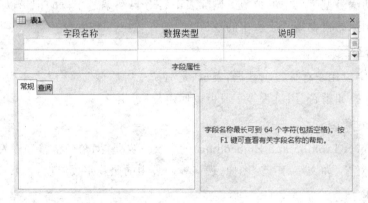

图3.7　表设计视图

(3) 在表编辑器中,定义每个字段的名称、数据类型、长度、索引等信息,如图3.8所示。

(4) 设置完成后,单击"文件"菜单中的"保存"命令,打开"另存为"对话框,在"表名称"文本框中输入表名"学生",然后单击"确定"按钮,保存创建的表,如图3.9所示。

2. 使用数据表视图创建表

使用数据表视图创建表,系统会打开数据表视图窗口,用户在输入数据的同时可以对表的结构进行定义。

【实例3.2】　利用数据表视图创建表创建用户表,表结构如图3.5所示。

【操作步骤】

(1) 打开"选课管理"数据库。

(2) 在"创建"选项卡的"表格"组中单击"表"按钮，系统将自动创建名为"表1"的新表,并在数据表中打开如图3.10所示窗口。

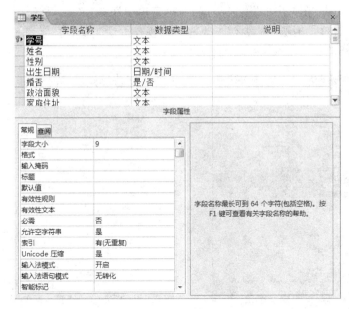

图 3.8 定义表中字段

图 3.9 "另存为"对话框

图 3.10 数据表视图窗口

（3）在显示的表格中，第一行用于定义字段，第二行起为输入数据区域。在"表格工具"|"字段"选项卡的"属性"组中单击"名称和标题"按钮，打开"输入字段属性"对话框，如图 3.11 所示。

图 3.11 "输入字段属性"对话框

（4）在"名称"文本框中输入"用户名"，然后单击"确定"按钮。

（5）选中"用户名"字段列，切换到"表格工具"下的"字段"选项卡，在"格式"组中的"数据类型"下拉列表框中选择"文本"；在"属性"组中，设置"字段大小"的值为 10；在"用户名"下方的单元格中输入数据"liu"，如图 3.12 所示。至此，完成了用户名字段的定义和数据输入。

（6）单击"单击以添加"单元格，在弹出的"字段类型"下拉菜单中选择"文本"命令，如图 3.13 所示，文本框中的字段名自动改为"字段 1"。与前面的操作方法类似，将"字段 1"更名为"用户密码"，并在下面的单元格中输入数据"1234"。

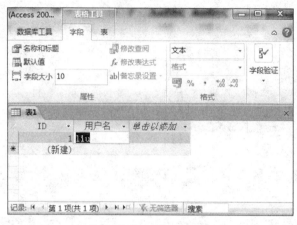

图 3.12　使用"格式"组和"属性"组定义字段 　　　图 3.13　"字段类型"下拉菜单

（7）重复步骤（6）添加"权限"字段，并输入数据。

（8）输入数据可以重复输入，直到输入所有的数据，如图 3.14 所示。

（9）在快速访问工具栏中单击"保存"按钮，打开"另存为"对话框，如图 3.15 所示。

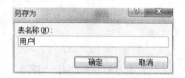

图 3.14　表的数据视图 　　　　　　　图 3.15　"另存为"对话框

（10）输入表名称"用户"，单击"确定"按钮，完成表的创建。

3.2.2　设置字段属性

在设计表结构时，用户应仔细考虑每个字段的属性，如字段、字段类型、字段大小，此外，还要考虑对字段显示格式、输入格式、字段标题、字段默认值、字段的有效性及有效文本等属性进行定义。

在表的设计视图窗口中，窗口的上半部分用来设置类型属性，可以设置字段名称、数据类型和说明；下半部分由"常规"属性和"查阅"属性两个选项卡组成。表 3.1 列出了一些常规属性及使用方法。

1．设置字段显示格式

设置字段输入/显示格式可以保证数据按照指定的要求输入和输出。格式设置用于定义数据显示或打印格式，它只改变数据的显示格式而不改变保存在数据表中的数据，用

表 3.1　字段的常规属性

属　性	使　用
字段大小	输入介于 1～255 的值。文本字段可在 1～225 个字符间变化。对于较大字段,请使用备注数据类型
小数位数	指定显示数字时要使用的小数位数
允许空字符串	允许在超链接文本或备注字段中输入零长度字符串(Yes)(通过设置为是)
标题	默认情况下,以窗体、报表和查询的形式显示此字段的标签文本。如果此属性为空,则会使用字段的名称。允许使用任何的文本字符串
默认值	添加新记录时自动向此字段分配指定值
格式	决定当字段中数据表或绑定到该字段的窗体或报表中显示或打印时该字段的显示方式
索引	指定字段是否具有索引
必填	需要在字段中输入数据
文本对齐	指定控件内文本的默认对齐方式
有效性规则	提供一个表达式、该表达式必须为 True 才能在此字段中添加或更改值。该表达式和"有效性文本"属性一起使用
有效性文本	输入要在输入值违反有效性规则属性中的表达式时显示的消息

户可以使用系统的预定义格式,也可以使用格式符号来设置自定义格式。不同的数据类型有着不同的格式。

【实例 3.3】　在学生表中完成下列设置。

(1) 设置"学号"字段的数据靠右对齐。

(2) 将"出生日期"字段的显示格式设置为长日期。

【操作步骤】

(1) 打开"选课管理"数据库。

(2) 在导航窗口中选择表对象"学生",进入设计视图。

(3) 选中"学习"字段,在"常规"属性选项卡中将"文本对齐"设置为"右"。

(4) 选中"出生日期"字段,在"格式"下拉列表框中选择"长日期",如图 3.16 所示。切换到数据视图,日期型数据＃2007-6-19＃显示为 2007 年 6 月 19 日。

提示:

(1) 格式符中的引号为英文双引号。

(2) 系统提供了日期/时间型字段的预定义格式,共分为 7 种格式,分别为常规日期、长日期、中日期、短日期、长时间、中时间、短时间等类型,用户可以直接使用列表框选择。

2. 设置字段的输入掩码

输入掩码属性主要用于文本、日期/时间/数字和货币型字段,用来定义数据的输入格式,并可对数据输入做更多的控制以保证输入正确的数据。

设置输入掩码的最简单的方法是使用 Access 提供的"输入掩码向导"。Access 不仅提供了预定义输入掩码模块,而且还允许用户自己定义输入掩码。对于一些常用的输入

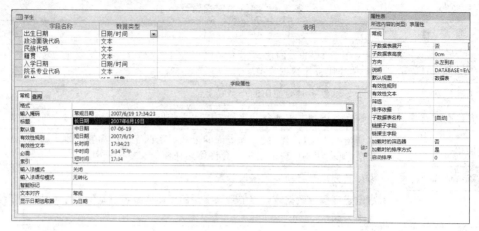

图 3.16   设置"格式"属性

掩码如邮政编码、身份证号、电话和日期等,Access 已经预先定义好了,用户直接使用即可。如果用户需要的输入掩码在预定义中没有,则需要自己定义。

自定义输入掩码格式为:

<输入掩码的格式符>;<0、1 或空白>;<任何字符>

其中:

(1)<输入掩码的格式符>用于定义字段的输入数据的格式,如表 3.2 所示。

表 3.2   输入掩码的格式符号

格式字符	说　　明
0	在掩码字符位置必须输入数字
9	在掩码字符位置输入数字或空格,保存数据时保留空格位置
#	在掩码字符位置输入数字、空格、加号或减号
L	在掩码字符位置必须输入英文字母,大小写均可
?	在掩码字符位置输入英文字母或空格,字母大小写均可
A	在掩码字符位置必须输入英文字母或数字,字母大小写均可
a	在掩码字符位置输入英文字母、数字或空格,字母大小写均可
&	在掩码字符位置必须输入空格或任意字符
C	在掩码字符位置输入空格或任意字符
. , ; : - /	句点、逗号、冒号、分号、减号、正斜线,用来设置小数点、千位、日期时间分隔符
<	将其后所有字母转换为小写
>	将其后所有字母转换为大写

(2)<0、1 或空白>用于确定是否把原样的显示字符存储到表中,如果是 0,则将原样的显示字符和输入值一起保存;如果是 1 或空白,则只保存非空格字符。

（3）＜任何字符＞用来指定在输入掩码中输入字符的地方如果输入空格时显示的字符，可以使用任何字符，默认为下划线；如果要显示空格，应使用双引号将空格括起来。

【实例3.4】 在教师表中，设置"邮政编码"字段的输入格式为6位数字或空。

【操作步骤】

（1）打开"选课管理"数据库。

（2）在"导航"窗格中选择表对象"教师"，进入设计视图。

（3）选中"邮政编码"字段，在"输入掩码"文本框中，单击右侧的 ⋯ 按钮，打开"输入掩码向导"对话框，如图3.17所示。

（4）在"输入掩码"列表中选择"邮政编码"，单击"下一步"按钮，打开"请确定是否更改输入掩码"对话框，如图3.18所示。

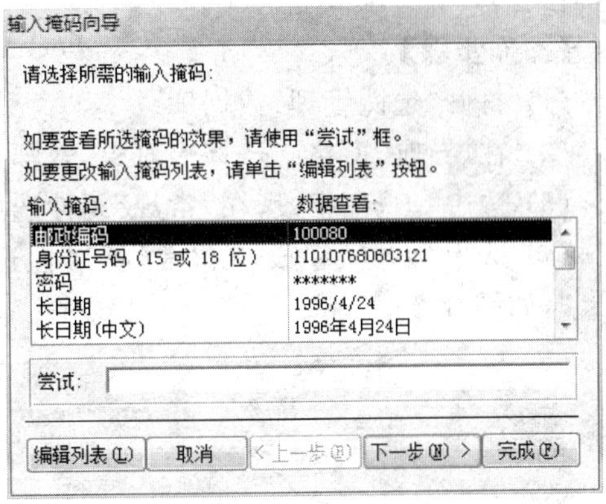

（5）在"输入掩码"文本框中显示信息000000，可以修改输入掩码的格式，可以在

图3.17 "输入掩码向导"对话框

"尝试"文本框中输入邮政编码进行尝试，然后单击"下一步"按钮，打开"请选择保存数据的方式"对话框，如图3.19所示。

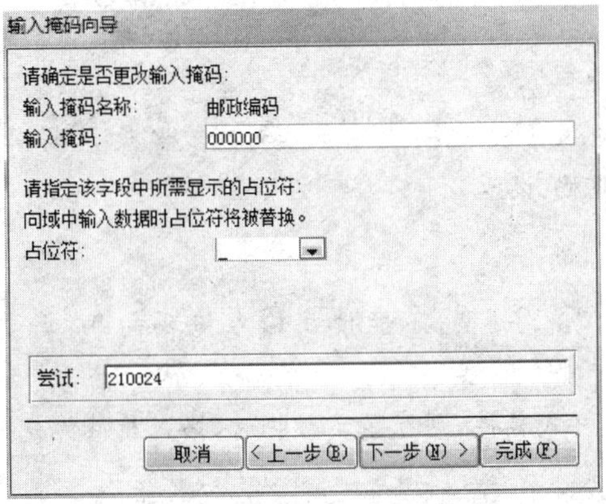

图3.18 "请确定是否更改输入掩码"对话框 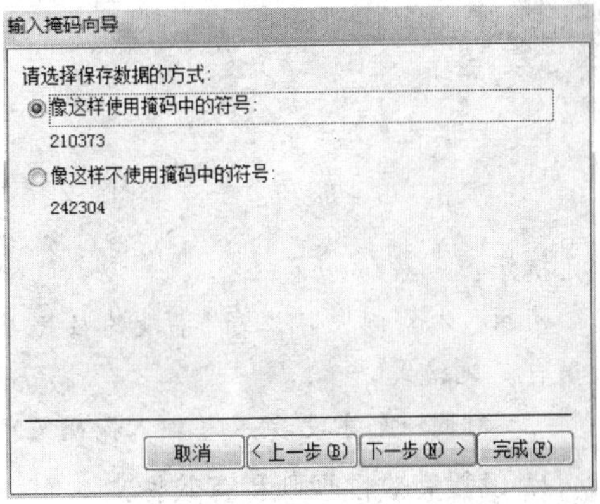　　图3.19 "请选择保存数据的方式"对话框

（6）使用单选按钮选择保存数据的方式，如果选择第一个单选按钮，则在输入数据时必须输入足够的数位，如果选择第二个单选按钮，则输入数据的位数可以少于指定的位数。本题中选择第一个按钮，则输入"邮政编码"时必须输入6位。选择后单击"完成"按钮。

3. 设置字段的小数位数、输入掩码

有时需要控制数值型数据的小数位数，利用小数位数属性可以对数值型和货币型的字段设置显示小数的位数；若想控制输入数据时的格式，则通过设置其输入掩码属性来完成。

小数位数属性只影响数据显示的小数位数，不影响保存在表中的数据。小数位数可在0～15位之间，系统的默认值为2，在一般情况下都使用"自动"设定值。

【实例3.5】 在教师表中,完成下列属性设置。

(1) 设置"工资"字段的小数位数为2。

(2) 将"工资"字段的输入格式设置为:整数部分最多为5位,使用千位分隔符,小数取两位。

【操作步骤】

(1) 打开"选课管理"数据库。

(2) 在"导航"窗格中选择表对象"教师",进入设计视图。

(3) 选中"工资"字段,在"常规"属性选项卡中将小数位数设置为2。

(4) 选中"工资"字段,在"常规"属性选项卡中选择输入掩码,输入"＃＃,＃＃＃.＃＃",如图3.20所示。

图3.20 "输入掩码"设置

提示:

(1) 在本实例中,"工资"字段的数据类型为"数字"型,不能使用输入掩码向导,需要采用自定义格式。

(2) 对同一个字段,定义了输入掩码又定义了格式属性,则在显示数据时,格式属性优先。

4. 设置有效性规则和有效性文本

输入数据时需要限定输入数据的内容,如性别只允许输入"男"或"女",成绩单值在0~100之间等,这些通过设置有效性规则和有效性文本实现。

有效性规则用于设置输入到字段中的数据的值域。有效性文本是设置当用户输入字段有效性规则不允许的值时显示的出错提示信息,用户必须对字段值进行修改,直到数据输入正确。

如果不设置有效性文本出错提示信息则为系统默认显示信息。

有效性规则可以直接在"有效性规则"文本框中输入表达式,也可以使用其右边的 ⋯ 按钮,打开"表达式生成器"来编辑完成。

【实例3.6】 按要求进行下列设置。

(1) 对于学生表,设置"性别"字段的值只能是"男"或"女",当输入数据出错时,显示提示信息"请输入男女"。

（2）对选课表，将"成绩"字段的取值范围设置为 0～100 之间，当输入数据出错时，显示信息"请输入 0～100 之间的数"。

【操作步骤】

（1）打开"选课管理"数据库。

（2）在"导航"窗格中选择对象"学生"，进入设计视图，选中"性别"字段，在"有效性规则"文本框中输入："男"Or"女"，在"有效性文本"文本框中输入："请输入男或女"，如图 3.21 所示。

图 3.21 学生表"有效性规则"设置

（3）在导航窗口中选择"选课"表，进入设计视图。选中"成绩"字段，在"有效性规则"文本框中输入：>=0 AND <=100，如图 3.22 所示，并在"有效性文本"文本框中输入："请输入 0～100 之间的数"。

图 3.22 选课表"有效性规则"设置

3.2.3 输入数据

创建表完成后，首先要做的工作是向表中输入数据，输入数据时要使用规范的数据格式,这是数据管理规范化的关键。

1. 数据的输入方法

对不同类型的数据,数据的表示形式不同,数据的输入方法也有所不同。

1) 文本型

直接输入字符串,字符串的长度不能超过所设置的字段大小。超出部分系统自动截断。

2) 备注型

直接输入字符串,备注型字段大小是不定的,由系统自动调整,最多可达 64KB。

3) 日期/时间型

日期/时间型的常量要用一对 ♯ 号括起来,例如,♯ 1990-1-1 ♯ 表示 1990 年 1 月 1 日。在表中输入数据时,日期型数据的输入格式为:yyyy-mm-dd 或 mm-dd-yyyy,其中 y 表示年,m 表示月,d 表示日。

4) 货币型

向货币型字段输入数据时,系统会自动给数据添加两位小数,并显示美元符号与千位分隔符。

5) 自动编号型

数据由系统自动添加,不能人工指定或更改自动编号型字段中的数值。删除表中含有自动编号字段以后,系统将不再使用已被删除的自动编号字段中的数值。

例如,输入 10 条记录,记录编号从 1~10 自动生成;删除前三条记录,则编号从 4~10;删除 7 条记录,则编号中将永远没有 7。

6) 是/否型

用鼠标单击是/否型字段,可以选择其值,用"√"表示"真",不带"√"表示"假","真"值用 True 或 Yes 表示,"假"值用 False 或 No 表示。

7) OLE 对象型

OLE 对象型字段不能在单元格中直接输入,步骤如下。

(1) 右击 OLE 对象型字段的单元格,在弹出的快捷菜单中选择"插入对象"命令,打开 Microsoft Access 对话框,如图 3.23 所示。

图 3.23 Microsoft Access 对话框

(2) 选择插入对象的类型,然后选择对象的创建快捷方式。例如,选择"由文件创建"

单选按钮,打开"文件浏览或链接"对话框,如图 3.24 所示。

图 3.24 "文件浏览或链接"对话框

(3)选择需要插入的文件,然后单击"确定"按钮,即完成对象插入,这是 OLE 对象型字段显示的数据间插入文件的类型,例如,插入一个位图文件,则显示的信息为"位图图像"。OLE 对象只能在窗体或报表中用控件显示。不能对 OLE 的对象型字段进行排序、索引或分组。

8)查询向导型

查阅向导型字段值列表的内容可以来自表或查询,也可以来自定义的一组固定不变的值。例如,将"性别"字段设为查阅向导型以后,只能在"男"和"女"两个值中选择一个即可。

2. 表中数据的输入

表结构设计完成后可直接向表中输入数据,也可以重新打开表输入数据。打开表的方法有以下几种。

(1)在导航窗格中双击要打开的表。

(2)右击要打开的表的图标,在弹出的快捷菜单中选择"打开"命令。

(3)若表处于设计视图状态下,右击标题栏并在弹出的快捷菜单中选择"数据表视图"命令,即可切换到数据表窗口。

【**实例 3.7**】 输入学生表的数据,数据如图 3.25 所示。

学号	姓名	性别	出生日期	政治面貌代	民族代码	籍贯	入学日期	院系专业代	照片	单击以添加
040202001	史建平	男	1989/1/20	03	01	江苏南京	2004/9/1	020201	itmap Image	
040202002	王伟	男	1989/9/19	13	01	江苏镇江	2004/9/1	020201	itmap Image	
040202003	荣金	男	1989/12/24	13	01	江苏苏州	2004/9/1	020201		
040202004	齐楠楠	女	1988/3/11	02	01	北京	2004/9/1	020201		
040202005	邹仁霞	女	1987/4/11	03	15	重庆	2004/9/1	020201		
040202006	惠冰竹	女	1989/5/14	03	01	江苏扬州	2004/9/1	020201		
040202007	闻闰寅	男	1988/6/14	03	01	江苏南通	2004/9/1	020201		
040202008	陈洁	女	1988/8/1	03	03	江苏南京	2004/9/1	020201		
040202009	陈香	女	1989/8/29	02	01	上海	2004/9/1	020201		
040202010	范燕亮	男	1988/12/24	03	01	江苏苏州	2004/9/1	020201		
040202011	童振琦	男	1989/6/28	03	01	江苏南京	2004/9/1	020201		
040202012	周理	男	1988/5/28	02	01	江苏南京	2004/9/1	020201		
040202013	刘天桥	女	1988/8/8	03	01	江苏镇江	2004/9/1	020201		
040202014	罗晖晖	男	1987/10/1	03	03	江苏泰州	2004/9/1	020201		
040202015	陈舒亦	女	1986/11/9	03	01	江苏常州	2004/9/1	020201		
040202016	王哲	男	1986/1/1	03	01	江苏南通	2004/9/1	020201		
040202017	金寅杰	男	1985/1/8	03	01	江苏常州	2004/9/1	020201		
040202018	宣豪	男	1986/1/29	13	01	江苏徐州	2004/9/1	020201		
040202019	韦柯钧	男	1986/3/3	03	01	江苏徐州	2004/9/1	020201		
040202020	董陈娟	女	1986/5/31	13	01	江苏盐城	2004/9/1	020201		

图 3.25 "学生"表数据

【操作步骤】

（1）打开数据库"数据管理"。

（2）在"导航"窗格中选择对象"学生"，进入数据表视图，如图3.26所示。

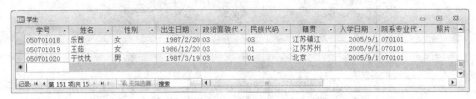

图 3.26　数据浏览窗口

（3）在数据表窗口中，选中单元格，输入所需要的数据。

3. 通过数据导入创建表

通过数据导入创建表是指利用已有的数据文件创建新表，这些数据文件可以是电子表格、文本文件或其他数据库系统创建的数据文件。利用Access系统的数据导入功能可以将数据文件中的数据导入到当前数据库中。

【实例3.8】 将Excel电子表格文件"课程.xlsx"中的数据导入到"选课管理"数据库中，表的名称为"课程"。

【操作步骤】

（1）打开"选课管理"数据库。

（2）在"外部数据"选项卡的"导入与链接"组中单击Excel按钮 ，打开"获取外部数据"对话框，如图3.27所示。

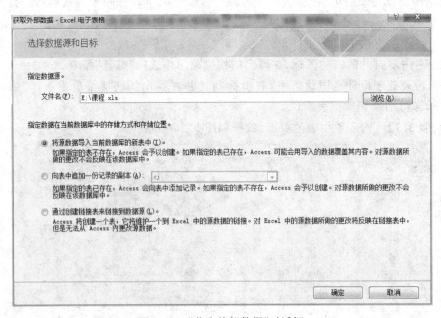

图 3.27　"获取外部数据"对话框

（3）单击"浏览"按钮选择要导入的Excel文件"课程.xlsx"，还可以使用单选按钮指定数据在当前数据库的存储方式和存储位置,这里选择默认选项,然后单击"确定"按钮,打开"导入数据表向导"对话框,如图 3.28 所示。

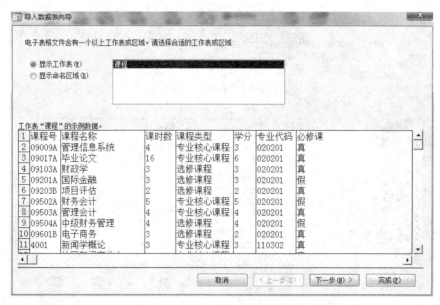

图 3.28 "导入数据表向导"对话框

(4) 使用单选按钮选择"显示工作表"或"显示命名区域"(这里选择"显示工作表"),系统会自动显示表中的数据,单击"下一步"按钮,打开"指定表第一行是否包含列标题"对话框,如图 3.29 所示。

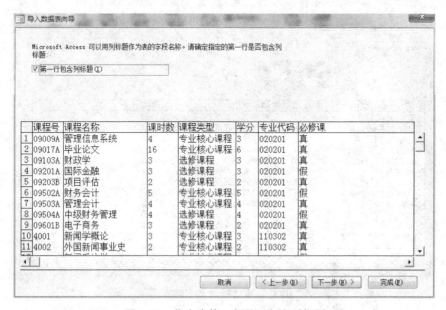

图 3.29 指定表第一行是否包含列标题

(5) 选中"第一行包含列标题"复选框,系统将第一行的数据作为新表的结构,第二行以后的数据作为表中的记录。然后单击"下一步"按钮,打开选择和修改字段的对话框,如图 3.30 所示。

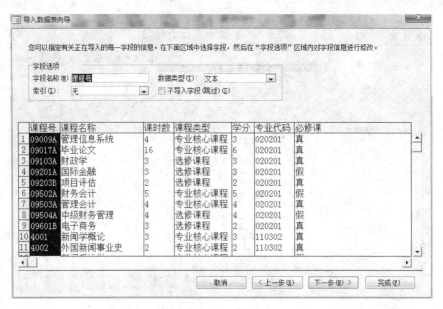

图 3.30　选择和修改字段

（6）选择数据的保存位置"新表中",然后单击"下一步"按钮,打开选择定义主键方式的对话框,如图 3.31 所示。

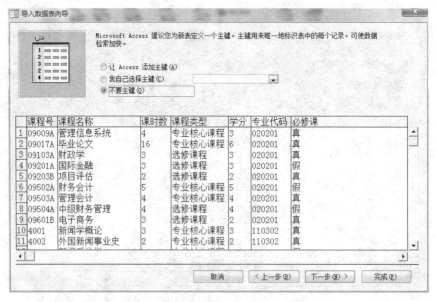

图 3.31　选择定义主键方式

（7）选择定义主键的方式"不要主键",单击"下一步"按钮,如图 3.32 所示,在打开的对话框中,输入新表的名称"课程",然后单击"完成"按钮,返回"获取外部数据"对话框,如

图 3.33 所示。至此,导入表的操作完成。

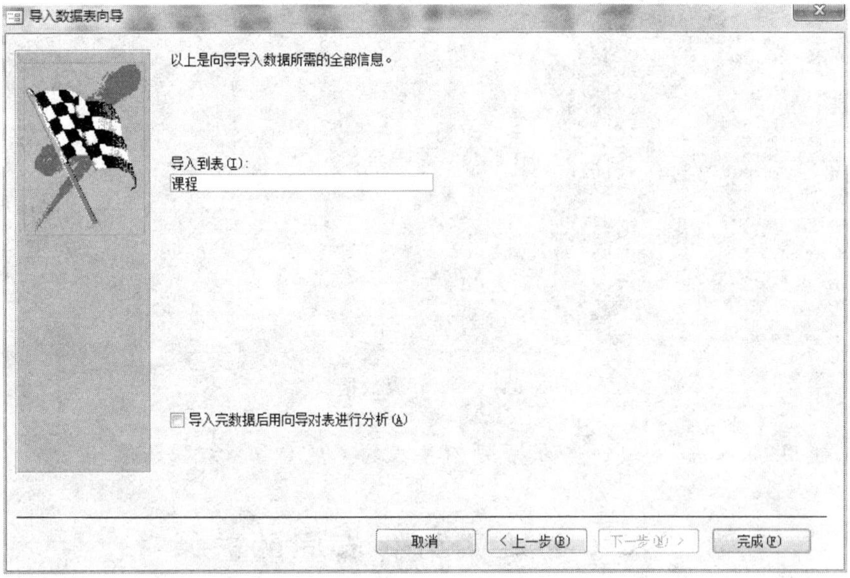

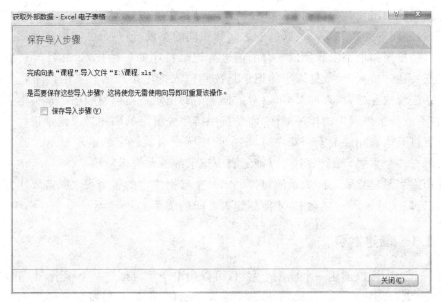

图 3.32　修改导入的表名对话框

图 3.33　"获取外部数据"对话框

(8) 取消勾选"保存导入步骤"复选框,然后单击"关闭"按钮。

(9) 在"导航"窗格中选择"课程"表,打开数据表视图,显示结果如图 3.34 所示。

提示:

(1) 使用输入数据导入表的方法创建表,不仅创建了表的结构,而且为表添加了数据。

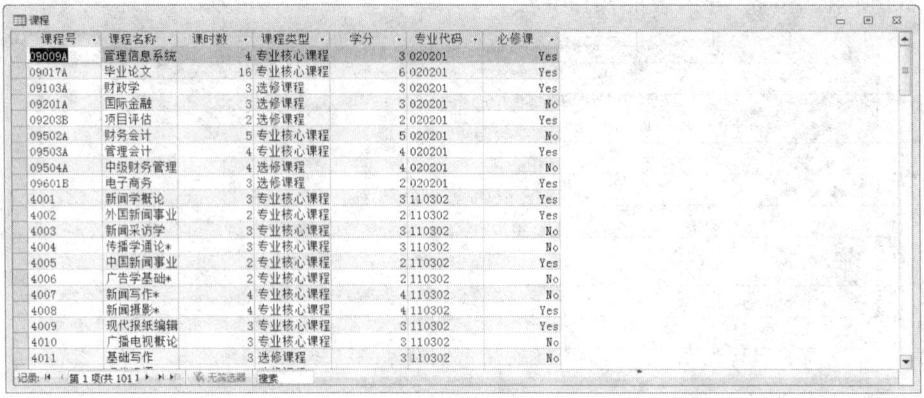

课程

课程号	课程名称	课时数	课程类型	学分	专业代码	必修课
09009A	管理信息系统	4	专业核心课程	3	020201	Yes
09017A	毕业论文	16	专业核心课程	6	020201	Yes
09103A	财政学	3	选修课程	3	020201	Yes
09201A	国际金融	3	选修课程	3	020201	No
09203B	项目评估	2	选修课程	2	020201	Yes
09502A	财务会计	5	专业核心课程	5	020201	No
09503A	管理会计	4	专业核心课程	4	020201	Yes
09504A	中级财务管理	4	选修课程	4	020201	No
09601B	电子商务	3	选修课程	2	020201	Yes
4001	新闻学概论	3	专业核心课程	3	110302	Yes
4002	外国新闻事业	2	专业核心课程	2	110302	Yes
4003	新闻采访学	3	专业核心课程	3	110302	No
4004	传播学通论*	3	专业核心课程	3	110302	No
4005	中国新闻事业	2	专业核心课程	2	110302	Yes
4006	广告学基础*	2	专业核心课程	2	110302	No
4007	新闻写作*	4	专业核心课程	4	110302	No
4008	新闻摄影*	4	专业核心课程	4	110302	Yes
4009	现代报纸编辑	3	专业核心课程	3	110302	Yes
4010	广播电视概论	3	专业核心课程	3	110302	No
4011	基础写作	3	选修课程	3	110302	No

记录: 第 1 项(共 101 项) 无筛选器 搜索

图 3.34 "课程"表数据表视图

(2) 使用"导入表"方法创建的表,所有字段的宽度都取系统默认值。

3.3 创建索引和表间的关系

数据库中的多个表之间往往存在着某种关联,如选课表中的学号和课程号分别在学生表和课程表中出现,因此选课表和学生表之间存在着关联,与课程表之间也存在着关联,就是表之间的关联关系。关联的表之间和相同的字段,通过公共字段相关联。

索引是按照某个字段或字段集合的值进行记录排序的一种技术,其目的是为了提高检索速度。通常情况下,数据表中的记录是按照输入排序排列的。当用户需要对数据表中的信息进行快速检索、查询时,可以对数据表中的记录重新调整顺序。索引是一种逻辑排序,它不改变数据表中的排序顺序,而是按照排序关键字的顺序提取记录指针生成索引文件。当打开表和相关的索引文件时,记录就按照索引关键字的顺序显示。通常可以为一个表建立多个索引,每个索引可以确定表中记录的一种逻辑顺序。

使用索引是建立表之间关系的前提。同一个数据库中的多个表之间若要建立起关联关系,首先以关联字段建立索引,才能创建表之间的关系。

3.3.1 创建索引

在一个表中可以创建一个或多个索引,可以用单个字段创建一个索引,也可以用多个字段(字段集合)创建一个索引。使用多个字段进行排序时,一般按照索引第一个字段进行排序,当第一个字段有重复时,再按第二个关键字进行排序,以此类推。创建索引后,向表中添加记录时,索引自动更新。

在 Access 2010 中,除了 OLE 对象型不能建立索引外,其他类型的字段都可以建立索引。

1. 索引的类型

索引按照功能可分为以下几种类型。

（1）唯一索引，索引字段的值不能重复。若在该字段中输入了重复数据，系统就会提示操作错误。若某个字段的值有重复，则不能创建唯一索引。一个表可以创建多个唯一索引。

（2）主索引：同一个表可以创建多个唯一索引，其中一个设置为主索引，主索引字段称为主键。一个表只能创建一个主索引。

（3）普通索引：索引字段的值可以重复。一个表可以创建多个普通索引。

2. 索引属性设置

使用表设计器可以进行字段的索引属性设置，如图 3.35 所示，单击要创建索引的字段，然后选择索引属性的值。

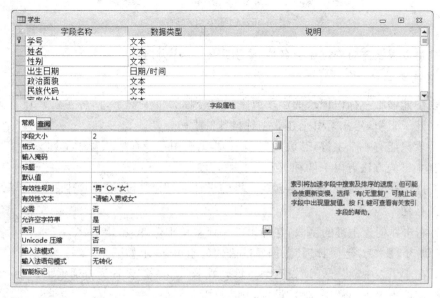

图 3.35　索引属性设置窗口

索引属性的值可以通过下拉列表选择，有以下三种可能的取值。

（1）"无"表示该字段无索引。

（2）"有（有重复）"表示该字段有索引，且索引字段的值可以重复，创建的索引是普通索引。

（3）"（无重复）"表示该字段有索引，且索引字段的值可以不重复，创建的索引是唯一索引。

用这种方法定义的索引字段，其索引文件名、索引字段、排序方向都是系统根据选定的索引字段而定的，是升序排列。

3. 创建索引

利用索引属性可以创建单个字段索引，利用"索引"对话框可以按照用户的需要创建索引。

打开"索引"对话框有以下几种方法。

（1）右击表设计器的标题栏，在弹出的快捷菜单中单击"索引"菜单项。

（2）在"设计"选项卡的"显示/隐藏"组中，单击"索引"按钮 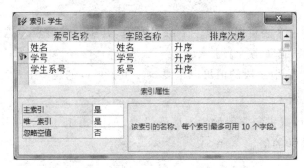。

"索引"对话框如图 3.36 所示。

图 3.36 创建索引对话框

用户可以根据需要确定索引名称、索引字段、排序方向等。

4. 设置主关键字

在表中能够唯一标识记录的字段或字段集合称为主关键字，简称主键。设置主键的同时也创建了索引，建立索引是建立一种特殊的索引。

一个表只能有一个主键，若表设置了主键，则表中记录存取依赖于主键。

创建主键的方法有以下两种。

（1）打开表设计视图，选中要创建主键的设计字段，在"设计"选项卡的"工具"组中单击"主键"按钮 。

（2）右击要创建主键的字段，在弹出的快捷菜单中选择"主键"命令。

【实例 3.9】 为"选课管理"数据库的表创建索引，要求如下。

（1）在学生表中，将"学号"设置为主键，"姓名"、"系号"设置为普通索引。

（2）在课程表中，将"课程号"设置为唯一索引。

（3）在选课表中，建立多字段索引，索引关键字为"学号"＋"课程号"，并设置为主索引。

【操作步骤】

（1）在学生表中，将学号设置为主键，按照"姓名"、"系号"创建普通索引。

① 打开"学生表"设计视图，同时打开索引对话框。

② 输入索引名称"学号"，使用列表框选择字段名"学号"，在索引属性中选择主索引"是"。

③ 输入索引名称"姓名"，使用列表框选择字段名"姓名"。

④ 输入索引名称"学生系号"，使用列表框选择字段名"系号"，如图 3.37 所示。

（2）在课程表中，将"课程号"设置为唯一索引。

① 打开"课程"表设计视图，同时打开索引对话框。

② 输入索引名称"课程"，使用列表框选择字段号"课程号"，在"唯一索引"列表框中选择"是"，如图 3.38 所示。

（3）在课程表中，建立多字段索引，索引关键字为"学号"＋"课程表"，并设置为主

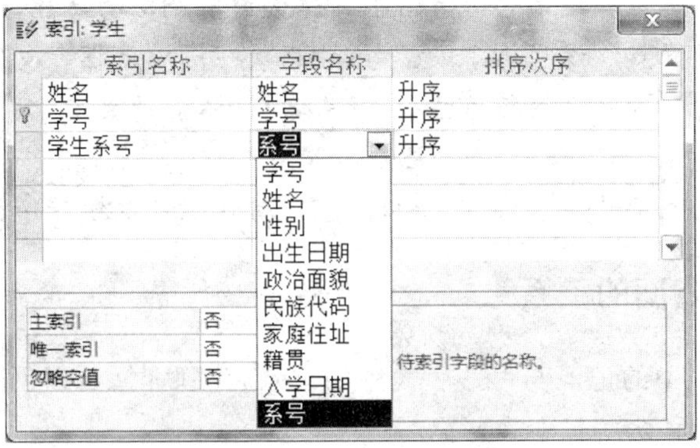

图 3.37　创建"学生"表索引

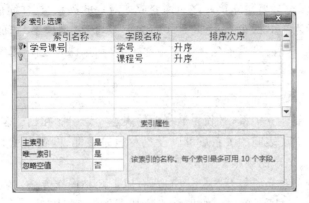

图 3.38　创建"课程"表索引

索引。

① 打开"选课"表设计视图,同时打开索引对话框。

② 输入索引名称"学号课号",使用列表框选择字段名"学号"。

③ 光标定位于第二行,使用列表框选择字段名"课程号",在"主索引"列表框中选择"是",如图 3.39 所示。

图 3.39　创建"选课"表索引

提示：设置所有属性与使用索引对话框创建索引有相似的功能，但又有不同之处。

（1）索引属性设置只能设置单字段索引，使用"索引"对话框可以设置多字段索引。

（2）索引属性设置可以设置普通索引、唯一索引，不能设置主索引，使用索引对话框可以设置普通索引、唯一索引以及主索引。

（3）索引属性设置按升序索引，而使用"索引"对话框可以按升序、降序索引。

3.3.2 创建表间的关系

当需要使一个表中的记录与另一个表中的记录相关联时，可以创建两个表间的关系。

1. 表间关系类型

表之间的关系实际上是实体之间关系的一种反映。实体间的关系通常有三种，即"一对一关系"、"多对一关系"与"多对多关系"，因此表之间的关系通常也分为这三种。

1）一对一关系

"一对一关系"是指 A 表中的一条记录只能对应 B 表中的一条记录，并且 B 表中的一条记录也只能对应 A 表中的一条记录。

两个表之间要建立一对一的关系，首先定义关键字段为两个表的主键或建立唯一索引，然后确定两个表之间具有一对一关系。

2）多对一关系

"多对一关系"是指 A 表中的一条记录能对应 B 表中的多条记录，而 B 表中的一条记录只能对应 A 表中的一条记录，A 称为主表，B 称为子表。

两个表之间要建立多对一关系，首先定义关键字段为主表的主键或建立唯一索引，然后在子表中按照关键字段创建普通索引，最后确定两个表之间具有多对一关系。

3）多对多关系

"多对多关系"是指 A 表中的一条记录能对应 B 表中的多条记录，而 B 表中的一条记录也可以对应 A 表中的多条记录。

关系型数据库管理系统不支持多对多关系，因此，在处理多对多的关系时需要将其转换成两个多对一的关系，即创建一个连接表，将这两个多对多表中的主关键字字段添加到连接表中，则这两个多对多表与连接表之间均变成多对一的关系，这样简捷地建立了多对多的关系。例如，"学生"和"课程"表之间是多对多关系，因此创建了"选课"表，将学生表的"学号"和课程表的"课程号"添加到选课表中，学生表和选课表之间、课程表和选课表之间均为一对多关系。

2. 创建表间关系

数据库中的表要建立关系，必须先给相关的表建立索引。在创建表间的关系时，可以编辑关联规则。建立了表间的关系后可以设置参照完整性、设置在相关联的表中插入记录、删除记录和修改记录的规则。

创建表之间的关系需要打开"关系"窗口，有以下几种操作方法。

（1）在"数据库工具"选项卡中的"关系"组中单击"关系"按钮。

（2）在"表格工具"|"表"选项卡中的"关系"组中单击"关系"按钮。

（3）在"表格工具"|"设计"选项卡中的"关系"组中单击"关系"按钮。

【实例3.10】 对"选课管理"数据库的表创建关系，要求如下。

（1）创建学生表和选课表之间的关系，关键字段为"学号"。

（2）创建课程表和选课表之间的关系，关键字段为"课程号"。

（3）创建学生表和系部表之间的关系，关键字段为"系号"。

【操作步骤】

（1）打开"选课管理"数据库，假设创建关系所需要的表已按照公共字段创建了索引。

（2）打开"关系"窗口，在"关系工具"|"设计"选项卡中单击"显示表"按钮，打开"显示表"对话框，如图3.40所示。

图3.40 "关系"窗口与"显示表"对话框

（3）在"显示表"对话框中，将"学生"表和"选课"表添加到关系窗口中，如图3.41所示。

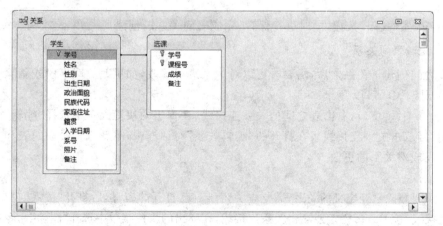

图3.41 将待创建关系的表添加到"关系"窗口

（4）从图中看到，在"学生"表和"选课"表的公共字段"学号"之间，已经连接了一条线段，这表明在两个表之间已经创建了关联关系。之所以如此，是因为两个表中有相同的联系字段。如果两个表中的关联字段名称不同,则需要将一个表的相关字段拖到另一个表中的相关字段的位置,系统将自动打开"编辑关系"对话框,如图3.42所示。

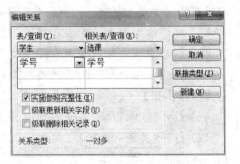

（5）在"编辑关系"对话框中,显示两个表的参考关联字段,用户可以重新选择关联字段,可以勾选"实施参照完整性"复选框,最后单击"确定"按钮,返回到如图3.41所示的窗口,创建关系完成。

图3.42　"编辑关系"对话框

用同样的方法可以创建课程表和选课表之间、学生表和系部表之间的关系,甚至可以创建教师表和系部表之间的关系,如图3.43所示。

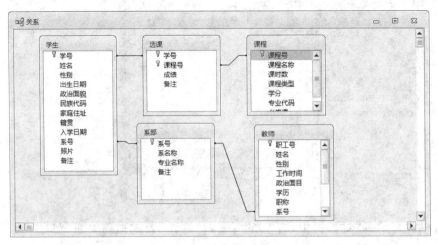

图3.43　表之间的关系

（6）单击"关闭"按钮,同时进行保存,完成表间关系的创建。

3. 编辑表间关系

表之间创建了关系之后,需要时可以对关系进行修改,如更改关联字段或删除关系。

1）更改关联字段

打开"关系"窗口,右击表之间的关系连接线,在弹出的快捷菜单中选择"编辑关系"命令,或直接双击关系连接线。在打开的"编辑关系"对话框中,重新选择关联的表和关联字段即可完成对关系的更改。

2）删除关系

如果要删除已经定义的关系,需要先关闭所有已打开的表,然后打开"关系"窗口,单击关系连接线,按Delete键。或右击关系连接线,在弹出的快捷菜单中选择"删除"命令即可。

3）显示所有关系

如果需要在数据库中的所有关联表之间创建关系,可以使用下面的方法快速创建。

（1）打开数据库。

（2）在"数据库工具"选项卡的"关系"组中单击"关系"按钮,打开"关系"对话框。

（3）在"关系工具"|"设计"选项卡的"关系"组中单击"所有关系"按钮 所有关系，则会在"关系"对话框中显示所有关联的表之间的关系，如图 3.44 所示。

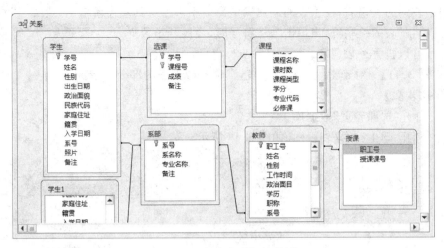

图 3.44　所有表之间的关系

4. 实施参照完整性

参照完整性是一个规则，使用它可以保证已存在关系的表中记录之间的完整有效性，并且不会随意地删除或更改相关数据，即不能在子表的外键字段中输入不存在于主表中的值，但可以在子表的外键字段中输入 NULL 值来指定这些记录与主表之间并没有关系。如果在子表中存在着与主表匹配的记录，则不能从主表中删除这个记录，同时也不能更改主表的主键值，如图 3.45 所示。

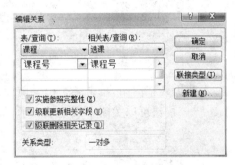

例如，在课程表和选课表之间建立了一对多的关系，并勾选了"实施参照完整性"复选框，则在选课表的课程号字段中不能输入在课程表中不存在课程号的值。如果在选课表中存在与课程表相匹配的记录，则不能从课程表中删除

图 3.45　参照完整性设置

这条记录，也不能更改课程表中这个记录的课程号的值。

在设置了"实施参照完整性"后，还可以设置级联更新相关字段或级联删除相关字段，只需在图 3.45 中选中相应的复选框，设置了"级联更新相关字段"后，当更改课程表中课程号字段的值时，选课表中与该记录相关的所有记录的课程号的值均自动更改。设置了"级联删除"相关字段后，如果删除了课程表中的某条记录，系统会自动删除选课表中与该记录关联的所有记录。

3.3.3　子表的使用

当两个表之间建立了一对多的关系时，这两个表之间就建立了父表与子表的关系，一方称为主表,多方称为子表。当使用父表时,可方便地使用子表。只要通过插入子表的操作,就可以在父表打开时,浏览子表的相关数据。

创建表间的关系后,在主表的创建浏览窗口中可以看到左边新增了标有"＋"的一列,这是父表与子表的关联符,当单击"＋"符号时,会展开子数据表,"＋"变为"－"符号,单击"－"符号可以折叠子数据表。

【实例 3.11】　对于学生表和数据表,浏览子数据表的部分记录。

【操作步骤】

(1) 打开"选课管理"数据库。

(2) 打开"学生"数据表视图,如图 3.46 所示。

图 3.46　"学生"表数据表视图

在数据表视图中,单击某个记录前面的"＋"按钮,可以展开与该记录关联的子表中的记录,"－"按钮可以关闭子表记录显示,如图 3.47 所示。

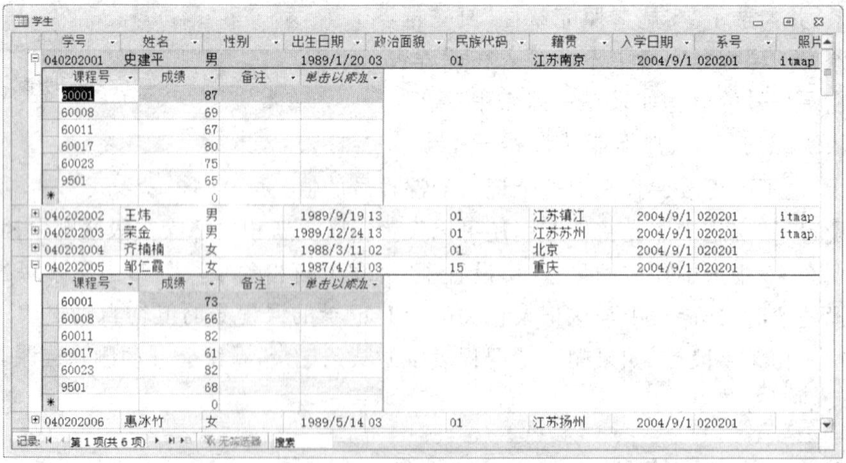

图 3.47　浏览子表

3.4 编 辑 表

在数据管理过程中,有时会发现数据表设计不是很合理,需要对表的结构或表中的数据进行调整或修改。Access 2010 允许对表进行编辑和修改,对表的修改可分为修改表的结构和修改表中的数据。

3.4.1 修改表结构

修改表结构包括修改字段名、字段类型、字段大小,还可以增加新字段、删除字段、插入新字段及修改字段的属性,这些操作都可以通过表设计器完成。

【实例 3.12】 在学生表中,按照以下要求修改表结构。

(1) 将"学号"字段的大小改为 10。

(2) 将"家庭住址"字段的名称改为"家庭所在地"。

(3) 将"备注"字段的类型改为"备注"型。

(4) 在"照片"字段前面增加 E-mail 字段,数据类型为文本型,字段大小为 20。

(5) 删除"照片"字段。

【操作步骤】

(1) 打开"选课管理"数据库,在"导航"窗格中选择"学生"表,打开"设计视图"窗口。

(2) 选中"学号"字段,在"常用"属性选项卡中,选择"字段"大小,输入"10"。

(3) 选中"家庭住址"字段,选中字段名称,直接输入"家庭所在地",如图 3.48 所示。

图 3.48 修改表结构窗口

(4) 选中"备注"字段,选中数据类型并在下拉列表框中选择"备注",如图 3.49 所示。

(5) 右击字段"照片",在弹出的快捷菜单中选择"插入行"命令,出现一个空行,将光标定位于该空白行,输入字段名"E-mail",选择数据类型为"文本型",并将字段大小设置为 20。

(6) 右击"照片"字段,选择快捷菜单中的"删除行"命令即可。

(7) 关闭并保存表。

表结构修改完成后,要及时保存表,另外在修改表结构之后,可能会造成某些数据丢失,例如,将文本型字段的数据类型改为数字型时,数据由于无法转换而造成丢失。

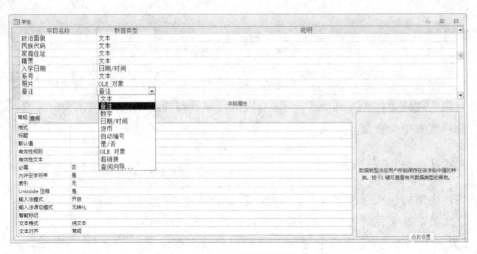

图 3.49　修改字段数据类型窗口

3.4.2　编辑表内容

当情况发生变化(如学生学籍变动、教师评职称或调整工资)时,要及时对表中的数据进行调整和修改。

表数据的编辑包括数据的修改、复制、查找、替换以及删除记录、插入新记录等。

利用"查找"与"替换"功能可以成批修改数据。

利用"复制"功能可以进行同一个表或不同表之间的数据复制,这样可以保证数据的一致性。例如,可以将学生的学号直接复制到成绩表中。

当删除记录时系统会向用户弹出确认对话框,以防止数据的误删除。

【实例 3.13】　在学生表中,按照要求修改表中的数据。

(1) 将姓名为"李悦明"的学生的系号改为 04,将"张男"的家庭住址改为"北京市海淀区"。

(2) 删除学号为 06010001 的学生的记录。

(3) 插入一条新记录,数据为(10040011,"周强","男",♯1985-11-12♯,"团员","沈阳市沈河区","024-88994321")。

【操作步骤】

(1) 打开"选课管理"数据库,在"导航"窗格中选择"学生"表,打开数据表视图窗口。

(2) 定位姓名为"张男"的记录,选中"系号"字段,输入"04"。定位姓名为"李悦明"的记录,选中"家庭住址"并输入"北京市海淀区"。

(3) 可以直接定位到指定记录,或通过"查找"功能定位,在"开始"选项卡的"查找"组中单击"查找"按钮，打开"查找和替换"对话框,如图 3.50 所示,输入查找内容"06010001",查找范围可选择"当前文档",然后单击"查找下一个"按钮,即可将光标定位于指定的记录,单击右键,在弹出的快捷菜单中选择"删除记录"命令,单击"确定"按钮即可。

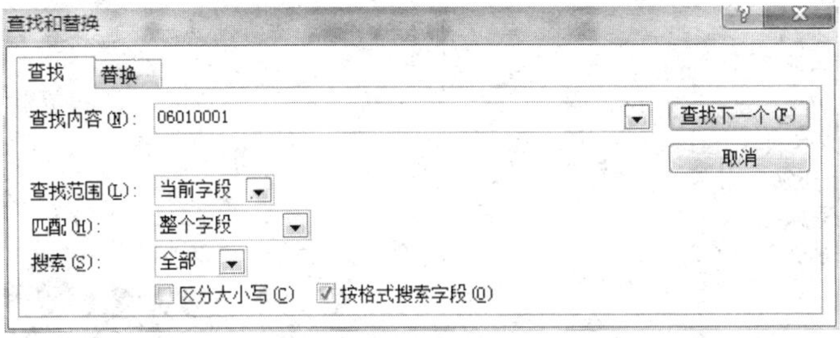

图 3.50　“查找和替换”对话框

(4) 在“开始”选项卡的“记录”组中单击“新建”按钮，则表的末尾插入一行新记录，将光标定位于空白记录，按顺序输入数据。操作结果如图 3.51 所示。

学号	姓名	性别	出生日期	政治面貌	民族代码	籍贯	入学日期	系号
040202001	史建平	男	1989/1/20	03	01	江苏南京	2004/9/1	020201
040202002	王炜	男	1989/9/19	13	01	江苏镇江	2004/9/1	020201
040202003	荣金	男	1989/12/24	13	01	江苏苏州	2004/9/1	020201
040202004	齐楠楠	女	1988/3/11	02	01	北京	2004/9/1	020201
040202005	邹仁霞	女	1987/4/11	03	15	重庆	2004/9/1	020201
040202006	惠冰竹	女	1989/5/14	03	01	江苏扬州	2004/9/1	020201
040202007	闻闰甯	男	1988/6/14	03	01	江苏南通	2004/9/1	020201
040202008	陈洁	女	1988/8/1	03	03	江苏南京	2004/9/1	020201
040202009	陈香	女	1989/8/29	02	01	上海	2004/9/1	020201
040202010	范燕亮	男	1988/12/24	03	01	江苏苏州	2004/9/1	020201
040202011	董振琦	男	1989/6/28	03	01	江苏南京	2004/9/1	020201
040202012	周理	男	1988/5/28	02	01	江苏南京	2004/9/1	020201
040202013	刘天娇	女	1988/8/8	03	01	江苏镇江	2004/9/1	020201
040202014	罗晖晖	男	1987/10/1	03	03	江苏泰州	2004/9/1	020201
040202015	陈舒亦	女	1986/11/9	03	01	江苏常州	2004/9/1	020201
040202016	王哲	男	1986/1/1	03	01	江苏南通	2004/9/1	020201
040202017	金寅杰	男	1985/1/8	03	01	江苏常州	2004/9/1	020201
040202018	宣豪	男	1986/1/29	13	01	江苏徐州	2004/9/1	020201
040202019	韦柯筠	男	1986/3/3	03	01	江苏徐州	2004/9/1	020201
040202020	董陈娟	女	1986/5/31	13	01	江苏盐城	2004/9/1	020201
040202021	杨熙	男	1987/2/10	13	01	江西九江	2004/9/1	020201
040202022	王思齐	男	1986/3/15	03	01	江苏无锡	2004/9/1	020201

图 3.51　修改记录结果

3.4.3　调整表外观

在表的数据表视图中浏览数据时，可以按照自己的需求进行数据显示格式的设置，如设置行高和列宽、设置显示字体、隐藏某些列、冻结某些列、改变字段的显示顺序等。

1. 调整行高

调整行高可直接拖动鼠标或使用菜单命令完成。

1) 直接拖动鼠标

将鼠标指针移到记录最左边的空白按钮边界，直接拖动鼠标可以直接改变行高。

2) 使用快捷菜单

打开表的数据表视图，选定记录，右击记录左边的控制按钮，弹出如图 3.52 所示的快捷菜单。选择“行高”命令，打开“行高”对话框，如图 3.53 所示。在“行高”文本框中输入需要设置的行高值，单击“确定”按钮即可。

图 3.52　行设置菜单

图 3.53　"行高"对话框

2．调整列宽

调整列宽也可直接拖动鼠标或使用菜单命令完成。

1）直接拖动鼠标

将鼠标指针移到"字段标题"按钮的左右边界，直接拖动鼠标可以直接改变列宽。

2）使用快捷菜单

打开表的数据表视图，选定字段，右击字段名称，弹出如图 3.54 所示的快捷菜单。选择"字段宽度"命令，打开"列宽"对话框，如图 3.55 所示。在"列宽"文本框中输入需要设置的列宽值，单击"确定"按钮即可。

3．设置文本字体和数据表格式

在"开始"选项卡的"文本格式"组中可以设置字段的格式，如图 3.56 所示，可以选择显示数据的字体、字形、字号、对齐、颜色以及特殊效果，还可以设置数据表的格式。

图 3.54　列设置菜单

图 3.55　"列宽"对话框

图 3.56　"文本格式"组

4．隐藏列/取消隐藏列、冻结列/解冻列

在数据表视图中，可以使某些字段信息隐藏，使其不在屏幕中显示，需要时可取消隐藏。如果表中字段较多，在浏览记录时，将有一些字段被隐藏。如果想在字段滚动时，使某些字段始终在屏幕上保持可见,可以使用冻结列操作。这样,就可以使冻结的列显示在数据表的左边并添加冻结线,未被冻结的列,在字段滚动时被隐藏。

设置隐藏列/取消隐藏列、冻结列/解冻列的操作方法如下。

(1)选中需要的列,右击字段名称,在弹出的快捷菜单中选择"隐藏字段"命令即可隐藏选定的列。若要使被隐藏的列恢复显示,可选择"取消隐藏字段"命令,打开"取消隐藏列"对话框,如图3.57所示。

(2)在"取消隐藏列"对话框中,未选中的字段是被隐藏的字段,用户可以根据需要部分或全部显示被隐藏的字段,只需要勾选相应的复选框。

(3)在快捷菜单中选择"冻结字段"命令可以冻结选中的字段,选择"取消冻结所有字段"命令可以取消冻结字段。

图3.57　"取消隐藏列"对话框

3.4.4　表的复制、删除和重命名

在表的修改操作中,除了修改表的结构、数据外,还可以对表进行复制、删除、重命名和打印等操作。

1.表的复制

表的复制包括复制表结构、复制表结构和数据或把数据追加到另一个表中。

【实例3.14】　对学生表,按照要求完成复制操作。

(1)将学生表的结构复制到新表xsl中。

(2)将学生表的结构和数据复制到一个新表中,表的名称为xs。

(3)将学生表的数据复制到表xs1中。

【操作步骤】

(1)打开"选课管理"数据库。

(2)在"导航"窗格中选中"学生"表,选择"开始"选项卡中的"剪贴板"组,单击"复制"按钮,或右击并在弹出的快捷菜单中选择"复制"命令。

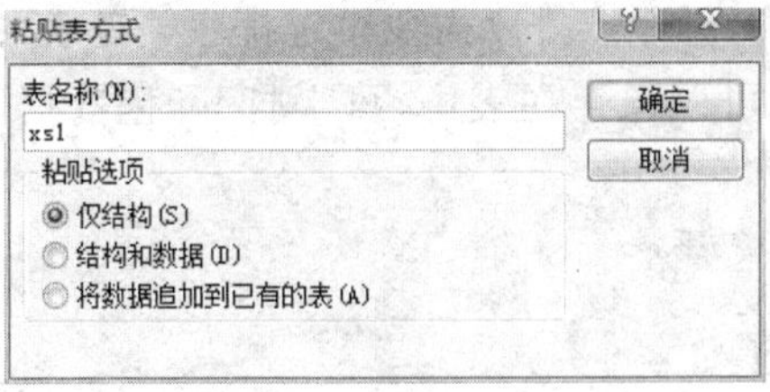

(3)单击"粘贴"按钮，打开"粘贴表方式"对话框,如图3.58所示。

(4)在"表名称"文本框中输入表名"xsl",并选择"粘贴选项"中的"仅结构"单选按钮,然后单击"确定"按钮。即完成将学生表的结构复制到新表xsl中。

图3.58　"粘贴表方式"对话框

(5)重复上面的步骤(1)~(3),在"表名称"文本框中输入表名"xs",并选择"粘贴选项"中的"结构和数据"单选按钮,然后单击"确定"按钮,可将学生表的结构和数据复制到同一个新表中。

（6）重复上面的步骤（1）～（3），在"表名称"文本框中输入表名"xs1"，并选择"粘贴选项"中的"将数据追加到已有的表"单选按钮，然后单击"确定"按钮，可将学生表的数据复制到表 xs1 中。

2. 表的删除

在数据库的使用过程中，一些无用的表可以进行删除，以释放所占用的磁盘空间。删除表的方法有以下几种。

（1）选中要删除的表，按 Delete 键。

（2）选中要删除的表，在"开始"选项卡的"记录"组单击"删除"按钮 ✕ 删除▼，打开"确认删除"对话框，单击"是"按钮即可。

（3）选中要删除的表，右击并在弹出的快捷菜单中选择"删除"命令。

3. 表的重命名

对表重命名也就是对表的名称进行修改，可使用快捷菜单实现。

【实例 3.15】 将表 xs1 更名为"学生_副本"。

【操作步骤】

（1）打开"选课管理"数据库，在"导航"窗格中选择表 xs1。

（2）右击表 xs1，在弹出的快捷菜单中选择"重命名"命令，直接输入表名"学生_副本"即可。

3.5 使 用 表

在完成表设计后，用户可以使用表进行数据处理。如对数据进行排序、筛选，调整数据表视图中数据的显示格式等。

3.5.1 记录排序

在浏览表中数据时，通常记录的顺序是按照记录输入的先后顺序，或者是按主键值升序排列的顺序。为了快速查找信息，可以对记录进行排序。排序需要设定排序关键字，排序关键字可由一个或多个字段组成，排序后的结果可以保存在表中，再次打开时，数据表会自动按照已经排好的顺序显示记录。

在 Access 中，对记录排序采用的规则如下。

（1）英文字母按照字母顺序排序，不区分大小写。

（2）中文字符按照拼音字母的顺序排序。

（3）数字按数值的大小排序。

（4）日期/时间型数据按照日期的先后顺序进行排序。

（5）备注型、超链接型和 OLE 对象型的字段不能排序。

【实例 3.16】 在"选课管理"数据库中完成下列排序操作。

（1）在学生表中，按照"学号"的升序进行排序。

（2）在教师表中，按照"职称"的降序进行排序。

（3）在教师表中，先按照"职称"的降序，再按照"工资"的降序进行排序。

【操作步骤】

（1）打开"选课管理"数据库中的"学生"表，进入数据表视图。

（2）选中"学号"字段，在"开始"选项卡的"排序和筛选"组中单击"升序"按钮 ↑升序，数据表中的记录将立即按照"学号"进行升序排列。

（3）关闭数据表视图，系统会自动弹出如图 3.59 所示的对话框，提醒用户保存结果，单击"是"按钮即可保存结果。

图 3.59　提示对话框

（4）用上面的方法可以对"教师"表按照"职称"的降序进行排序，不同的是排序方法为降序，排序结果如图 3.60 所示。

职工号	姓名	性别	工作时间	政治面目	学历	职称	院系名称
96010	张爽	男	958年7月8日	党员	大学本科	教授	针灸
96014	苑平	男	957年9月18日	党员	研究生	教授	护理
95010	95013	男	59年11月10日	党员	大学本科	教授	护理
98012	郝海为	男	7年12月11日	党员	研究生	教授	中医
96015	陈江川	男	988年9月9日	党员	大学本科	讲师	针灸
96013	李燕	女	969年6月25日	群众	大学本科	讲师	中医
97012	林泰	男	990年6月18日	群众	大学本科	讲师	中药
97010	张山	男	990年6月18日	群众	大学本科	讲师	中药
98010	李小东	女	992年1月27日	群众	大学本科	讲师	针灸
95013	李历宁	男	39年10月29日	党员	大学本科	讲师	针灸
95012	李小平	男	963年5月19日	党员	研究生	讲师	护理
98015	张玉丹	女	988年9月9日	群众	大学本科	讲师	针灸
97011	杨灵	男	990年6月18日	群众	大学本科	讲师	中医
96011	张进明	男	992年1月26日	团员	大学本科	副教授	针灸
96012	绍林	女	983年1月25日	群众	研究生	副教授	护理
95011	赵希明	男	983年1月25日	群众	研究生	副教授	针灸
96017	郭新	女	969年6月25日	群众	研究生	副教授	针灸
98016	李红	女	992年4月29日	群众	研究生	副教授	护理
97013	胡方	男	958年7月8日	党员	研究生	副教授	中医
98011	魏光符	女	79年12月29日	群众	研究生	副教授	中医
98013	李仪	女	39年10月29日	党员	研究生	副教授	中药
98014	陈平平	女	987年11月3日	群众	大学本科	副教授	中医

记录：◄ 第 1 项（共 23 项）► ►► ►*　无筛选器　搜索

图 3.60　教师表按照"职称"排序结果

可以看到，显示的排序结果并不是按照职称的高低进行，而是按照"职称"值的字符顺序排列。

图 3.61　"高级"菜单

（5）在"开始"选项卡的"排序和筛选"组中单击"高级"按钮，打开"高级"菜单，如图 3.61 所示。

（6）在弹出的菜单中选择"高级筛选/排序"命令，打开筛选窗口，如图 3.62 所示。

窗口由两部分组成，上半区显示被打开的数据表及字段列表，下半区是数据表设计网格，用来指定排序字段、排序方式和所遵守的规则。从图中看到，在数据表设计网格中，已经添加了一个排序字段，这是对"职称"字段排序产生的结果。

图 3.62　筛选窗口

（7）在数据表的字段列表中，双击"工资"字段，该字段将显示在数据表设计网格中，然后选择"排序"列表框中的"降序"，如图 3.63 所示。

图 3.63　按照"职称"降序、"工资"降序排序

（8）选择"高级"|"应用筛选/排序"命令，打开数据表视图显示排序结果，如图 3.64 所示。

（9）保存排序结果。

3.5.2　记录筛选

筛选是根据给定的条件，选择满足条件的记录在数据表视图中显示。例如，显示所有

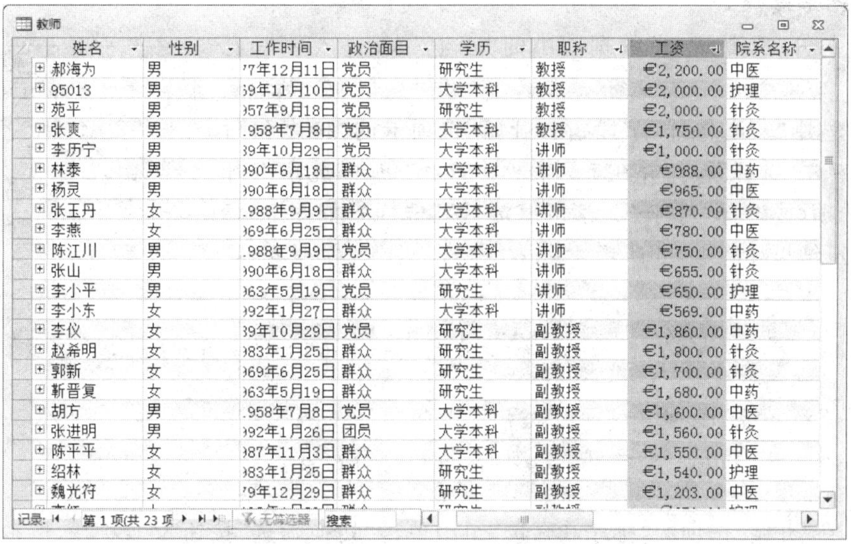

教师

姓名	性别	工作时间	政治面目	学历	职称	工资	院系名称
郝海为	男	77年12月11日	党员	研究生	教授	€2,200.00	中医
95013	男	59年11月10日	党员	大学本科	教授	€2,000.00	护理
苑平	男	957年9月18日	党员	研究生	教授	€2,000.00	针灸
张爽	男	.958年7月8日	党员	大学本科	教授	€1,750.00	针灸
李历宁	男	39年10月29日	党员	大学本科	讲师	€1,000.00	针灸
林泰	男	990年6月18日	群众	大学本科	讲师	€988.00	中药
杨灵	男	990年6月18日	群众	大学本科	讲师	€965.00	中医
张玉丹	女	.988年9月9日	群众	大学本科	讲师	€870.00	针灸
李燕	女	969年6月25日	群众	大学本科	讲师	€780.00	中医
陈江川	男	.988年9月9日	党员	大学本科	讲师	€750.00	针灸
张山	男	990年6月18日	群众	大学本科	讲师	€655.00	针灸
李小平	男	963年5月19日	党员	研究生	讲师	€650.00	护理
李小东	女	992年1月27日	群众	大学本科	讲师	€569.00	中药
李仪	女	39年10月29日	党员	研究生	副教授	€1,860.00	中药
赵希明	女	983年1月25日	群众	研究生	副教授	€1,800.00	针灸
郭新	女	969年6月25日	群众	研究生	副教授	€1,700.00	针灸
靳晋复	女	963年5月19日	群众	研究生	副教授	€1,680.00	中药
胡方	男	.958年7月8日	党员	大学本科	副教授	€1,600.00	中医
张进明	男	992年1月26日	团员	大学本科	副教授	€1,560.00	针灸
陈平平	女	987年11月3日	群众	大学本科	副教授	€1,550.00	中医
绍林	女	983年1月25日	群众	研究生	副教授	€1,540.00	护理
魏光符	女	79年12月29日	群众	研究生	副教授	€1,203.00	中医

记录: 第 1 项(共 23 项 无筛选器 搜索

图 3.64 按照“职称”降序、“工资”降序排序的结果

职称为“教授”的教师，显示“计算机”专业的学生等。在 Access 2010 中，提供“按选定内容筛选”、“使用筛选器筛选”、“按窗体筛选”和“高级筛选/排序”4 种方法。

1. 按选定内容筛选

按选定内容筛选用于查找某一字段满足一定条件的数据记录，条件包括“等于”、“不等于”、“包含”、“不包含”等，其作用是隐藏不满足选定内容的记录，显示所有满足条件的记录。

2. 使用筛选器筛选

筛选器提供了一种灵活的筛选方式，它将选定的字段列中所有不重复的值以列表域显示出来，供用户选择。除 OLE 对象和附件类型字段外，其他类型的字段均可以应用筛选器。

3. 按窗体筛选

按窗体筛选是在空白窗体中设置筛选条件，然后查找满足条件的所有记录并显示，可以设置多个条件。按窗体设置是使用最广泛的一种筛选方法。

4. 高级筛选/排序

使用“高级筛选/排序”不仅可以筛选满足条件的记录，还可以对筛选的结果进行排序。

【实例 3.17】 在“选课管理”数据库中完成下列筛选操作。

(1) 在学生表中，显示家庭住址含有“北京市海淀区”同学的记录。

(2) 在学生表中，显示“非党员”同学的记录。

(3) 在教师表中，显示系号为“计算机系”、职称为“教授”的记录。

(4) 在教师表中，显示系号为“计算机系”、职称为“教授”的记录，并按工资降序排序。

【操作步骤】

（1）打开"选课管理"数据库中的"学生"表，进入数据表视图。

（2）选中"家庭住址"字段，在"开始"选项卡的"排序和筛选"组中单击"选择"按钮并在下列表框中选择"包含"北京市海淀区""选项（或选择"等于"北京市海淀区""选项），如图3.65所示，显示结果如图3.66所示。

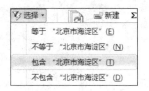

图3.65 "选择"列表框

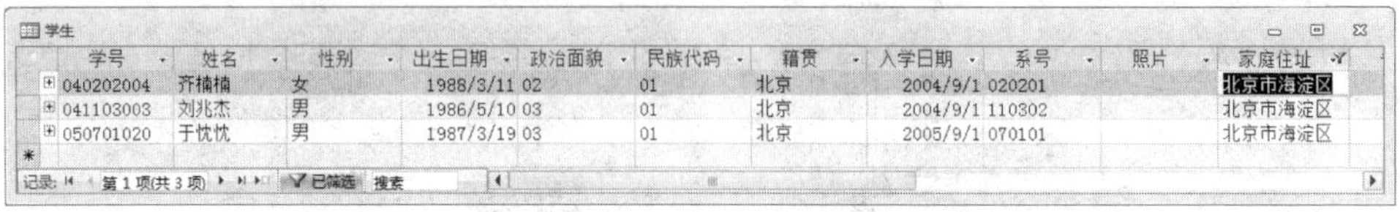

图3.66 显示家庭住址含有"北京市海淀区"同学的记录

（3）在"开始"选项的"排序和筛选"组中单击"切换筛选"按钮 切换筛选，取消前面的筛选。选中"政治面貌"字段，单击"选择"按钮并在下拉列表框中选择"不包含党员"选项，可以看到数据表视图中显示政治面貌为"非党员"的所有记录，如图3.67所示。

图3.67 显示"非党员"同学的记录

（4）打开"教师"表，进入数据表视图，在"开始"选项卡的"排序和筛选"组中单击"高级"按钮，并在下拉列表框中选择"按窗体筛选"命令，打开空白窗体，在"职称"列表中选择"教授"，在"系号"列表中选择"计算机系"，如图3.68所示。

图3.68 按窗体筛选的窗体

（5）单击"高级"按钮，在弹出的快捷菜单中选择"应用筛选排序"命令，将在数据表视图中将显示筛选结果，如图 3.69 所示。

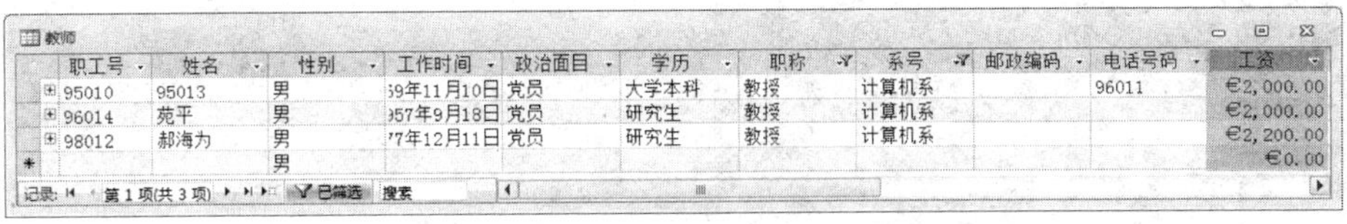

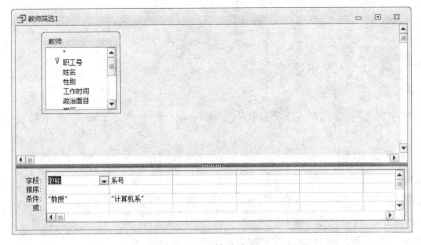

图 3.69 按窗体筛选的结果

（6）在"开始"选项卡的"排序和筛选"组中单击"高级"按钮，并在弹出的菜单中选择"高级筛选/排序"命令，打开筛选窗口，如图 3.70 所示。

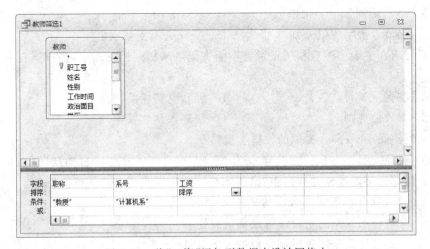

图 3.70 筛选窗口

（7）在数据表中双击"工资"字段，将"工资"添加到数据表设计网格中，然后在"排序"列表框中选择"降序"，如图 3.71 所示。

图 3.71 将"工资"添加到数据表设计网格中

（8）单击"高级"按钮，并在弹出的菜单中选择"应用筛选/排序"命令，在数据表视图中将显示筛选结果，如图 3.72 所示。

图 3.72　高级筛选/排序结果

应用"高级筛选/排序"功能既可以对记录进行筛选，又可以进行排序，也可以同时进行筛选和排序，而筛选不改变表中记录排列的顺序，通过取消筛选恢复所有记录的显示，这种方法是一种比较实用的记录访问方法。

习　　题

一、选择题

1. 若将文本型字段的输入掩码设置为"＃＃＃-＃＃＃＃＃＃"，则正确的输入数据是_____。

  A. 0755-abcdef   B. 077-12345

  C. a cd-123456   D. ＃＃＃-＃＃＃＃＃

2. 如果字段内容为声音文件，则该字段的数据类型应定义为_____。

  A. 文本   B. 备注   C. 超链接   D. OLE 对象

3. 能够使用"输入掩码向导"创建输入掩码的数据类型是_____。

  A. 文本和货币   B. 文本和日期/时间

  C. 文本和数字   D. 数字和日期/时间

4. 下列关于空值的叙述中，正确的是_____。

  A. 空值等同于空字符串   B. 空值等同于数值 0

  C. 空值表示字段值未知   D. Access 不支持空值

5. 若要求在主表中没有相关记录时不能将记录添加到相关表中，则应该在表关系中设置_____。

  A. 参照完整性   B. 级联更新相关记录

  C. 有效性规则   D. 级联添加相关字段

6. 下列不属于 Access 提供的数据类型是_____。

  A. 文字   B. 备注   C. 附件   D. 日期/时间

7. 下列关于字段属性的叙述中，错误的是_____。

  A. 格式属性可能影响数据的显示格式

  B. 可对任意类型的字段设置默认值属性

  C. 有效性规则是用于限制字段输入的条件

  D. 不同的字段类型，其字段属性有所不同

8. 下列关于表的格式的叙述中，错误的是________。

A. 字段在数据表中的显示顺序由输入的先后顺序决定

B. 用户可以同时改变一列或同时改变多列字段的位置

C. 可以为表中的某个或多个指定的字段设置字体格式

D. 在数据表中，只允许冻结列，不可以冻结行

9. 下列叙述中，正确的是________。

A. 可以将表中的数据按升序或降序两种方式进行排列

B. 单击“升序”或“降序”按钮，可以排序两个不相邻的字段

C. 单击“取消筛选”按钮，可删除筛选窗口中设置的筛选条件

D. 将 Access 表导到 Excel 表时，Excel 将自动应用源表中的字体格式

10. 下列不属于 Access 提供的数据筛选方式是________。

A. 按选定内容筛选　　B. 使用筛选器筛选

C. 按内容排除筛选　　D. 高级筛选

二、填空题

1. 如果表中一个字段不是本表的主关键字，而是另外一个表的主关键字或候选关键字，则称这个字段为________。

2. 学生学号由 9 位数字组成，其中不能包含空格，则学号字段正确的输入掩码是________。

3. “教学管理”数据库中有学生表、课程表和选择课成绩表，为了有效地反映这三张表中数据之间的联系，在创建数据库时应设置________。

4. 排序是根据当前表中________或________字段的值来对整个表中的所有记录进行重新排列。

5. Access 提供了两种数据类型的字段保存文本或文本和数字组合的数据，这两种数据类型是________和________。

三、上机操作题

1. 在“教师管理”数据库中创建以下表。

(1) 教师表，表结构如图 3.73 所示。

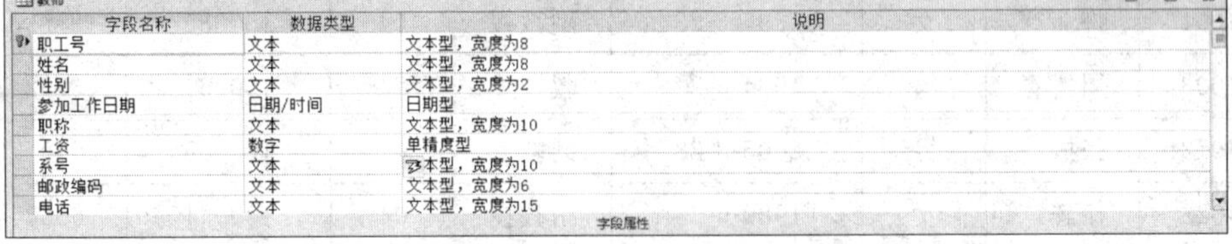
教师

字段名称	数据类型	说明
职工号	文本	文本型，宽度为8
姓名	文本	文本型，宽度为8
性别	文本	文本型，宽度为2
参加工作日期	日期/时间	日期型
职称	文本	文本型，宽度为10
工资	数字	单精度型
系号	文本	文本型，宽度为10
邮政编码	文本	文本型，宽度为6
电话	文本	文本型，宽度为15

字段属性

图 3.73 教师表结构

(2) 授课表，表结构如图 3.74 所示。

(3) 课程表，表结构如图 3.75 所示。

(4) 工资表，表结构如图 3.76 所示。

图 3.74 授课表结构

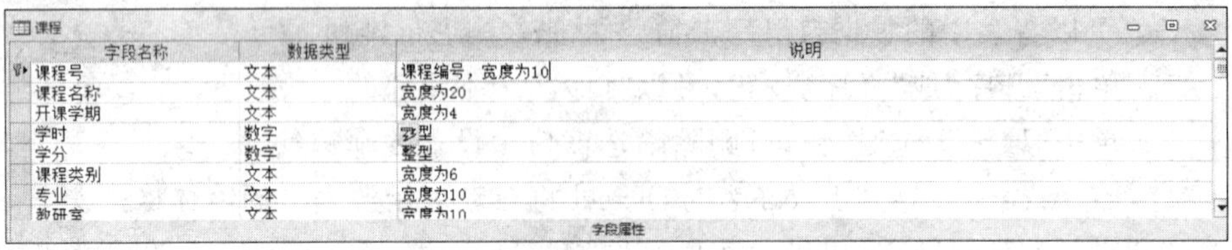

图 3.75 课程表结构

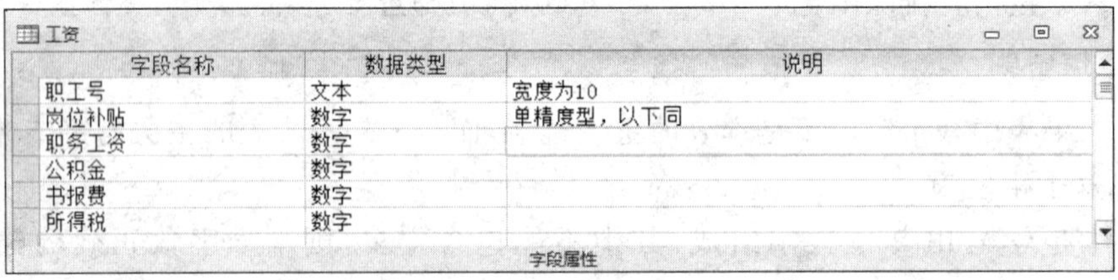

图 3.76 工资表结构

2. 输入教师、授课、课程、工资表中的数据,表数据如表 3.3～表 3.6 所示。

表 3.3 教师表数据

职工号	姓名	性别	参加工作日期	职称	系号	邮政编码	电话
01001	章琳	女	1981-7-12	教授	01	100022	63331122
01002	周敬	男	1985-6-5	副教授	01	100044	58001234
01003	赵立钧	男	1988-7-5	讲师	01	100076	62001011
04001	董家玉	男	1984-6-30	副教授	04	100082	69001088
04003	马良	男	1986-9-1	教授	04	100009	62033319
04004	许亚芬	女	1995-6-23	副教授	04	100085	87998822
04008	周树春	男	1984-6-2	教授	04	100051	67524321
04012	张振	男	2005-3-28	助教	04	100085	66078821
04022	徐辉	女	1989-6-28	副教授	04	100051	66084455
05001	马俊亭	男	1983-5-24	讲师	05	100085	87009988
05004	张雨生	女	2001-2-28	教授	05	100077	85102233
07002	赵娜娜	女	1984-7-3	副教授	07	100070	85104889

表 3.4 授课表数据

职工号	授课课号	职工号	授课课号
04004	B040201	04003	B040202
04012	B040201	05001	B030101
04001	B040201	05004	B030101
04001	B040203	04008	B040208
04008	B040206	07002	B040203
04003	B040205		

表 3.5 课程表数据

课程号	课 程 名 称	开课学期	学时	学分	课程类型
B010101	大学英语	一	72	4	必修
B020101	高等数学	一	80	4	必修
X030101	现代企业管理	二	36	2	公选
B040101	电路基础	一	80	4	必修
B040201	计算机基础	一	36	2	公选
B040202	C 程序设计	二	64	4	必修
B040203	离散数学	三	64	4	必修
B040204	数据结构	三	72	4	必修
B040205	计算机组成原理	二	64	6	必修
B040206	操作系统	五	64	4	必修
B040207	VB 程序设计	三	40	0	限选
B040208	数据库系统概论	五	64	4	限选
B040209	计算机网络	四	64	4	必修
B040203	微机接口技术	四	64	4	必修
X0402203	多媒体技术基础及应用	四	64	3	限选
X040206	软件工程	五	64	3	限选
X040207	网页制作与发布	五	40	2	限选

表 3.6   工资表数据

职工号	基本工资	职务工资	岗位补贴	书报费	公积金	所得税
01001	2800	1400	400	70	1200	0.15
01002	2000	1200	300	60	1050	0.1
01003	1700	1000	200	50	900	0.05
04001	2200	1200	300	60	960	0.1
04003	3000	1480	400	70	1300	0.15
04004	2100	1200	300	60	1080	0.1
04008	2850	1400	400	70	1240	0.15
04012	1300	800	150	40	500	0.05
04022	2030	1200	300	30	1060	0.1
05001	1790	1100	200	50	950	0.1
05004	1260	800	150	40	550	0.05
07002	1350	800	150	40	600	0.05

3. 完成下列显示格式设置。

(1) 设置教师表中"教师编号"字段的数据靠左对齐。

(2) 将工作表中"基本工资"字段的显示格式设置为：整数部分最多 5 位，小数取两位，前缀使用"＄"符号。

(3) 设置教师表中"参加工作日期"字段的输入掩码格式为：yyyy 年 mm 月 dd 日，其中 y 为年份，m 为月份，d 为日期。

(4) 设置工资表"所得税"字段的有效性规则："所得税"大于等于 0，出错信息为"所得税不能为负数"。

(5) 设置教师表"职称"字段的查阅属性：设置"职称"字段的取值为"教授、副教授、讲师和助教"或其他值。

4. 创建索引。

(1) 在教师表中，将"职工号"设置为主键，"姓名"为普通索引。

(2) 在授课表中，建立多字段索引。索引关键字为"职工号"＋"课程号"，并将"职工号"和"课程号"设置为普通索引。

(3) 在工资表中，将"职工号"设置为普通索引。

5. 创建教师、工资、课程、授课表之间的关系。

(1) 设置教师表与工资表通过"职工号"字段建立一对一的关系，并实现"级联更新相关字段"和"级联删除相关记录"的操作。

(2) 设置教师表与授课表通过"职工号"字段建立一对多的关系，并实现"级联更新相关字段"和"级联删除相关记录"的操作。

(3) 设置课程表与授课表通过"课程号"字段建立一对多的关系，并选择"实施参照完整性"操作。

6. 表的修改,完成以下操作。

(1) 在教师表中增加一个字段,字段名:应发工资,数据类型:数字型(单精度型),小数位数:2。

(2) 将姓名为"张振"的职称修改为"讲师"。

(3) 将"职称"字段的名称改为"技术职务"。

(4) 删除教师"张雨生"的记录。

(5) 输入一个新记录:("01004","赵敏","女",♯1978-05-18♯,"助教","01","58861940")。

7. 完成表的排序和筛选操作。

(1) 在教师表中,按照"参照工作日期"的降序进行排序。

(2) 在工资表中,先按照"基本工资"的降序,再按照"职务工资"的降序进行排序。

(3) 在教师表中,显示职称为"教授"和"副教授"的教师记录。

(4) 在教师表中,显示职称为"教授"的记录,并按"系部"降序排序。

四、思考题

1. 简述表的结构。

2. 表的字段有哪些数据类型?

3. 设计表要定义哪些内容?

4. 字段属性中的格式和输入掩码有何区别?

5. 创建表间的关系应注意什么?

6. 使用查阅属性有什么优点?

第4章 查　　询

查询是 Access 数据库的第二大对象。运用查询,用户可以从按主题划分的数据表中检索出需要的数据,并以数据表的形式显示出来。表和查询的这种关系,构成关系型数据库的工作方式。

4.1　查询概述

利用数据表可以存储数据,这些数据可以长期保存于数据库中。存储数据的目的是为了重复利用这些数据。在设计数据库时,为了减少数据冗余,节省内存空间,常常会将数据分类存储到多个数据表中,这种设计导致某些相关信息可能分散地存储在多个数据表中。在使用这些数据时,用户根据自己的需求可以从单个数据表中获取所需要的信息,也可从多个相关的数据表中获得。

4.1.1　查询的功能

查询是指向数据可提出请求,要求数据按照特定的需求在指定的数据源中进行查找,提取指定的字段,返回一个新的数据集合,这个集合就是查询结果。

查询是 Access 2010 数据库的一个重要对象,在 Access 中,查询具有非常重要的地位,利用不同的查询,可以方便、快捷地浏览数据表中的数据,同时利用查询可以实现数据的统计分析与计算等操作,查询还可以作为窗体和报表的数据源。

查询也可以看做一个"表",只不过是以表或查询为数据来源的再生表,是动态的数据集合。也就是说,查询的记录集实际上并不存在,每次使用查询时,都是从查询的数据源表中创建记录集。基于此,查询的结果总是与数据源中的数据保持同步,当数据源中的记录更新时,查询的结果也会随数据源的变化自动更新。

查询主要有以下几个方面的功能。

1. 选择字段和记录

查询可以根据给定的条件,查找并显示相应的记录,并可仅显示需要的字段。

2. 修改记录

通过查询功能,对符合条件的记录进行添加、修改和删除等操作。例如,将所有教师的工资增加 10%,删除成绩不及格的学生记录等。

3. 统计和计算

可以使用查询对数据进行统计和计算。如求学生的总成绩、男女学生的人数、教师的平均工资等。

4. 建立新表

可以将查询所得的动态记录集即查询结果存储于表中。

5. 为其他数据库对象提供数据源

在创建报表或窗体时,其数据源可能是多个表,在这种情况下,可以先建立一个查询,再以查询作为数据源,设计报表或窗体。

4.1.2 查询的类型

根据对数据源的操作方式以及查询结果,Access 2010 提供的查询可以分为 5 种,分别是选择查询、交叉表查询、参数查询、操作查询和 SQL 查询。

1. 选择查询

选择查询是最常用的查询类型,它能够根据用户所指定的查询条件,从一个或多个数据表中获取数据并显示结果,还可以利用查询条件对记录进行分组,并进行求总计、计数、求平均值等运算。选择查询产生的结果是一个动态记录集,不会改变源数据表中的数据。

2. 交叉表查询

交叉表查询可以计算并重新组织数据表的结构,可以方便地分析数据。交叉表查询将原数据或查询中的数据分组,一组在数据表的左侧,另一组在数据表的上部,数据表内行与列的交叉单元格处显示表中数据的某个统计值,这是一种可以将表中的数据看做字段的查询方法。

3. 参数查询

参数查询为用户提供了更灵活的查询方式,通过参数来设计查询准则,在执行查询时,会出现一个已经设计好的对话框,由用户输入查询条件并根据此条件返回查询结果。

4. 操作查询

操作查询是指在查询中对源数据表进行操作,可以对表中的记录进行追加、修改、删除和更新。操作查询包括删除查询、更新查询、追加查询和生成表查询。

5. SQL 查询

SQL 是指使用结构化查询语言 SQL 创建的查询。在 Access 中,用户可以使用查询设计器创建查询,在查询创建完成后系统会自动产生一个对应的 SQL 语句。除此之外,用户还可以使用 SQL 语句创建查询,实现对数据的查询和更新。

4.1.3 查询中条件的设置

在实际应用中,经常查询满足某个条件的记录,这需要在查询时进行查询条件的设置。例如,查询所有"女同学"的记录,查询职称为"教授"的教师信息等。通过在查询设计视图中设置条件可以实现条件查询。

查询中的条件统筹使用关系运算符、逻辑运算符和一些特殊的运算符来表示。

1. 关系运算

关系运算符有>、>=、<、<=、=和<>等,主要用于数据之间的比较,其运算结果为逻辑值,即"真"和"假",如表 4.1 所示。

表 4.1 关系运算符

关系运算符	含　义	关系运算符	含　义
>	大于	<=	小于等于
>=	大于等于	=	等于
<	小于	<>	不等于

例如,性别为"男"的同学,用关系表达式应为"性别="男""。成绩在及格以上,用关系表达式应为"成绩>=60"。

2. 逻辑运算

逻辑运算符由 Not、And 和 Or 构成,主要用于多个条件的判定,其运算结果是逻辑值,如表 4.2 所示。

表 4.2 逻辑运算符

关系运算符	含　义	关系运算符	含　义
Not	逻辑非	Or	逻辑或
And	逻辑与		

例如,成绩在 60~70 之间,其逻辑表达式应为"成绩>=60 And 成绩<=70"。婚姻状况为"未婚",其逻辑表达式应为"Not 婚否"。

3. 其他运算

Access 提供了一些特殊运算符用于对记录进行过滤,常用的特殊运算符如表 4.3 所示。

表 4.3 其他运算符

关系运算符	含　义
In	指定值属于列表中所列出的值
Between…and…	指定值的范围在…到…之间
Is	与 NULL 一起使用,确定字段值是否为空值
Like	用通配符查找文本型字段是否与其匹配 通配符"?"匹配任意单个字节;"＊"匹配任意多个字符;"＃"匹配任意单个数字;"!"不匹配指定的字符;[字符列表]匹配任何在列表中的单个字符

4.1.4 创建和运行查询的方法

1. 创建查询的方法

在 Access 中，创建查询的方法主要有两种，使用查询设计视图创建查询和使用查询向导创建查询。

使用查询设计视图创建查询首先要打开查询设计视图窗口，然后根据需要进行查询定义。

使用查询向导创建查询，就是使用 Access 系统提供的查询向导，按照系统的引导，完成查询的创建。Access 2010 共提供了 4 种类型的查询向导，包括简单查询向导、交叉表查询向导、查找重复项查询向导和查找不匹配项查询向导。它们创建查询的方法基本相同，用户可以根据需要进行选择。

在实际应用中，需要创建的选择查询多种多样，有些带条件，有些不带任何条件。使用“查询向导”创建查询虽然快速、方便，但它只能创建不带条件的查询；而对于有条件的查询，则需要通过使用查询“设计视图”来完成。

2. 运行查询的方法

查询创建完成后，将保存在数据库中。运行查询后才能看到查询结果。可以通过下面的方法运行查询。

(1) 在“查询工具”|“设计”选项卡的“结果”组中单击“运行”按钮。

(2) 在“查询工具”|“设计”选项卡的“结果”组中单击“视图”按钮。

(3) 在导航窗口中选择要运行的查询双击。

(4) 在导航窗口中选择查询对象右击，在快捷菜单中选择“打开”命令。

(5) 在查询设计视图窗口的标题栏右击，在快捷菜单中选择“数据表视图”命令。如图 4.1 所示的窗口是查询学生年龄的查询运行界面。

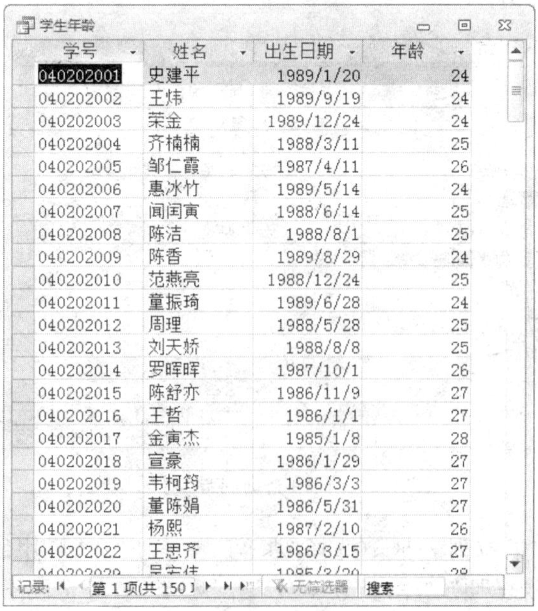

学号	姓名	出生日期	年龄
040202001	史建平	1989/1/20	24
040202002	王炜	1989/9/19	24
040202003	荣金	1989/12/24	24
040202004	齐楠楠	1988/3/11	25
040202005	邹仁霞	1987/4/11	26
040202006	惠冰竹	1989/5/14	24
040202007	闻闰寅	1988/6/14	25
040202008	陈洁	1988/8/1	25
040202009	陈香	1989/8/29	24
040202010	范燕亮	1988/12/24	25
040202011	童振琦	1989/6/28	24
040202012	周理	1988/5/28	25
040202013	刘天娇	1988/8/8	25
040202014	罗晖晖	1987/10/1	26
040202015	陈舒亦	1986/11/9	27
040202016	王哲	1986/1/1	27
040202017	金寅杰	1985/1/8	28
040202018	宣豪	1986/1/29	27
040202019	韦柯筠	1986/3/3	27
040202020	董陈娟	1986/5/31	27
040202021	杨熙	1987/2/10	26
040202022	王思齐	1986/3/15	27

图 4.1 查询结果

4.2 创建选择查询

选择查询是最常用的查询类型，它能够根据用户所指定的查询条件，从一个或多个数据表中获取数据并显示结果，还可以利用查询条件对记录进行分组，并进行求总计、计数、平均值等运算。选择查询产生的结果是一个动态记录集，不会改变数据表中的数据。

4.2.1 使用查询向导

前面介绍了利用查询设计视图创建查询，用查询设计视图可以按照用户的需求设置查询条件，选择需要的字段和表达式，还可以利用查询对源数据表进行操作，这种方法对使用者的要求较高。如果使用查询向导创建查询，就可以按照 Access 系统提供的查询向导，按照系统的引导，完成查询的创建。这种方法容易学习和掌握，因此，使用向导创建查询也是用户应掌握的一种方法。

在 Access 中，共提供了 4 种类型的查询向导，包括简单查询向导、交叉表查询向导、查找重复项查询向导和查找不匹配项查询向导。

1. 简单查询向导

简单查询向导用于创建最简单的选择查询，这种方法过程简单易用。

【实例 4.1】 在"选课管理"数据库中，使用简单向导查询课程的基本信息。

【步骤操作】

（1）打开"选课管理"数据库，在"创建"选项卡中的"查询"组中单击"查询向导"按钮，打开"新建查询"对话框，选择"简单查询向导"选项；单击"确定"按钮，打开"简单查询向导"对话框，如图 4.2 所示。

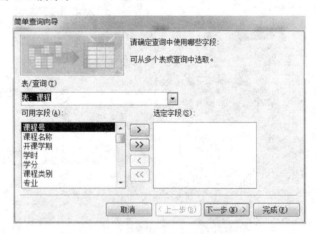

图 4.2 "简单查询向导"对话框

（2）在"表/查询"下拉列表框中选择"课程"表，同时在"可用字段"列表框中将"课号"、"课程名称"、"开课学期"、"学时"、"学分"、"课程类别"等字段添加到"选定字段"列表框中，然后单击"下一步"按钮，打开"请确定采用明细查询还是汇总查询"对话框，如图 4.3

所示。

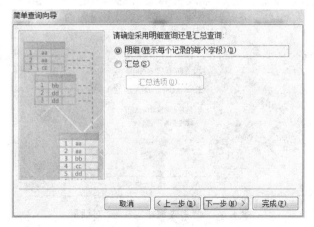

图 4.3 "请确定采用明细查询还是汇总查询"对话框

（3）选中"汇总"单选按钮，同时单击"汇总选项"按钮，打开"汇总选项"对话框，如图 4.4 所示。

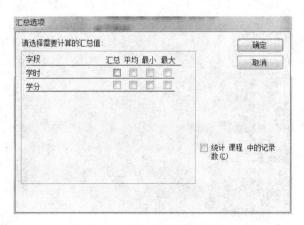

图 4.4 "汇总选项"对话框

（4）利用复选框，可选择求"汇总"、"平均"、"最大"或"最小"值，最后单击"确定"按钮，返回如图 4.3 所示的对话框。

（5）单击"下一步"按钮，打开"请为查询指定标题"对话框，如图 4.5 所示。

（6）输入查询名称"课程基本信息查询向导"，如果需要，还可以选择查询创建完成后的查询使用方式"打开查询查看信息"|"修改查询设计"，然后单击"完成"按钮，查询设置完成。Access 系统将自动运行查询或进入查询窗口。若选择"打开查询查看信息"单选按钮，则完成查询，显示查询结果，如图 4.6 所示。

提示：

（1）在使用简单查询向导创建查询时，如果在表中查询的字段无数字型的，则跳过步骤（2）～步骤（4）。

（2）为查询指定的标题同时也是查询的名称，应给出新的名称，不能与已有的查询同

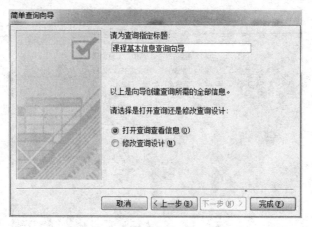

图 4.5 “请为查询指定标题”对话框

课程号	课程名称	开课学期	学时	学分	课程类别
09009A	管理信息系统	五	4	3	专业核心课程
09017A	毕业论文	八	16	6	专业核心课程
09103A	财政学	三	3	3	选修课程
09201A	国际金融	六	3	3	选修课程
09203B	项目评估	五	2	2	选修课程
09502A	财务会计	二	5	5	专业核心课程
09503A	管理会计	五	4	4	专业核心课程
09504A	中级财务管理	六	4	4	选修课程
09601B	电子商务	二	3	2	选修课程
4001	新闻学概论	六	3	3	专业核心课程
4002	外国新闻事业史	五	2	2	专业核心课程
4003	新闻采访学	五	3	3	专业核心课程
4004	传播学通论*	三	3	3	专业核心课程
4005	中国新闻事业史	六	2	2	专业核心课程
4006	广告学基础*	二	2	2	专业核心课程
4007	新闻写作*	五	4	4	专业核心课程
4008	新闻摄影*	五	4	4	专业核心课程
4009	现代报纸编辑	五	3	3	专业核心课程
4010	广播电视概论	五	3	3	专业核心课程
4011	基础写作	二	3	3	选修课程
4012	现代汉语	七	3	3	选修课程
4013	中国古代文学作品选	六	5	5	选修课程

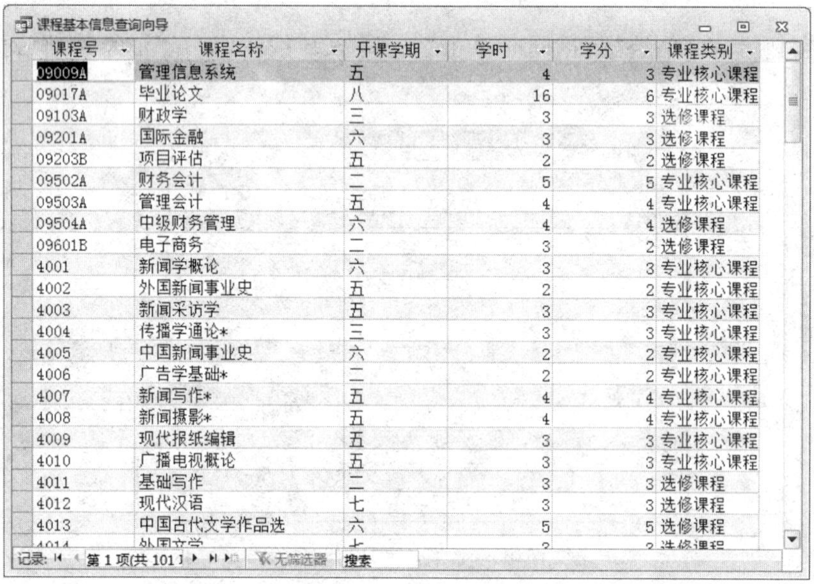

图 4.6 课程基本信息查询向导查询运行结果

名,否则将不能保存。

2. 查找重复项查询向导

利用查询重复项查询向导可以查询表中是否出现重复的记录,或者确定记录在表中是否共享相同的值,或对表中具有相同字段的值的记录进行统计等。例如,学生表中是否有相同的记录,统计职称相同的人数等。

【实例 4.2】 在“选课管理”数据库中,使用“查找重复项查询”向导查询是否存在同一个学生选课名称相同的记录。

【操作步骤】

(1) 打开“选课管理”数据库,在“创建”选项卡的“查询”组中单击“查询向导”按钮,打开"新建查询"对话框,选择"查找重复项查询向导"选项;单击"确定"按钮,打开"查找重复项查询向导"对话框,如图 4.7 所示。

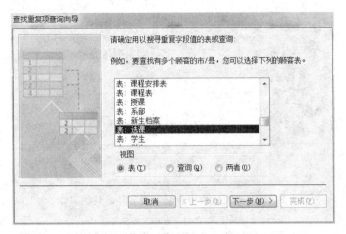

图 4.7　"查找重复项查询向导"对话框

(2) 在打开的对话框中,选择确定用以搜寻重复字段值的表或查询。在列表框中选择"选课"表以及"视图"选项组中的"表"单选按钮;然后,单击"下一步"按钮,打开"请确定可能包含重复信息的字段"对话框,如图 4.8 所示。

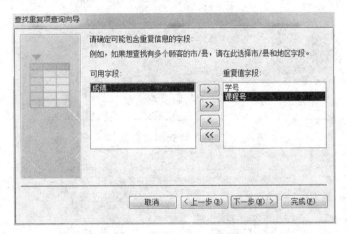

图 4.8　选择可能包含重复信息字段

(3) 在打开的对话框中,选择可能包含重复信息的字段:"学号"和"课程号",该字段将显示在"重复值字段"列表框中,单击"下一步"按钮,打开"请确定查询是否显示除带有重复值的字段之外的其他字段"对话框,如图 4.9 所示。

(4) 在打开的对话框中,选择"成绩"字段,该字段将显示在"另外的查询字段"列表框中,单击"下一步"按钮,打开"请指定查询的名称"对话框,如图 4.10 所示。

(5) 在"请指定查询的名称"对话框中,输入查询名称"选课相同记录重复项查询向导",单击"完成"按钮,查询设置完成,显示查询运行结果,如图 4.11 所示。

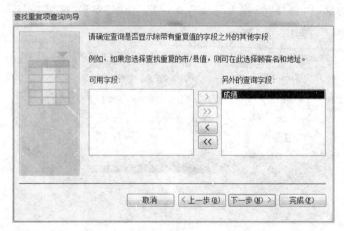

图 4.9　选择除带有重复字段之外的其他字段

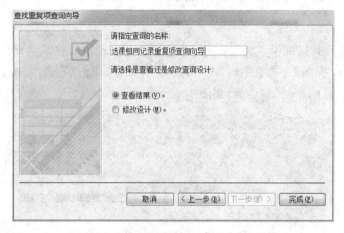

图 4.10　"请指定查询的名称"对话框

图 4.11　重复选课学生查询运行结果

3. 查询不匹配项查询向导

具有"一对多"关系的表中,在"一"方表中的每一条记录,在"多"方可以有多条记录与之对应,但也可以没有任何记录与之对应,使用查找不匹配项查询向导可以查询一个表与另一个表没有匹配的记录。例如,查找没有授课任务的教师,可以使用查找不匹配项查询向导在教师表中查找那些在授课表中没有出现的记录。

【实例 4.3】　在选课管理数据库中,使用"查找不匹配项查询"向导创建查询没有选课的学生记录。

【操作步骤】

（1）打开"选课管理"数据库,在"创建"选项卡的"查询"组中单击"查询向导"按钮,打开"新建查询"对话框;选择"查找不匹配项查询向导"选项,单击"确定"按钮,打开"查找不匹配项查询向导"对话框,如图 4.12 所示。

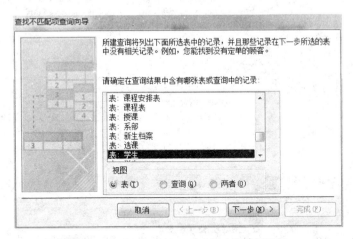

图 4.12 "查找不匹配项查询向导"对话框

（2）在打开的对话框中,在"请确定在查询结果中含有哪张表或查询中的记录"列表框中选择"学生"表,单击"下一步"按钮,打开"请确定哪张表或查询包含相关记录"对话框,如图 4.13 所示。

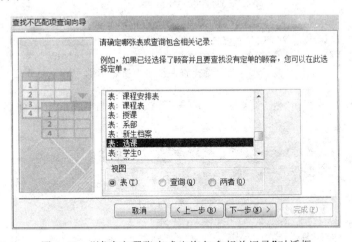

图 4.13 "请确定哪张表或查询包含相关记录"对话框

（3）在该对话框中,选择列表框中的相关表或查询"选课"表,单击"下一步"按钮,打开"请确定在两张表中都有的信息"对话框,如图 4.14 所示。

（4）在打开的对话框中,选择两个表的公共字段"学号",然后,单击"下一步"按钮,打开"请选择查询结果中所需的字段"对话框,如图 4.15 所示。

（5）在打开的对话框中,选择查询结果中所需字段"学号"和"姓名",将在"选定字段"

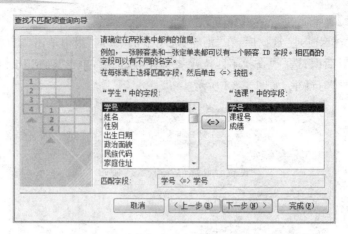

图 4.14 选择两个表中都有的字段信息

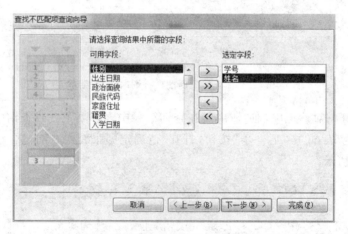

图 4.15 选择查询结果中所需字段

列表框中,显示"学号"和"姓名",单击"下一步"按钮,打开"请指定查询名称"对话框,如图 4.16 所示。

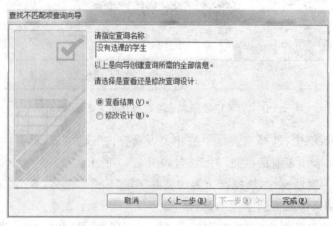

图 4.16 "请指定查询名称"对话框

（6）在打开的对话框中，输入查询名称"没有选课的学生"，单击"完成"按钮，查询设置完成。运行查询，显示结果如图 4.17 所示。

上面的运行结果说明，所显示的记录是没有选课记录的学生。

4.2.2 使用设计视图

设计查询时，要确定查询目标。首先要确定查询的数据源，查询的数据源可以是表和已经建立的查询，然后再确定需要显示的字段或表达式。

查询设计器窗口由两部分组成，如图 4.18 所示。上半部分是数据源窗口，用于显示查询所涉及的数据源，可以是数据表或查询，下半部分的查询定义窗口，用于添加和选择查询需要的字段和表达式，主要包括以下内容。

（1）字段：查询结果中所显示的字段。

（2）表：查询的数据源，即查询结果中字段的来源。

图 4.17 没有选课的学生查询运行结果

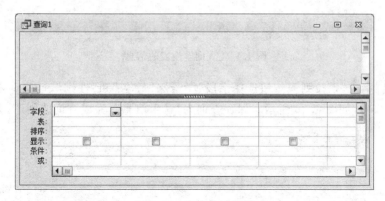

图 4.18 查询设计视图

（3）排序：查询结果中相应字段的排序方式。

（4）显示：当相应字段的复选框被选中时，则在结果中显示，否则不显示。

（5）条件：即查询条件，同一行的多个准则之间是逻辑"与"的关系。

（6）或：查询条件，表示多个条件之间的"或"的关系。

1. 创建不带条件的查询

【实例 4.4】 在"选课管理"数据库中，创建以下查询。

（1）查询学生的学号、姓名和性别。

（2）查询学生的所有信息。

（3）查询学生的学号、姓名及所修课程的课程号。

（4）查询学生的学号、姓名、选课名称和成绩。

【操作步骤】

（1）查询学生的学号、姓名和性别。

① 打开"选课管理"数据库。

② 在"创建"选项卡中的"查询"组中单击"查询设计"按钮，打开查询设计器窗口，在"显示表"对话框中双击"学生"表，将学生表添加到查询设计视图的数据源窗口中，如图 4.19 所示。

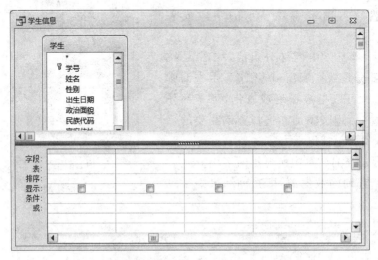

图 4.19   查询学生表的信息

③ 通过"字段"下拉列表按钮选择字段"学号"、"姓名"和"性别"，这些字段将显示在查询定义窗口中，如图 4.20 所示。保存查询为"学生信息"，完成查询的创建。

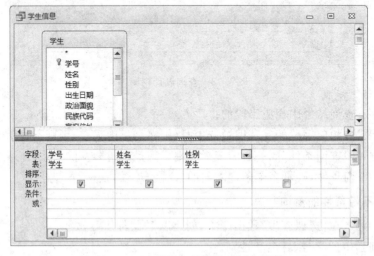

图 4.20   查询学生的学号、姓名、性别

（2）查询学生的所有信息。

重复（1）中的步骤②，如图 4.19 所示。顺序双击数据源窗口中表的所有字段或直接双击表中显示"＊"标记，这里"＊"代表表中的所有字段，如图 4.21 所示。保存查询，完成查询的创建。

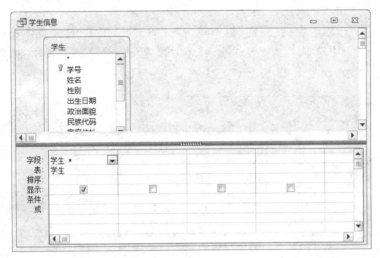

图 4.21 查询学生的所有信息

（3）查询学生的学号、姓名及所修课程号。

① 在"创建"选项卡的"查询"组中单击"查询设计"按钮，打开查询设计器窗口，在"显示表"对话框中选择"学生"表和"选课"表，将这两个表添加到查询设计视图的数据源窗口中，如图 4.22 所示。

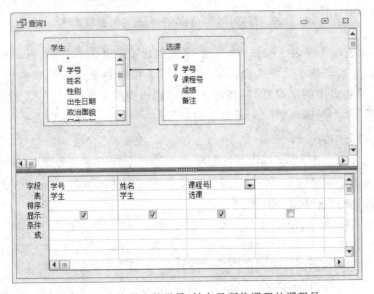

图 4.22 查询学生的学号、姓名及所修课程的课程号

从图4.22中可以看到,在学生表和选课表的公共字段"学号"之间连了一条线段,这表明在两个表之间按照"学号"字段创建了关联关系。

② 使用"字段"下拉列表按钮选择学生表中的字段"学号"、"姓名"以及选课表中的字段"课程号"。然后保存查询,完成查询的创建。

(4) 查询学生的学号、姓名、选课名称和成绩。

① 在"创建"选项卡中的"查询"组中单击"查询设计"按钮,打开查询表设计器窗口,在"显示表"对话框中选择"学生"表、"选课"表、"课程"表,将这三个表添加到查询设计视图的数据源窗口中,如图4.23所示。

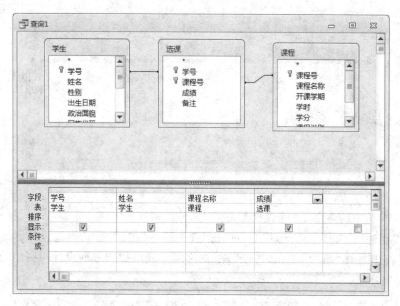

图4.23　查询学生的学号、姓名、选课名称和成绩

② 在学生表和选课表之间按照"学号"字段创建了关联关系,在选课表和课程表之间按照"课程号"字段创建了关联关系。使用"字段"下拉列表按钮选择学生表中的字段"学号"、"姓名",课程表中的字段"课程名称"以及选课表中的字段"成绩",如图4.23所示,然后保存查询为"学生选课成绩",完成查询的创建。

2. 创建带条件的查询

在查询设计视图中,设置查询条件应使用查询定义窗口中的条件选项来设置。首先选择需设计条件的字段,然后在"条件"文本框中输入条件。条件的输入格式与表达式的格式略有不同,通常省略字段名。

例如,"性别="男"",用关系表达式应为"性别="男"",而在查询设计器中对应"性别"字段的"条件"行输入""男""。成绩在60～70之间,用逻辑表达式应为"成绩≥60 And 成绩<=70",而在查询设计时对应"成绩"字段的"条件"行应输入"≥60 And <=70"。

如果有多个条件,且涉及不同的字段,则分别设置相应字段的条件,例如,职称为"讲师"的男教师,其逻辑表达式应为"性别="男" And 职称="讲师"",而在查询设计器中对应"性别"字段的条件行应输入""男"",对应"职称"字段的条件行应输入""讲师"",如果两个条件之间由 And 运算符连接,则输入的信息放在同一行中,如图 4.24 所示。如果两个条件之间使用 Or 运算符连接,则输入的信息放在不同行中,如图 4.25 所示。

图 4.24 多个查询条件之间用 And 连接

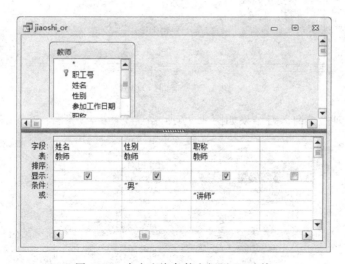

图 4.25 多个查询条件之间用 Or 连接

【实例 4.5】 在教学管理数据库中,创建以下查询。

(1) 查询 1985 年以后出生的学生的学号、姓名和出生日期。

(2) 查询家庭住址为"海淀区"的同学的姓名和家庭住址。

(3) 查询学号前两位是"05"和"06"的同学的学号、姓名和系号。

(4) 查询职称是"教授"或"副教授"的教师的姓名、性别和职称。

(5) 查询职称为"中级以上"职称的教师的姓名、性别和职称。

(6) 查询选修"C 程序设计"课程的学生的学号、姓名、成绩和课程名。

(7) 查询"高等数学"大于 90 分或"计算机基础"大于 85 分的同学的姓名、课程和成绩。

（8）查询未参加考试的同学的学号、姓名和课程名称。

【操作步骤】

（1）查询1985年以后出生的学生的学号、姓名和出生日期。

① 打开"选课管理"数据库，在"创建"选项卡中的"查询"组中单击"查询设计"按钮，打开查询设计器窗口，将"学生"表添加到查询设计视图的数据源窗口中。

② 将"学号"、"姓名"和"出生日期"字段添加到查询定义窗口中，对应"出生日期"字段，在"条件"行输入">＝♯1985-1-1♯"，如图4.26所示。

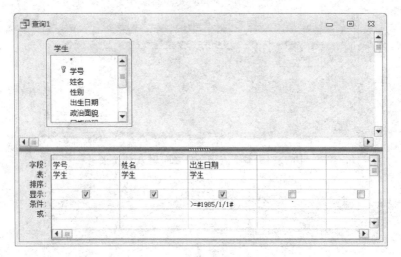

图4.26　查询(1)设置

③ 保存查询。查询运行结果如图4.27所示。

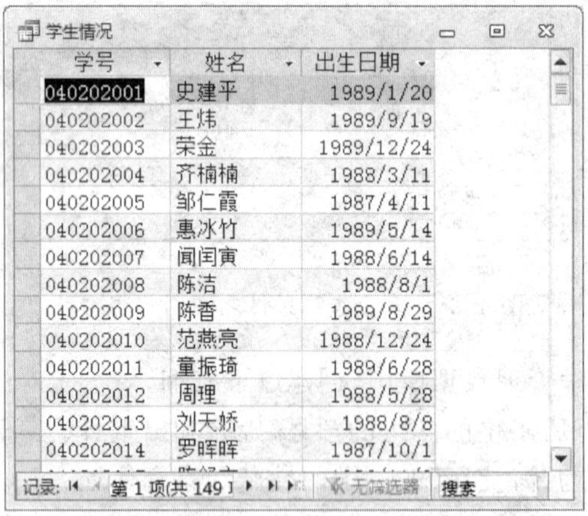

图4.27　查询(1)运行结果

（2）查询家庭住址在"海淀区"的同学的姓名和家庭住址。

① 将"姓名"和"家庭住址"字段添加到查询定义窗口中，对应"家庭住址"字段，在"条件"行输入"Like "＊海淀区＊""，如图4.28所示。

② 保存查询。运行结果如图4.29所示。

图 4.28 查询(2)设置   图 4.29 查询(2)运行结果

(3) 查询学号前两位是"05"和"06"的同学的学号、姓名和系号。

① 将"学号"、"姓名"和"系号"字段添加到查询定义窗口中,对应"系号"字段,在"条件"行输入"Like "0[56]* ""如图 4.30 所示。

图 4.30 查询(3)设置

② 保存查询。运行结果如图 4.31 所示。

(4) 查询职称是"教授"或"副教授"的教师的姓名、性别和职称。

① 打开"选课管理"数据库,在"创建"选项卡的"查询"组中单击"查询设计"按钮,打开查询设计器窗口,将"教师"表添加到查询设计视图的数据源窗口中。

② 将"姓名"、"性别"和"职称"字段添加到查询定义窗口中,对应"职称"字段,在"条件"行输入"In("教授","副教授")",如图 4.32 所示。

③ 保存查询。运行结果如图 4.33 所示。

图 4.31　查询(3)运行结果

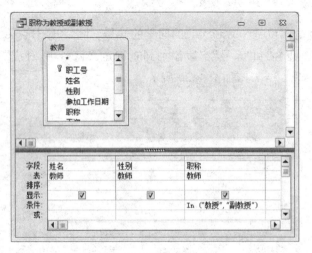

图 4.32　查询(4)设置

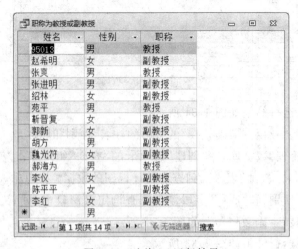

图 4.33　查询(4)运行结果

(5) 查询中级职称以上的教师的姓名、性别和职称(假设教师的职称为教授、副教授、讲师和助教)。

将"姓名"、"性别"和"职称"字段添加到查询定义窗口中,对应"职称"字段,在"条件"行输入"<>"助教"",如图 4.34 所示。

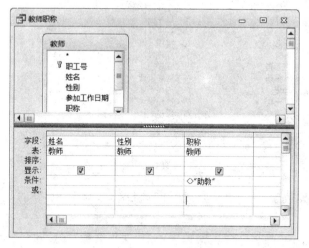

图 4.34   查询(5)设置

(6) 查询选修"C 程序设计"课程的学生的学号、姓名和成绩。

① 打开"选课管理"数据库,在"创建"选项卡的"查询"组中单击"查询设计"按钮,打开查询设计器窗口,将"学生"、"课程"和"选课"表添加到查询设计视图的数据源窗口中。

② 将学生表中的"学号"和"姓名"字段、课程表中的"课程名称"字段和"选课"表中的"成绩"字段依次添加到查询定义窗口中;在"课程名称"字段的"条件"行输入""C 程序设计"",如图 4.35 所示。

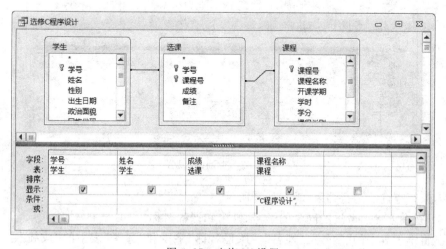

图 4.35   查询(6)设置

③ 保存查询。运行结果如图 4.36 所示。

选修C程序设计

学号	姓名	成绩	课程名称
040202001	史建平	69	C程序设计
040202002	王炜	87	C程序设计
040202003	荣金	66	C程序设计
040202004	齐楠楠	71	C程序设计
040202005	邹仁霞	66	C程序设计
040202006	惠冰竹	76	C程序设计
040202007	闻闰寅	68	C程序设计
040202008	陈洁	70	C程序设计
040202009	陈香	81	C程序设计
040202010	范燕亮	90	C程序设计
040202011	童振琦	68	C程序设计
040202012	周理	79	C程序设计
040202013	刘天娇	65	C程序设计
040202014	罗晖晖	77	C程序设计
040202015	陈舒亦	75	C程序设计

记录: 第 1 项(共 23 项 无筛选器 搜索

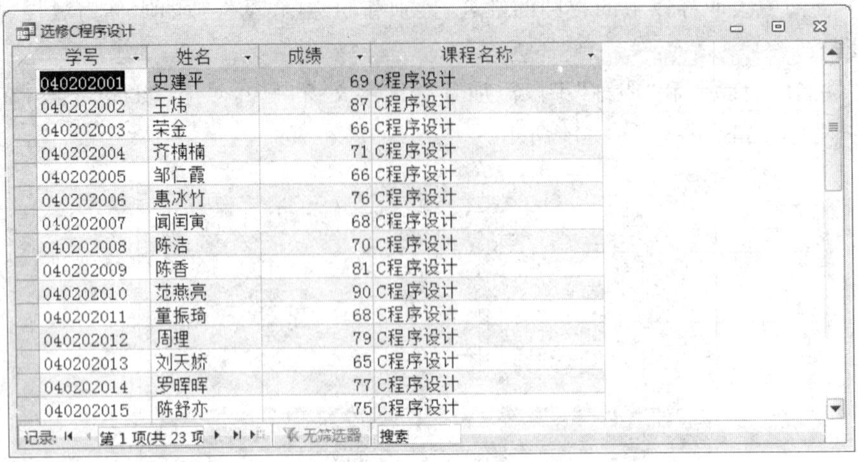

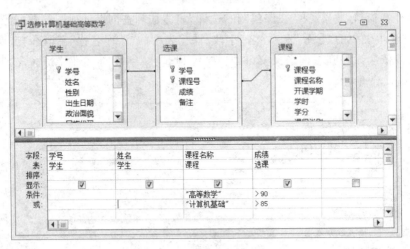

图 4.36 查询(6)运行结果

(7) 查询“高等数学”大于 90 分或“计算机基础”大于 85 分的同学的姓名、课程和成绩。

① 将学生表中的“姓名”字段、课程表中的“课程名称”字段和“选课”表中的“成绩”字段依次添加到查询定义窗口中，在“条件”行，对应“课程名称”字段，输入“"高等数学"”，对应“成绩”字段输入“>90”；在“或”行，对应“课程名称”字段，输入“"计算机基础"”，对应“成绩”字段，输入“>85”，如图 4.37 所示。

图 4.37 查询(7)设置

② 保存查询。运行结果如图 4.38 所示。

(8) 查询未参加考试的同学的学号、姓名和课程名称。

① 将学生表中的“学号”、“姓名”、“课程名称”字段和“选课”表中的“成绩”字段依次添加到查询定义窗口中，同时取消勾选“成绩”字段的“显示”复选框；在“条件”行，对应“成绩”字段，输入“Is Null”，如图 4.39 所示。

② 保存查询。运行结果如图 4.40 所示。

选修计算机基础高等数学

学号	姓名	课程名称	成绩
040202004	齐楠楠	计算机基础	89
040202006	惠冰竹	计算机基础	92
040202007	闻闰寅	计算机基础	89
040202008	陈洁	计算机基础	97
040202012	周理	计算机基础	98
040202016	王哲	计算机基础	99
040202017	金寅杰	计算机基础	86
040202009	陈香	高等数学	91
040202017	金寅杰	高等数学	97
040202020	董陈娟	高等数学	90

记录: 第 1 项(共 10 项) 无筛选器 搜索

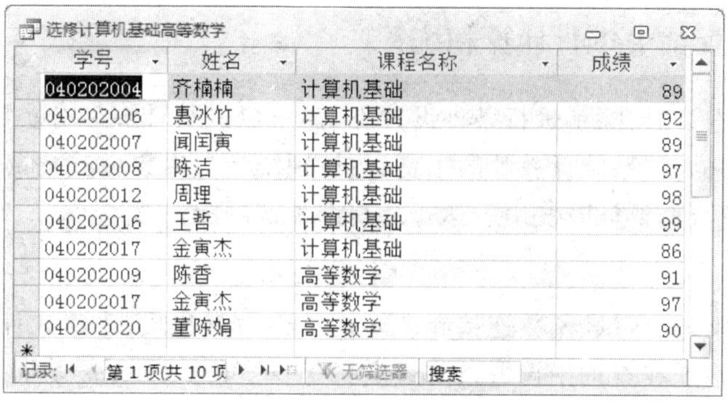

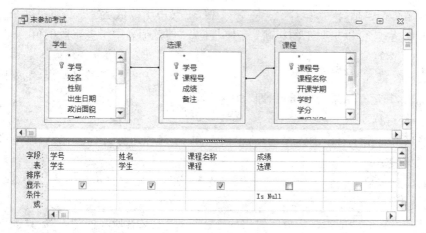

图 4.38 查询(7)运行结果

图 4.39 查询(8)设置

未参加考试

学号	姓名	课程名称
040202022	王思齐	C程序设计
040701002	秦卫	计算机基础

记录: 第 1 项(共 2 项) 无筛选器 搜索

图 4.40 查询(8)运行结果

提示:

(1) 日期型常量要使用定界符"#",例如,#1985-1-1# 表示日期型数据 1985-1-1(1985 年 1 月 1 日)。

(2) 中级职称及以上的教师用表达式 not"助教"表示,这里假设教师的职称为教授、副教授、讲师和助教。

(3) 条件"高等数学"大于 90 分或"计算机基础"大于 85 分,应将条件设置在不同的行,否则表示的条件为"与"运算。

(4) 对未参加考试的同学,使用表达式 Is Null,成绩为空。

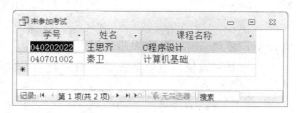

4.2.3 在查询中进行计算和统计

在设计选择查询时,除了进行条件设置外,还可以进行计算和分类汇总,如计算学生的年龄、计算教师的工龄、统计教师的工资、按性别统计学生数、按系别统计教师的任务工作量等,这需要在查询设计时使用表达式及查询统计功能。

1. 表达式

用运算符将常量、变量、函数连接起来的式子称为表达式,表达式计算将产生一个结果。可以利用表达式在查询中设置条件或定义计算字段。Access 系统提供了算术运算、关系运算、字符运算和逻辑运算等 4 种基本运算表达式。

1) 算术运算

算术运算符包括"+"、"-"、"*"、"/"4 种,主要用于数值运算。例如,[工资]*12 是一个算术表达式,可以求职工的年薪,其中,[工资]是教师表中工资字段的值。

2) 关系运算

前面已经提到,关系运算符由>、>=、<、<=、=和<>等符号构成,主要用于数据之间的比较,其运算结果为逻辑值,即"真"和"假"。

3) 字符运算

字符运算是指字符串的连接运算,包括+和 & 两种运算符,其主要功能是将两个字符串首尾相接。

例如,"计算机"+"技术","计算机"&"技术"都是进行字符串的连接。运算结果均为"计算机技术"。

"+"和"&"的功能都是完成字符串的连接运算,但又有所不同,"+"运算既可以进行加法运算又可以做字符串连接运算,而"&"运算只能做字符串连接运算。

例如,表达式"123"+12 的结果为"135",而表达式"123"&12 的结果为"12312"。

4) 逻辑运算

逻辑运算符由 Not、And 和 Or 构成,分别表示逻辑上"非"、"与"、"或"运算,主要功能是进行逻辑运算,其运算结果是逻辑值。逻辑运算的规则如表 4.4 所示。

表 4.4 逻辑运算规则

A	B	Not A	A And B	A Or B
True	True	False	True	True
True	False	False	False	True
False	True	True	False	True
False	False	True	False	False

2. 计算字段

当需要统计的数据在表中没有相应的字段,或者用于计算的数据值来源于多个字段时,应在查询中使用计算字段。计算字段是指根据一个或多个字段使用表达式建立的新字段。创建计算字段的是在查询设计视图的查询定义窗口的"字段"行中直接输入计算表达式。

3. 系统函数

函数是一个预先定义的程序模块函数。可以由用户自行定义,也可以由系统预先定义,用户在使用时只需给出相应的参数值就可以自动完成计算。其中,系统定义的函数称为标准函数,用户自己定义的函数称为自定义函数。

Access 系统提供了上百个标准函数,可分为数学函数、字符串处理函数、日期/时间函数、聚合函数等,其中聚合函数可直接用于查询中。函数及功能如表 4.5 所示。

表 4.5　系统函数

函数名称	功　　能
Sum	计算指定字段值的总和。适用于数字、日期/时间、货币型字段
Avg	计算指定字段值的平均值。适用于数字、日期/时间、货币型字段
Min	计算指定字段值的最大值。适用于文本、数字、日期/时间、货币型字段
Max	计算指定字段值的最小值。适用于文本、数字、日期/时间、货币型字段
Count	计算指定字段值的计数。当字段中的值为空(null)时,将不计算在内
Var	计算指定字段值方差值。适用于文本、数字、日期/时间、货币型字段
StDev	计算指定字段值标准差值。适用于文本、数字、日期/时间、货币型字段
First	计算指定字段值的第一个值
Last	计算指定字段值的最后一个值
Expression	在字段中自定义计算公式,可以套用多个总计函数

在查询过程中,当需要使用某个函数时,并不需要写出函数的完整格式,可以通过 Access 提供的汇总功能使用这些函数。具体步骤如下。

(1) 打开查询设计器窗口,将查询所需要的表添加到查询设计视图的数据源窗口中。

(2) 将查询所需要的字段添加到查询定义窗口中。

(3) 在"查询工具"|"设计"选项卡的"显示/隐藏"组中单击"汇总"按钮 Σ,或右击字段,在弹出的快捷菜单(如图 4.41 所示)中选择"汇总"命令,在查询定义窗口中出现"总计"行。

(4) 在"总计"下拉列表框中选择相应的统计函数。

4. 查询举例

【实例 4.6】 在选课管理数据库中,创建以下查询。

图 4.41　快捷菜单

(1) 查询学生的学号、姓名、出生日期并计算年龄。

(2) 统计各系学生的平均成绩。

(3) 统计各年份出生的学生人数。

(4) 统计每位教师所教课程的总课时。

(5) 统计"计算机系"教师的课程总学时数。

(6) 统计学生的课程总成绩和平均成绩。

【操作步骤】

打开"选课管理"数据库,在"创建"选项卡的"查询"组中单击"查询设计"按钮,打开"查询设计器"窗口,将查询所需要的表添加到查询设计视图的数据源窗口中。

(1) 查询学生的学号、姓名、出生日期并计算年龄。

将学生表的字段"学号"、"姓名"、"出生日期"添加到查询定义窗口中,然后在空白列中输入"年龄:Year(Date())-Year([出生日期])",其中,"年龄"是计算字段,Year(Date())-Year([出生日期])是计算年龄的表达式,如图 4.42 所示,保存查询。

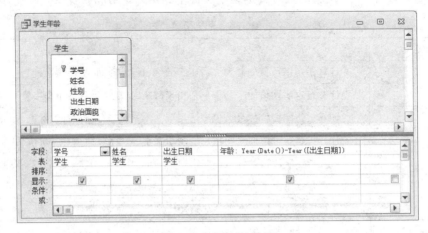

图 4.42 查询(1)设置

(2) 统计各系学生的平均成绩。

将系部表的字段"系名称"添加到查询定义窗口中,并在空白列中输入"平均年龄:Year(Date())-Year([出生日期])",然后在"查询工具"|"设计"选项卡的"显示/隐藏"组中单击"总计"按钮 Σ,在查询定义窗口中出现"总计"行,如图 4.43 所示。对应"系名称"字段,在"总计"下拉列表框中选择 Group By,对应表达式"Year(Date())-Year([出生日

图 4.43 查询(2)设置

期])",在"总计"下拉列表中选择"平均值",这表明按照"系名称"字段分组统计年龄的平均值。然后保存查询。

（3）统计各年份出生的学生人数。

① 将学生表的字段"学号"添加到查询定义窗口中，并在空白列中输入"年份：Year(［出生日期])"，然后在"总计"行中，对应"学号"字段，选择"计数"，对应表达式"Year(［出生日期])"选择 Group By，这表明按照年份分组统计学生人数，如图 4.44 所示。

② 保存查询并运行，运行结果如图 4.45 所示。

图 4.44　查询(3)设置　　　　　　　　　图 4.45　查询(3)运行结果

（4）统计每位教师所教课程的总课时。

① 将教师表的"姓名"字段、课程表的"学时"字段添加到查询定义窗口中，然后在"总计"行中，对应"姓名"字段，选择 Group By，对应"学时"字段，选择"合计"，这表明按照教师分组进行学时的求和，即每位教师所教课程的总学时，如图 4.46 所示。

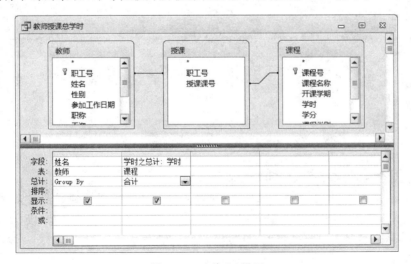

图 4.46　查询(4)设置

② 保存查询并运行,结果如图 4.47 所示。

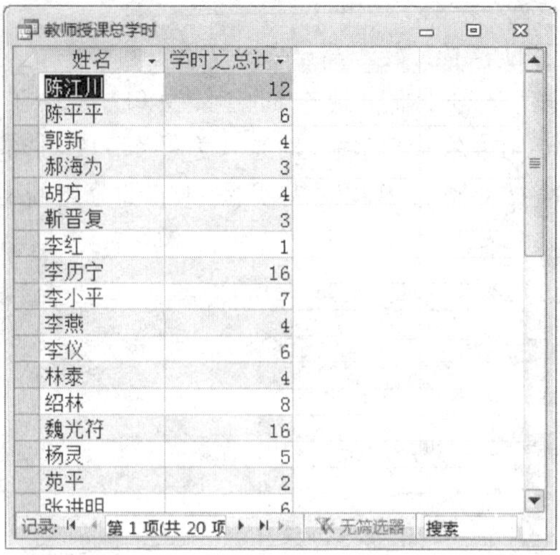

图 4.47　查询(4)运行结果

(5) 统计"计算机系"教师的课程总学时数。

将系部表的"系名称"字段、课程表中的"学时"字段添加到查询定义窗口中,然后在"总计"行中,对应"系名称"字段,选择 Group By,对应"学时"字段,选择"合计",这表明按照教师所在系名称分组进行学时的求和,对应"系名称"字段,在"条件"行输入条件"计算机系",即选择计算机系的教师所教课程求总学时,如图 4.48 所示。

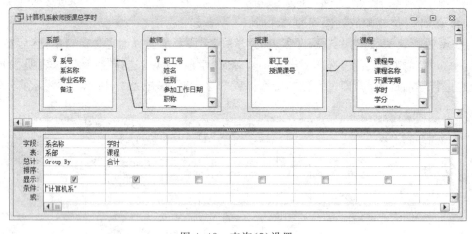

图 4.48　查询(5)设置

(6) 统计学生的课程总成绩和平均成绩。

将学生表的"学号"和"姓名"字段、选课表的"成绩"字段添加到查询定义窗口中,注意,将"成绩"字段添加两次。然后在"总计"行中,对应"学号"和"姓名"字段,选择 Group By,对应第一个"成绩"字段,选择"合计"并添加标题"总成绩",对应第二个"成绩"字段,选择"平均值"并添加标题"平均成绩",如图 4.49 所示。

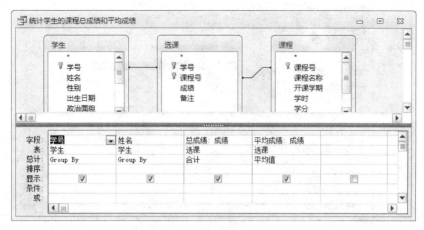

图 4.49　查询(6)设置

提示：

（1）在查询学生的年龄和学生人数时使用了函数 Year() 和 Date()，这是日期/时间型函数，Year() 的功能是返回日期/时间型数据的年份，而 Date() 的功能是返回系统当前的日期。

（2）在查询统计每位教师所教课程的总学时数时，涉及 3 个表：教师表、课程表和授课表，其中，课程表和授课表之间用课程号进行关联，教师表和授课表之间用职工号进行关联。

4.3　创建交叉表查询

交叉表查询通常以一个字段作为表的行标题，以另一个字段的取值作为列标题，在行和列的交叉点单元格处获得数据的汇总信息，以达到数据统计的目的。例如，查询学生的单科成绩，是以学生姓名作为行标题，而课程名称作为列标题，在行和列的交叉点单元格处显示成绩数据。除此之外，还可以查询教师的授课情况等。交叉表查询可以通过交叉表查询向导来创建，也可以在设计视图中创建。

4.3.1　使用交叉表查询向导

交叉表查询向导用于创建交叉表查询，它的显示数据来源于某个字段的值或统计值。

【实例 4.7】　在选课管理数据库中，使用交叉表查询向导创建查询按系别统计教师不同职称的人数。

【操作步骤】

（1）打开"选课管理"数据库，在"创建"选项卡中的"查询"组中单击"查询向导"按钮，打开"新建查询"窗口，选择"交叉表查询向导"选项；单击"确定"按钮，打开"交叉表查询向导"对话框，如图 4.50 所示。

（2）在"交叉表查询向导"对话框中，选中"表"单选按钮，并在"含有交叉表查询结果

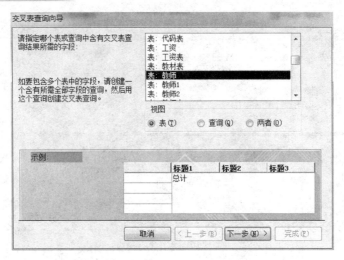

图 4.50 "交叉表查询向导"对话框

所需的字段"列表框中选择"教师"表;然后,单击"下一步"按钮,打开用于添加行标题字段的对话框,如图 4.51 所示。

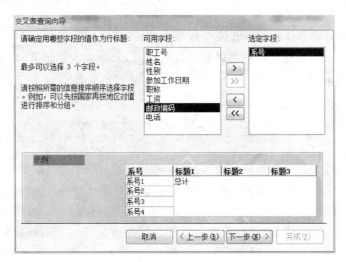

图 4.51 添加行标题字段

（3）选择"系号"字段作为行标题,该字段显示在"选定字段"列表框中,同时"示例"表格中行标题中已经添加了"系号";然后,单击"下一步"按钮。打开用于添加列标题字段的对话框,如图 4.52 所示。

（4）选择"职称"字段作为列标题,该字段将显示在"示例"表格的列标题中;然后,单击"下一步"按钮,打开用于选择行列交叉点处显示的数据对话框,如图 4.53 所示。

（5）选择作为每个行和列的交叉点的字段和数据形式。其中,字段选择"职工号",函数形式选择 Count,这时在"示例"表格的行和列的交叉点的信息更改为"Count（职工号）",这表明,行和列交叉点的数据为职工号的个数,若需要,还可以选择"是/否包括各行小计";然后,单击"下一步"按钮。打开如图 4.54 所示的对话框。

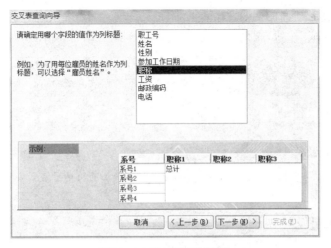

图 4.52 添加列标题字段

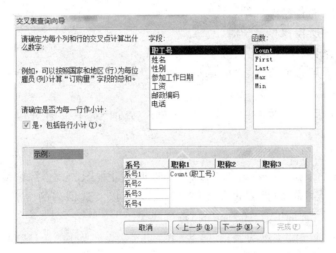

图 4.53 选择行列交叉处显示的数据

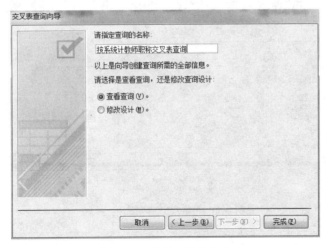

图 4.54 确定查询的名称

（6）在"请指定查询的名称"对话框中输入查询名称"按系统计教师职称交叉表查询"，然后单击"完成"按钮，查询设置完成，显示查询运行结果，如图 4.55 所示。

系号	总计 职工;	副教授	讲师	教授
040201	10	4	2	4
070101	3	1	2	
110101	6	4	2	
120201	4	1	3	

图 4.55   按系别统计教师各职称的人数查询运行结果

4.3.2   使用设计视图

【**实例 4.8**】   在选课管理数据库中，创建以下交叉表查询。

（1）查询学生的各门课成绩。

（2）查询教师所授课程及学时。

（3）查询各系男、女教师的人数。

（4）查询学生单科成绩、平均成绩及总成绩。

【**操作步骤**】

打开"选课管理"数据库，在"创建"选项卡的"查询"组中单击"查询设计"按钮，打开"查询设计器"窗口。

（1）查询学生的各门课成绩。

将"学生"表、"课程"表和"选课"表添加到查询设计视图的数据源窗口中，同时将学生表的"学号"和"姓名"字段、课程表中"课程名称"字段以及选课表的"成绩"字段添加到查询定义窗口中。在"查询工具"选项卡的"查询类型"组中单击"交叉表"按钮 ，查询定义窗口中将出现"总计"和"交叉表"行。首先，在"交叉表"行，对应"学号"和"姓名"字段选择"行标题"，对应"课程名称"选择"列标题"，对应"成绩"字段选择"值"；然后，在"总计"行，对应"学号"、"姓名"和"课程名称"字段选择 Group By，对应"成绩"字段选择 First，如图 4.56 所示。

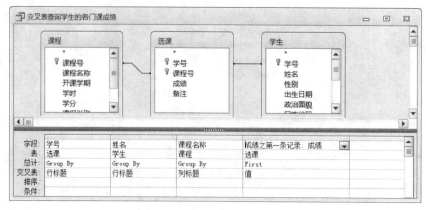

图 4.56   查询(1)设置

保存查询并运行，运行结果如图 4.57 所示。

交叉表查询学生的各门课成绩

学号	姓名	C程序设计	高等数学	会计学	计算机基础	马克思主义
040202001	史建平	69	80	65	67	87
040202002	王炜	87	81	74	69	62
040202003	荣金	66	52	92	70	67
040202004	齐楠楠	71	61	66	89	66
040202005	邹仁霞	66	61	68	82	73
040202006	惠冰竹	76	79	69	92	56
040202007	闻闰寅	68	64	69	89	76
040202008	陈洁	70	89	84	97	82
040202009	陈香	81	91	86	79	96
040202010	范燕亮	90	69	93	68	76
040202011	童振琦	68	83	84	66	96
040202012	周理	79	67	70	98	84
040202013	刘天娇	65	56	95	77	84

记录：第 1 项(共 23 项 无筛选器 搜索

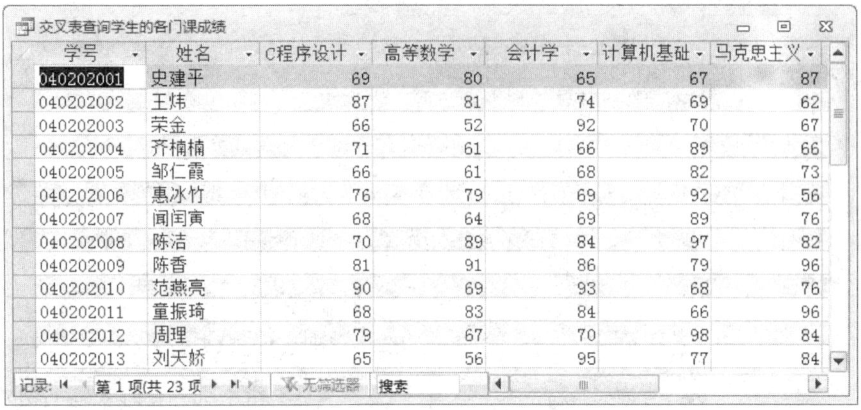

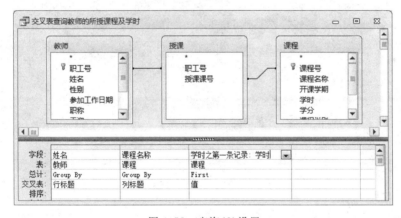

图 4.57 查询(1)运行结果

(2) 查询教师所授课程及学时。

将“教师”表、“课程”表和“授课”表添加到查询设计视图的数据源窗口中，同时将教师表的“姓名”字段、课程表中的“课程名称”字段以及授课表的“学时”字段添加到查询定义窗口中。在“总计”行，对应“姓名”和“课程名称”字段选择 Group By，对应“学时”字段，选择 First；在“交叉表”行，对应“姓名”字段选择“行标题”、对应“课程名称”字段选择“列标题”、对应“学时”字段选择“值”，如图 4.58 所示。

图 4.58 查询(2)设置

(3) 查询各系男、女教师的人数。

将“教师”表、“系部”表添加到查询设计视图的数据源窗口中，同时将系部表中的“系名称”字段、教师表的“性别”和“职工号”字段添加到查询定义窗口中。在“总计”行，对应“系名称”和“性别”字段选择 Group By，对应“职工号”字段，选择“计数”；在“交叉表”行，对应“系名称”字段选择“行标题”、对应“性别”字段选择“列标题”，对应“职工号”字段，选择“值”，如图 4.59 所示。

保存查询并运行，运行结果如图 4.60 所示。

图 4.59　查询(3)设置　　　　　　　　　　图 4.60　查询(3)运行结果

(4) 查询学生单科成绩、平均成绩及总成绩。

将已创建的"交叉表查询学生的各门课成绩"和"统计学生的课程总成绩和平均成绩"查询添加到查询设计视图的数据源窗口中,同时将"交叉表查询学生的各门课成绩"查询中的所有字段以及查询"统计学生的课程总成绩和平均成绩"中的"总成绩"和"平均成绩"添加到查询定义窗口中,如图 4.61 所示。

图 4.61　查询(4)设置

保存查询并运行,运行结果如图 4.62 所示。

提示:

(1) 在交叉表查询设计时,如果在"交叉表"行中,设置某个字段的选项为"值",则在"总计"行中可以有多种选择,每个选项都与表 4.5 的系统函数相对应。如果获取的数据是单一数据,则可以选择"第一条记录"或"最后一条记录"。

(2) 本例的查询(4)是利用交叉表查询的结果创建的查询,数据源是已经创建的查询。

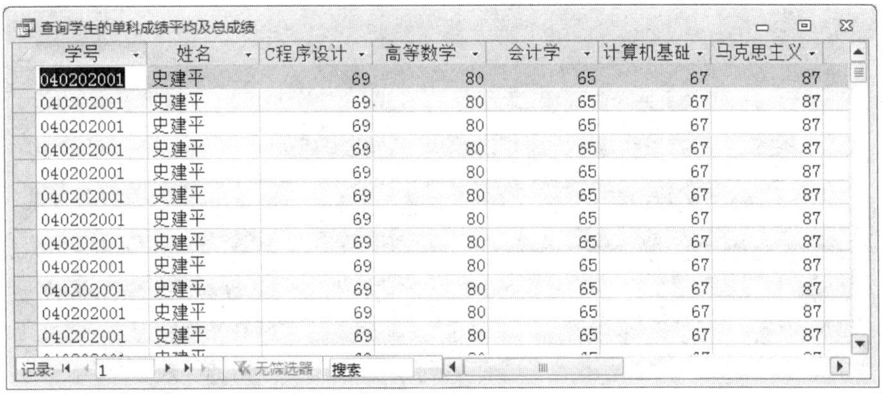

图 4.62 查询(4)运行结果

4.4 创建参数查询

参数查询是一种动态查询,可以在每次运行查询时输入不同的条件值,系统根据给定的参数值确定查询结果,而参数值在创建查询时不需要定义。这种查询完全由用户控制,能在一定程度上适应应用的变化需要,提高查询效率。参数查询一般创建在选择查询的基础上,在运行查询时会出现一个或多个对话框,要求输入查询条件。根据查询中参数个数的不同,参数查询可以分为单参数查询和多参数查询。创建单参数查询,就是在字段中指定一个参数,在执行参数查询时,输入一个参数值。创建多参数查询,即指定多个参数。在执行多参数查询时,需要依次输入多个参数值。

参数查询是一个特殊的选择查询,具有较大的灵活性,常作为窗体、报表的数据来源。

【**实例 4.9**】 在"选课管理"数据中,创建以下参数查询。

(1) 按学号查询某位学生的所有信息。

(2) 按系名查询学生的选课成绩。

(3) 按年级查询学生的姓名、性别和所在系。

(4) 在最低分和最高分之间查询学生的学号、姓名以及"高等数学"课程成绩。

【**操作步骤**】

打开"选课管理"数据库,在"创建"选项卡的"查询"组中单击"查询设计"按钮,打开"查询设计器"窗口。

(1) 按学号查询某位学生的所有信息。

将"学生"表添加到查询设计视图的数据源窗口中,将学生表的所有字段添加到查询定义窗口中(选择所有字段可直接在数据表中单击"*"),对应"学号"字段,在"条件"行输入"[请输入学生学号:]",如图 4.63 所示。

保存查询并运行,显示"输入参数值"对话框,如图 4.64 所示。输入学号值"05010001",系统将显示值 05010001 的学生信息。

图 4.63 查询(1)设置　　　　　　　图 4.64 "输入参数值"对话框

(2) 按系名查询学生的选课成绩。

将"学生"表、"选课"表、"课程"表和"系部"表添加到查询设计视图的数据源窗口中，将学生表的"学号"和"姓名"字段、课程表的"课程名称"字段、选课表的"成绩"字段和系部表的"系名称"字段添加到查询定义窗口中，对应"系名称"字段，在"条件"行输入"[请输入系名：]"，如图 4.65 所示。

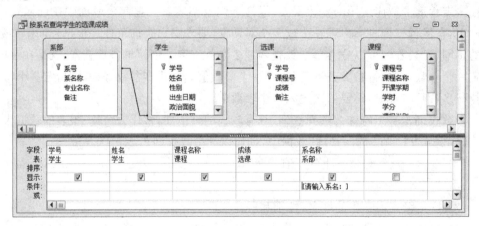

图 4.65 查询(2)设置

(3) 按年级查询学生的学号、姓名、性别和所在系(假设学号的前两位表示年级)。

将"学生"表、"系部"表添加到查询设计视图的数据源窗口中，将学生表的"学号"、"姓名"、"性别"字段和系部表的"系名称"字段添加到查询定义窗口中，在空白列中输入"年级：Mid([学号],1,2)"，并在"条件"行输入"[输入年级：]"，如图 4.66 所示。

(4) 在最低分和最高分之间查询学生的学号、姓名以及"高等数学"课程成绩。

将"学生"表、"选课"表、"课程"表添加到查询设计图的数据源窗口中，将学生表的"学号"、"姓名"字段、课程表的"课程名称"字段、选课表的"成绩"字段添加到查询定义窗口中，对应"课程名称"字段，在"条件"行输入""高等数学""；对应"成绩"字段，在"条件"行输入"Between [最低分] And [最高分]"，如图 4.67 所示。

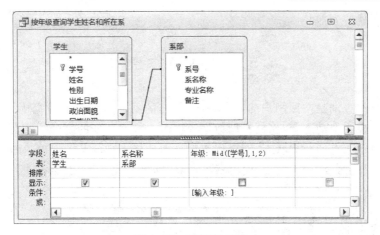

图 4.66 查询(3)设置

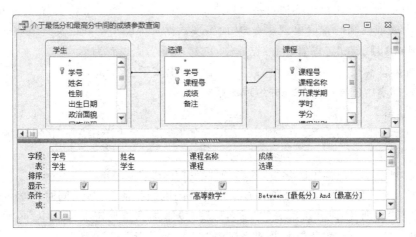

图 4.67 查询(4)设置

保存查询并运行,显示第一个"输入参数值"对话框,输入最低分 70,单击"确定"按钮打开第二个"输入参数值"对话框,输入最高分 90,单击"确定"按钮,如图 4.68 所示。系统会显示高等数学成绩介于 70 分和 90 分之间的学生信息。

图 4.68 "输入参数值"对话框

提示:

(1) 在参数查询中,在"条件"行中输入的参数条件实际上是一个变量,运行查询时用户输入的参数将储存在该变量中,执行查询时系统自动将字段或表达式的值与该变量的值进行比较,根据比较的结果显示相应的结果。

(2) 在查询(3)中,表达式"Mid([学号],1,2)"调用了字符串处理函数 Mid(),它的功能是取学号字段的前两位。

4.5 创建操作查询

前面介绍的查询是按照用户的需求,根据一定的条件从已有的数据中选择满足特定准则的数据形成一个动态集,将已有的数据源再组织或增加新的统计结果,这种查询方式不改变数据源中原有的数据状态;而操作查询是在选择查询的基础上创建的,可以对表中的记录进行追加、修改、删除和更新。操作查询包括生成表查询、删除查询、更新查询和追加查询。

4.5.1 生成表查询

生成表查询可以使查询的运行结果以表的形式存储,生成一个新表,这样就可以利用一个或多个表或已知的查询再创建表,从而实现数据资源的多次利用及重组数据集合。

【实例 4.10】 在"选课管理"数据库中,创建以下生成表查询。

(1)查询计算机系学生的学号、姓名和性别并生成学生名单表。

(2)查询学生的各门课成绩并生成成绩表。

【操作步骤】

打开"选课管理"数据库,在"创建"选项卡的"查询"组中单击"查询设计"按钮,打开"查询设计器"窗口。

(1)查询计算机系学生的学号、姓名和性别并生成学生名单表。

① 将"学生"表、"系部"表添加到查询设计视图的数据源窗口中,同时将学生表的"学号"、"姓名"、"性别"字段和系部表的"系名称"字段添加到查询定义窗口中,同时对应"系名称"字段,在"条件"行输入""计算机系"",如图 4.69 所示。

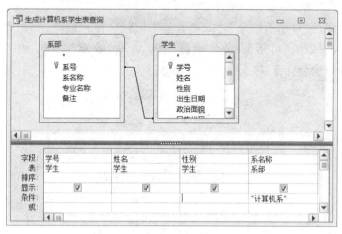

图 4.69 查询(1)设置

② 在"查询工具"|"设计"选项卡的"查询类型"组中单击"生成表查询"按钮,则打开"生成表"对话框,如图 4.70 所示,在"表名称"文本框中输入"计算机系学生表",单击

"确定"按钮,查询设置完成。

图 4.70 "生成表"对话框

(2) 查询学生的各门课成绩并生成成绩表。

① 将"学生"表、"课程"表和"选课"表添加到查询设计视图的数据源窗口中,同时将学生表的"学号"字段和"姓名"字段、课程表中的"课程名称"字段以及选课表的"成绩"字段添加到查询定义窗口中。在"查询工具"|"设计"选项卡的"查询类型"组中单击"交叉表"按钮 ,查询定义窗口中将出现"总计"和"交叉表"行。首先,在"交叉表"行,对应"学号"和"姓名"字段选择"行标题",对应"课程名称"字段选择"列标题",对应"成绩"字段选择"值";然后,在"总计"行,对应"学号"、"姓名"和"课程名称"字段选择 Group By,对应"成绩"字段选择 First,如图 4.71 所示。

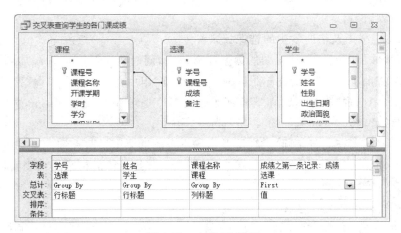

图 4.71 查询(2)设置

② 在"查询工具"|"设计"选项卡的"查询类型"组中单击"生成表"按钮,则打开"生成表"对话框,如图 4.72 所示,在"表名称"文本框中输入"学生的各门课成绩交叉表",单击"确定"按钮,查询设置完成,保存查询。

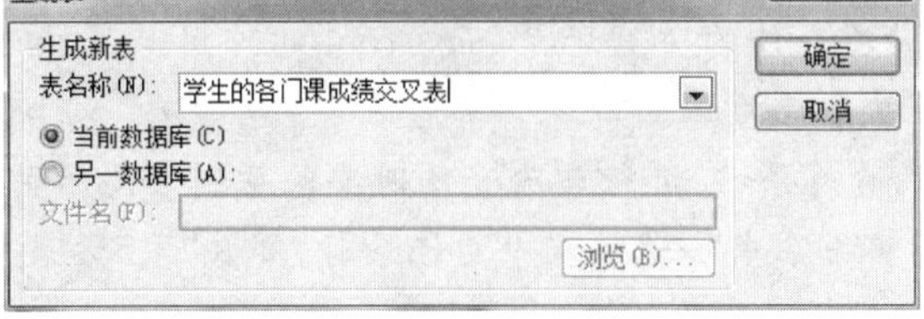

图 4.72 "生成表"对话框

提示：

（1）在生成表查询中，生成的新表可以存放在当前数据库中，也可以存放在另一个数据库中。如果存放在其他数据库中，需要选择数据库的名称。

（2）在实例 4.10(2)中，由于涉及交叉表查询和生成表查询两种查询方式，首先要进行交叉表查询设置，然后再进行生成表查询设置。

4.5.2 删除查询

删除查询又称为删除记录的查询，可以从一个或多个数据表中删除记录。使用删除查询，将删除整条记录。而非只删除记录中的字段值。记录一经删除将不能恢复，因此在删除记录前要做好数据备份。删除查询设计完成后，需要运行查询才能将需要删除的记录删除。

【实例 4.11】 在选课管理数据库中，创建以下删除查询。

（1）删除成绩不及格的学生的选课记录。

（2）删除 04 级学生的记录。

【操作步骤】

打开"选课管理"数据库，在"创建"选项卡的"查询"组中单击"查询设计"按钮，打开"查询设计器"窗口。

（1）删除成绩不及格的学生的选课记录。

将选课表添加到查询设计视图的数据源窗口中，同时将"成绩"字段添加到查询定义窗口中。在"查询工具"|"设计"选项卡的"查询类型"组中单击"删除查询"按钮，则在查询定义窗口中出现"删除"行，在下拉列表中有两个选项 Where 和 From，选中 Where，然后在"条件"行输入"＜60"，如图 4.73 所示。

保存查询，输入查询名"删除成绩不及格的学生的选课记录"，查询设置完成。运行查询，系统将自动显示删除确认对话框，单击"是"按钮，满足条件的记录将被删除，单击"否"按钮，则不执行删除查询。

（2）删除 04 级学生的记录。

将"学生"表添加到查询设计视图的数据源窗口中，在"字段"文本框中输入表达式"Mid([学号],1,2)"。在"查询工具"|"设计"选项卡的"查询类型"组中单击"删除查询"按钮，在"删除"行的下拉列表中选中 Where，然后在"条件"行输入""04""，如图 4.74 所示。

提示：

（1）在删除查询中，在"删除"行的下拉列表框中有两个选项 Where 和 From。其中，Where 的作用是选择满足条件的所有记录，而 From 的作用是选择连续的满足条件的记录，直到遇到不能满足的条件为止。

（2）由于表间存在着关系，在进行删除查询时要注意到表间的关系，若关系完整性设置了级联，在删除一对多关系中"一"方表中的记录时，那么"多"方表中与之相关联的记录也会被删除。

图 4.73 查询(1)设置

图 4.74 查询(2)设置

4.5.3 更新查询

在数据库操作中,如果对表中少量数据进行修改,可以直接在表操作环境下,通过手工进行修改。然而,利用手工编辑手段效率比较低,容易出错。如果需要成批修改数据,可以使用 Access 提供的更新查询功能来实现。更新查询可以对一个或多个表中符合查询条件的数据进行批量的修改。

【实例 4.12】 在选课管理数据库中,创建以下更新查询。

(1) 将不及格学生的课程成绩置 0。

(2) 将所有必修课的学时增加 8 学时,学分增加 0.5 学分(假设必修课程的课程编码以字母 B 开头)。

【操作步骤】

打开"选课管理"数据库,在"创建"选项卡的"查询"组中单击"查询设计"按钮,打开"查询设计器"窗口。

(1) 将不及格学生的课程成绩置 0。

① 将"选课"表添加到查询设计视图的数据源窗口中,同时将"成绩"字段添加到查询定义窗口中。在"查询工具"|"设计"选项卡的"查询类型"组中单击"更新查询"按钮 ,则在查询定义窗口中出现"更新到"行。在"条件"行输入"<60",然后在"更新到"行输入"0",如图 4.75 所示。

② 保存查询,输入查询名"将不及格学生的课程成绩置 0",查询设置完成。运行查询,系统自动显示更新数据对话框,如图 4.76 所示。

③ 单击"确定"按钮,满足条件的记录将自动更新。

(2) 将所有必修课的学时增加 8 学时,学分增加 0.5 学分。

① 将"课程"表添加到查询设计视图的数据源窗口中,同时将"课程号"、"学时"、"学分"字段添加到查询定义窗口中;然后将"课程号"修改为表达式"Mid([课程号],1,1)"。右击数据源窗口,在"查询工具"|"设计"选项卡的"查询类型"组中单击"更新查询"按钮,

图 4.75 查询(1)设置

图 4.76 更新数据对话框

则在查询定义窗口中出现"更新到"行。对于表达式"Mid([课程号],1,1)"在"条件"行输入""B"",对应"学时"和"学分"字段,在"更新到"行分别输入"[学时]＋8"和"[学分]＋0.5",如图 4.77 所示。

图 4.77 查询(2)设置

② 保存查询,输入查询名"将所有必修课程的学时学分增加",查询设置完成。

4.5.4 追加查询

追加查询可以从一个或多个表将一组记录追加到一个或多个表的尾部,可以大大提高数据输入的效率。

【实例 4.13】 在教学管理数据库中,新增一个新生档案表,其结构与学生表相似,创建追加查询,将新生档案表中的数据追加到学生表中。

【操作步骤】

(1)打开"选课管理"数据库,在"创建"选项卡的"查询"组中单击"查询设计"按钮,打开"查询设计器"窗口。

(2)将新生档案表添加到查询设计视图的数据源窗口中,同时将所有字段添加到查询定义窗口中,如图 4.78 所示。

(3) 在"查询工具"|"设计"选项卡的"查询类型"组中单击"追加查询"按钮 ，打开"追加"对话框,如图 4.79 所示。

图 4.78　查询设置　　　　　　　　　　图 4.79　"追加"对话框

(4) 在"表名称"文本框中输入表名或使用下拉列表框选择表的名称,如果被追加的表位于其他数据库中,则需要选择数据库。

(5) 保存查询,输入查询名"将新生档案表追加到学生表",查询设置完成。运行查询,新生档案表中的数据将被追加到学生表中。

提示:

(1) 在追加查询中,只有源数据表和目标数据表中相同字段的值才能被添加到目标数据表中。

(2) 被追加的数据表必须是已存在的表,否则无法实现追加,系统将显示相应的错误信息。

4.6　结构化查询语言 SQL

在 Access 中,每个查询都对应着一个 SQL 查询命令。当用户使用查询向导或查询设计器创建查询时,系统会自动生成对应的 SQL 命令,可以在 SQL 视图中查看,除此之外,用户还可以直接通过 SQL 视图窗口输入 SQL 命令来创建查询。了解和掌握 SQL 的基本语法对使用和管理数据库是非常有意义的。

4.6.1　SQL 概述

SQL(Structured Query Language)查询是使用 SQL 创建的一种查询。SQL 结构化查询语言是标准的关系型数据语言,一般关系数据库管理系统都支持使用 SQL 作为数据库系统语言。SQL 的功能包括数据定义、数据查询、数据操纵和数据控制 4 个部分。

SQL 具有以下特点。

1. 高度的综合

SQL 集数据定义、数据操纵和数据控制于一体,语言风格统一,可以实现数据库的全部操作。

2. 高度非过程化

SQL 在进行数据操作时,只需说明"做什么",而不必指明"怎么做",其他工作由系统完成。用户无须了解对象的存取路径,大大减轻了用户负担。

3. 交互式与嵌入式相结合

用户可以将 SQL 语句当作一条命令直接使用,也可以将 SQL 语句当作一条语句嵌入到高级语言程序中,两种方式语法结构一致,为程序员提供了方便。

4. 语言简洁,易学易用

SQL 结构简洁,只用了 9 个命令就可以实现数据库的所有功能,便于用户学习和使用。

4.6.2 SQL 数据定义

SQL 的数据定义功能包括定义表、定义视图和定义索引,具体地说,是指表、视图和索引等对象的创建、修改和删除,在 Access 中没有视图,这里只介绍定义表和定义索引。

1. 定义基本表

定义基本表使用 CREATE TABLE 命令,其语法格式如下:

```
CREATE TABLE <表名>
([<列名 1>]<数据类型 1>[<列级完整性约束 1>]
[,[<列名 2>]<数据类型 2>[<列级完整性约束 2>]][,…]
[,[<列名 n>]<数据类型 n>[<列级完整性约束 n>]]
[<表级完整性性约束 n>]
```

该语句的功能是,创建一个以<表名>为名的,以指定的列属性定义的表结构。其中:

(1) <表名>是所定义的基本表的名称,它可以由一个或多个属性(列)组成。

(2) <列级完整性约束 n>和<表级完整性约束 n>用来定义与该表有关的完整性约束条件,这些完整性约束条件将被保存在数据库中,当用户对表中数据进行操作时,系统将自动检查该操作是否违背这些完整性约束条件。

2. 修改基本表

修改基本表使用 ALTER TABLE 命令,其语法格式为:

```
ALTER TABLE <表名>
    [ADD <新列名><数据类型 1>[<完整性约束>]][,…]
    [DROP <完整性约束>]
    [ALTER <列名><数据类型>]
```

该语句的功能是,修改以<表名>为名的表结构。其中:

(1) ADD 子句用于增加新列和新的完整性约束条件。

(2) DROP 子句用于删除指定的列和完整性。

(3) ALTER 子句用于修改原有的列的定义,包括列名、列宽和列的数据类型。

3. 删除表

删除表使用 DROP TABLE 命令,其语法格式为:

```
DROP TABLE <表名>
```

该语句的功能是删除以<表名>为名的表。

4. 创建索引

创建索引使用 CREATE INDEX 命令,其语法格式为:

```
CREATE [UNIQUE]INDEX<索引名>
ON <表名> (<列名 1> [ASC|DESC]) [,<列名 2> [ASC|DESC,…]
```

该语句的功能是,为指定的表创建索引。其中,[ASC|DESC]是指索引值的排列顺序,UNIQUE 表示唯一索引。

5. 删除索引

删除索引使用 DROP INDEX 命令,其语法格式为:

```
DROP INDEX <索引名>
```

该语句的功能是,删除指定的索引。

6. SQL 数据定义实例

【实例 4.14】　使用 SQL 完成下列操作。

(1) 创建一个表:student,它由学号、姓名、性别、年龄、专业 5 个属性列组成,其中学号和姓名属性不能为空,并且唯一。

(2) 在 student 表中增加一个“入学时间”列,其数据类型为日期型。

(3) 删除 student 表中姓名唯一的约束。

(4) 分别按照姓名字段为 student 表创建索引,索引名为 xmsy。

(5) 删除姓名索引。

SQL 命令如下:

```
(1) CREATE TABLE student (学号 char(10) NOT NULL UNIQUE,姓名 char(12)  NOT NULL
      UNIQUE,姓名 char(2),年龄 int,专业 char(15))
(2) ALTER TABLE student ADD 入学时间 date
(3) ALTER TABLE student DROP UNIQUE (姓名)
(4) CREATE INDEX xmsy ON student (学号)
(5) DROP INDEX xmsy
```

提示:

(1) NOT NULL 用于设置字段的值非空,UNIQUE 用于设置字段的值唯一。

(2) char 用于说明字符型数据,int 用于说明整型数据,date 用于说明日期型数据。

4.6.3 SQL 数据操纵

SQL 的数据操纵包括表中的数据更新、数据插入和数据删除等相关操作。

1. 数据更新

数据更新使用 UPDATE 命令,其语法格式为:

UPDATE <表名> SET <列名>=<表达式> [,<列名>=<表达式>…] [WHERE<条件>]

该语句的功能是,用表达式的值更新指定表中指定列的值。其中:

(1) <列名>=<表达式>用表达式的值更新指定列的值。

(2) WHERE 子句用于设置筛选条件,选择满足指定条件的记录进行数据更新。

2. 数据插入

数据插入使用 INSERT 命令,其语法格式为:

INSERT INTO <表名> [(列名 1 [,列名 2,…])VALUES [(变量 1[,变量 2,…])]

该语句的功能是,将一个新记录插入到指定表中。其中:

(1) INTO 子句中的(列名 1[,列名 2,…])指表中插入新值的列,如果省略该选项,则新插入记录的每一列必须在 VALUES 子句中有值对应。

(2) VALUES 子句中的(常量 1[,常量 2,…])指标中插入新列的值,各常量的数据类型必须与 INTO 子句中所对应列的数据类型相同,且个数也要匹配。

3. 数据删除

数据删除使用 DELETE 命令,其语法格式为:

DELETE FROM <表名> WHERE <条件>

该语句的功能是,删除指定表中满足条件的记录。如果省略 WHERE 子句,则删除表中的所有数据。

4. SQL 数据操纵实例

【实例 4.15】 使用 SQL 完成下列操作。

(1) 在 student 表中插入一条新记录("08010001", "赵丹", "男", 26, "计算机应用")。

(2) 将所有学生的年龄增加 1。

(3) 删除学号为"04010001"的记录。

SQL 命令如下:

(1) INSERT INTO student (学号,姓名,性别,年龄,专业) VALUES ("08010001","赵丹","男", 26,"计算机应用")

(2) UPDATE student SET 年龄=年龄+1

(3) DELETE FORM student WHERE 学号="04010001"

4.6.4　SQL 数据查询

数据查询是 SQL 的核心功能,SQL 提供了 SELECT 语句用于检索和显示数据库中的表的信息,该语句功能强大,使用方式灵活,可用一个语句实现多种方式的查询。

```
SELECT {ALL|DISTINCT} <目标列表达式 1>[,<目标列表达式 2>…]
FROM <表名或查询名列表>
[INNER JOIN <数据源表或查询>ON <条件表达式>]
[WHERE <条件表达式>]
[GROUP BY <分组字段名>[HAVING <条件表达式>]
[ORDER BY <排序选项>[ASC|DESC]]
```

该语句的功能是,从指定的表或查询中找出符合条件的记录,按目标列的设定,选出记录中的字段值形成查询结果。其中:

(1) ALL|DISTINCT 表示记录的范围,ALL 表示所有记录,表示不包括重复行的记录。

(2) <目标表达式>表达查询结果中显示的数据,一般为列名或表达式。

(3) FROM 子句表示数据源,即查询所涉及的相关表或已有的查询。

(4) WHERE 子句表示查询条件,用于选择满足条件的记录。

(5) GROUP BY 子句对查询结果进行分组。

(6) HAVING 子句限制分组条件。

(7) ORDER BY 子句对查询结果进行排序。

SQL 提供的常用统计函数称为聚函数。这些聚函数使检索功能进一步增强,它们的自变量是表达式的值,是按列计算的。最简单的表达式就是字段名。

SQL 的聚函数有如下几个。

(1) COUNT:计算元组的个数。

(2) SUM:对某一列的值求和(属性必须是数值类型)。

(3) AVG:对某一列的值求平均值(属性必须是数值类型)。

(4) MAX:找出一列值中的最大值。

(5) MIN:找出一列值中的最小值。

【实例 4.16】　在选课管理数据库中,使用 SQL 完成下列查询。

(1) 查询所有学生的信息。

(2) 查询所有学生的学号、姓名、出生日期并计算年龄。

(3) 查询 1985—1990 年间出生的学生姓名和出生日期。

(4) 查询所有学生的选课信息,显示学号、姓名、课程名称和成绩。

(5) 查询所有选修"C 程序设计"的学生的选课信息显示学号、姓名和成绩。

(6) 统计每个学生的课程总成绩、平均成绩并按成绩降序排序,显示学号、姓名、总成绩和平均成绩。

(7) 查询各系学生总人数。

(8) 查询选修了课程但没有参加考试的学生的学号、姓名和课程名称。

SQL 命令如下：

(1) SELECT * FROM 学生

其中，"*"表示所有字段。

(2) SRLECT 学生.学号,学生.姓名,学生.出生日期,YEAR(DATE())-YEAR([出生日期]) AS 年龄
FROM 学生

其中，表达式 YEAR(DATE())-YEAR([出生日期])用于计算年龄，而 DATE(),YEAR()
为 Access 提供的函数，AS 年龄用于设置年龄的显示标题。

(3) SELECT 学生.姓名,学生.出生日期 FROM 学生 WHERE YEAR(出生日期) BETWEEN 1985
AND 1990

其中，WHERE 子句用于判断出生日期的年份是否在 1985—1990 之间。

(4) SELECT 学生.学号,学生.姓名,课程.课程名称,选课.成绩 FROM 学生,课程,选课 WHERE
课程.课程号=选课.课程号 AND 选课.学号=学生.学号

在该查询中，涉及三个表：学生、课程、选课。其中，学生表和选课之间通过学号进
行关联，选课表和课程表之间通过课程号进行关联，WHERE 子句的功能是指标间的
关联。

(5) SELECT 学生.学号,学生.姓名,选课.成绩 FROM 学生,课程,选课 WHERE 课程.课程名称=
"C 程序设计" AND 课程.课程号=选课.课程号 AND 选课.学号=学生.学号

该查询与(4)相似，只是多了一个条件：课程名称="C 程序设计"。

(6) SELECT 学生.学号,学生.姓名,SUM(选课.成绩) AS 总成绩,AVG(选课.成绩) AS 平均成绩
FROM 学生,课程,选课 WHERE 课程号=选课.课程号 AND 选课.学号=学生.学号 GROUP BY 学
生.学号,学生.姓名 ORDER BY SUM(选课.成绩) DESC

其中，字段分别来自于学生表，课程表，选课表，函数 SUM(选课.成绩)用于统计显
示的总成绩，AVG(选课.成绩)用于统计显示平均成绩，短语"GROUP BY 学生.学
号，学生.姓名"用于进行分组，短语 ORDER BY SUM(选课.成绩)用于对成绩进行
排序。

(7) SELECT 系部.系名称,COUNT(学生.学号) AS 学生人数 FROM 学生,系部 WHERE 学生.系号=
系部.系号 GROUP BY 系部.系名称

其中，数据来自于系部表，系名称是分组字段，COUNT(学生.学号)用于统计显示人数。

(8) SELECT 学生.学号,学生.姓名,课程.课程名 FROM 学生,课程,选课 WHERE 学生.学号=选课.
学号 AND 课程.课程号=选课.选课号 AND 选课.成绩 IS NULL

其中，"选课.成绩 IS NULL"用于判断成绩是否为空，当成绩为空时，说明学生选修了该
课程，但没有参加考试。

4.7 创建 SQL 的特定查询

4.7.1 SQL 视图

在 Access 中,所有的查询都可以在 SQL 视图中打开,通过修改 SQL 语句,就可以对现有的查询进行修改以满足用户的要求。

打开 SQL 视图的操作步骤如下。

(1) 选择已经存在的查询,打开其查询设计视图。

(2) 右击查询设计视图,在弹出的快捷菜单中选择"SQL 视图"命令,或在"查询工具/设计"选项卡的"结果"组中单击"视图"按钮,在下拉菜单中选择"SQL 视图"命令,就可以切换到 SQL 视图,如图 4.80 所示。

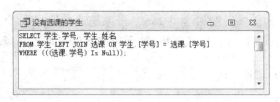

图 4.80　SQL 查询视图

在 SQL 视图窗口中显示与该查询对应的 SQL 语句,用户可以重新编辑或修改 SQL 语句,运行 SQL 语句就可以得到新的查询结果。

4.7.2 创建联合查询

SQL 的特定查询分为:联合查询、传递查询、数据定义查询和子查询 4 种,其中联合查询、传递查询、数据定义查询不能在查询"设计视图"中创建,必须直接在"SQL 视图"中创建 SQL 语句。对于子查询,要在查询设计网格的"字段"行或"条件"行中输入 SQL 语句,或直接在"SQL 视图"中创建 SQL 语句。

联合查询将两个或更多个表或查询中的字段合并到查询结果的一个字段中。使用联合查询可以合并两个表中的数据,并可以根据联合查询创建生成表查询以生成一个新表。创建联合查询时,可以使用 WHERE 子句进行条件筛选。

联合查询的命令格式为:

```
SELECT<字段列表>
FROM<表名 1>　[,<表名 2>]…
[WHERE　<条件表达式 1>]
UNION[ALL]
SELECT<字段列表>
FROM<表名 a>　[,<表名 b>]…
[WHERE　<条件表达式 2>];
```

命令说明：

（1）FROM 子句：说明查询的数据源，可以是单个表，也可以是多个表。

（2）WHERE 子句：说明查询的条件，条件表达式可以是关系表达式，也可以是逻辑表达式。查询结果是表中满足＜条件表达式＞的记录集。

（3）UNION：是指合并的意思，指示将 UNION 前后的 SELECT 语句结果合并。

（4）ALL：指合并所有记录。如果不需要返回重复记录，只使用带有 UNION 的 SELECT 语句；如果需要返回重复记录，则应使用带有 UNIONALL 的 SELECT 语句。

（5）联合查询中合并的选择查询必须具有相同的输出字段数、采用相同的顺序并包含相同或兼容的数据类型。

例如，查询中医系的学生及年龄不大于 20 岁的学生：

```
SELECT 学生编号,姓名 FROM 学生 WHERE 系别="中医"
UNION SELECT 学生编号,姓名 FROM 学生 WHERE YEAR(DATE())-YEAR([出生日期])<=20
```

使用 UNION 将多个查询结果合并起来时，系统会自动去掉重复元组。注意，参加 UNION 操作的各查询结果的列数必须相同；对应的数据类型也必须相同。

4.7.3　创建传递查询

传递查询可以将命令发送到 ODBC 数据库服务器上，例如 SQL Server 等大型的数据库管理系统。ODBC 即开放式数据库连接，是一个数据库的工业标准，就像 SQL 一样，任何数据库管理系统都是运行 ODBC 连接。在 Access 中，通过传递查询，直接使用其他数据库管理系统中的表。一般情况下，创建传递查询需要完成两项工作，一是设置要连接的数据库；二是在 SQL 视图中输入 SQL 语句。

4.7.4　创建子查询

子查询由另一个查询之内的 SELECT 语句组成。可以在查询设计网格的"字段"行输入这些语句来定义新字段，或在"条件"行来定义字段的条件，也可以在"SQL 视图"中直接输入包含子查询的 SQL 语句。在对 Access 表进行查询时，可以利用子查询的结果进行进一步的查询，例如，通过子查询作为查询的条件对某些结果进行测试；查找主查询中大于、小于或等于子查询返回值的值。但是不能将子查询作为单独的一个查询，必须与其他查询相结合。

例如，找出借阅了"C 语言程序设计"一书的读者的姓名及所在单位。

```
SELECT 姓名,单位 FROM 读者 WHERE 借书证号 IN (SELECT 借书证号 FROM 借阅 WHERE 书名=
"C 语言程序设计");
```

找出与梁艳荣在同一天借了书的读者的姓名、所在单位：

```
SELECT 姓名,单位,借阅日期 FROM 读者,借阅 WHERE 借阅.借书证号=读者.借书证号 AND 借阅
日期 IN (SELECT 借书日期 FROM 借阅,读者 WHWRE 借阅.借书证号=借书证号 AND 姓名="梁艳
荣");
```

习 题

一、选择题

1. 在 Access 数据库中已建立了 tBook 表,若查找"图书编号"是"112266"和"113388"的记录,应在查询设计视图的"条件"行中输入_____。

    A. "112266" And "113388"   B. Not In("112266","113388")

    C. In("112266","113388")   D. Not("112266","113388")

2. 创建一个交叉表查询,在"交叉表"行上有且只能有一个的是_____。

    A. 行标题和值   B. 行标题和列标题

    C. 列标题和值   D. 行标题、列标题和值

3. 若以已建立的 tEmployee 表为数据源,计算每个职工的年龄(取整),那么正确的计算公式为:_____。

    A. Date() -[出生日期]/365   B. Year(Date()) -Year([出生日期])

    C. (Date() -[出生日期])/365   D. Year([出生日期])/365

4. 将表 A 中的记录添加到表 B 中,要求保持表 B 中原有的记录,可以使用的查询是_____。

    A. 追加查询   B. 生成表查询   C. 联合查询   D. 传递查询

5. 在 Access 的"学生"表中有"学号"、"姓名"、"性别"和"入学成绩"等字段。有以下 SELECT 语句:

SELECT 性别,avg(入学成绩) FROM 学生 GROUP BY 性别

其功能是_____。

    A. 计算并显示所有学生的入学成绩的平均值

    B. 按性别分组计算并显示入学成绩平均值

    C. 计算并显示所有学生的性别和入学成绩的平均值

    D. 按性别分组计算并显示性别和入学成绩的平均值

6. SQL 查询语句中,用来指定对选定的字段进行排序的子句是_____。

    A. ORDER BY   B. FROM

    C. WHERE   D. HAVING

7. 下列关于 SQL 语句的说法中,错误的是_____。

    A. INSERT 语句可以向数据表中追加新的记录

    B. UPDATE 语句可更新数据表中已存在的数据

    C. DELETE 语句可删除数据表中已存在的记录

    D. SELECT…INTO 语句可将多个表或查询中的字段合并到查询结果的一个字段中

8. 如果表中有一个"姓名"字段,查找姓"王"的记录的条件是_____。

    A. Not "王 * "   B. Like "王"   C. Like "王 * "   D. "王"

9. 在查询中要统计记录的个数,应使用的函数是_____。

    A. SUM
                                  B. COUNT(字段名)

    C. COUNT(*)
                                   D. AVG

10. 如果在查询条件中使用通配符"[]",其含义是_____。

    A. 错误的使用方法
                    B. 通配不在括号内的任意字符

    C. 通配任意长度的字符
                D. 通配方括号内任一单个字符

二、填空题

1. 操作查询共有4种类型,分别是删除查询、_____、追加查询和生成表查询。

2. 创建交叉表查询,必须对行标题和_____进行分组操作。

3. 在SQL的SELECT语句中,用_____短语对查询结果进行排序。

4. 在SQL的SELECT语句中,用于实现选择运算的短语是_____。

5. 若要查找最近20天之内参加工作的职工记录,查询条件为_____。

三、上机操作题

1. 针对教师管理数据库,使用查询设计视图创建下列选择查询。

(1) 查询20世纪90年代参加工作的教师的姓名和参加工作日期。

(2) 查询所有课程性质为选修的课程及学分。

(3) 查询教师所讲授的课程及课程性质。

(4) 查询所有"选修"课程的课程、授课教师姓名。

(5) 查询所有教师的工资各项数据。

(6) 统计所有教师的应发工资,显示教师姓名和应发工资。

其中,应发工资＝基本工资＋职务工资＋岗位工资＋书报费。

2. 针对教师管理数据库,创建参数查询。

(1) 按系名查询教师的姓名、性别和电话。

(2) 按职称查询教师的姓名、教授课程及学时。

(3) 按姓名查询教师的工资各项数据。

(4) 按课程名称查询教授该课程的教师姓名和职称。

3. 针对教师管理数据库,创建交叉表查询。

(1) 查询讲授各门课程的教师的职称情况。

(2) 查询教师的所授课程及学时。

4. 针对教师管理数据库,创建操作查询。

(1) 查询所有"必修"课程的授课教师姓名、授课课程名称和学时并生成数据表"必修课授课教师"。

(2) 查询所有"必修"课的授课教师姓名、课程名称和学时并追加到数据表"必修课授课教师"中。

(3) 删除所有姓"张"的教师记录。

(4) 将职称为"讲师"的教师的基本工资增加50。

(5) 使用更新查询计算教师的实发工资(在工资表中增加"实发工资"字段)。其中,实发工资＝应发工资－公积金－(应发工资－公积金－2000)×所得税。

5. 创建 SQL 查询。

(1) 查询所有第"二"学期开设的课程。

(2) 查询职称为教授的教师所授课程及学时。

(3) 查询所有基本工资小于 2000 元的教师姓名和单项工资。

6. 使用向导创建以下查询。

(1) 查询教授课程多于一门的教师姓名。

(2) 查询没有授课任务的教师。

四、思考题

1. 什么是查询？查询有哪些功能？

2. 查询有哪些类型？

3. 查询和表有何不同？

4. 如何创建交叉表查询？

5. 什么是 SQL 查询？它有哪些特点？

第 5 章　窗　　体

窗体又称表单,是 Access 数据库系统的一种重要数据库对象。窗体是人机对话的重要工具,是用户同数据库系统之间的主要操作接口,它的作用通常包括显示和编辑数据,接收用户输入以及控制应用程序流程等。窗体可以为用户提供一个友好、直观的数据库操作界面,通过窗体可以方便快捷地浏览和操纵数据。

5.1　窗体概述

在 Access 中,用户可以根据需要设计各种风格的窗体,在窗体中可以安排字段显示的位置,可以为字段输入选项,可以验证输入的数据,还可以创建包含其他窗体的窗体。

5.1.1　窗体的主要功能和类型

从外观上看,窗体和普通 Windows 窗口几乎相同,其结构和组成成分与一般的 Windows 窗口基本相同。最上方是标题和控制按钮;窗体内是各种组件,如文本框、单选按钮、下拉式列表框以及命令按钮等;最下方是状态栏。

1. 窗体的主要功能

1) 控制程序

窗体通过命令按钮执行用户的请求,还可以与函数、宏、过程等相结合,来控制程序运行。

2) 操作数据

窗体用来对表或查询进行显示、浏览、输入、修改和打印等操作,这是窗体的主要功能。窗体还可以用不同的风格显示数据库中的数据。

3) 显示信息

可以作为空子窗体的调用对象,用数值或图表的形式显示信息。

4) 交互信息

通过自定义对话框与用户进行交互,可以为用户的后续操作提供相应的数据和信息,如提示信息、警告或要求用户回答等。

2. 窗体的类型

窗体有多种分布方法,根据数据显示方式将窗体分为以下几种类型。

1）单页窗体

单页窗体也称纵栏式窗体,在窗体中每页只显示表或查询的一条记录,记录中的字段纵向排列于窗体之中,每一栏的左侧显示字段名称,右侧显示相应的字段值。纵栏式窗体通常用于浏览和输入数据。

2）多页窗体

多页窗体每页只显示记录的部分信息,可以通过切换按钮,在不同的分页中切换。适用于每条记录的字段很多,对记录中的信息进行分类查看的场合。

3）连续窗体

在连续窗体中,一次可以显示多条记录,它是以数据表的方式显示已经格式化的数据,又称表格式窗体。当记录簿或字段的数目超过窗体显示范围时,窗体上会出现垂直或水平滚动条,拖曳滚动条可以显示窗体中未显示的记录或字段。

4）弹出式窗体

弹出式窗体用来显示信息或提示用户输入数据。即使其他窗体正处于活动状态,弹出式窗体也会显示在已打开的窗体之上。弹出式窗体分为独占式和非独占式两种。非独占式窗体打开后,用户仍然可以访问数据库其他对象以及使用菜单命令,而独占式窗体打开后,用户不能对数据库的其他对象进行访问。

5）主/子窗体

主/子窗体主要用来显示具有一对多关系的表中的数据。主窗体显示"一"方数据表的数据,一般采用纵栏式窗体;子窗体显示"多"方数据表的数据,通常采用数据表或表格式窗体。主窗体和子窗体的数据表之间通过公共字段相关联,当主窗体中的记录指针发生变化时,子窗体中的记录会随之发生变化。

6）图表窗体

图表窗体是将数据经过一定的处理,以图表形式直观地显示出来,可以清晰地展示数据的变化状态以及发展趋势。图表窗体可以单独使用,也可以作为子窗体嵌入其他窗体中。

5.1.2　窗体的视图

为了能够从不同的角度查看窗体的数据源和显示方式,Access 为窗体提供了多种视图。在 Access 2010 中,窗体有 6 种视图,分别是设计视图、窗体视图、布局视图、数据视图、数据透视表视图和数据透视图视图。

1. 设计视图

窗体的设计视图用于窗体的创建和修改,用户可以根据需要向窗体中添加对象、设置对象的属性,窗体设计完成后可以保存并运行。

2. 窗体视图

窗体视图是窗体运行时的显示方式,根据窗体的功能可以浏览数据库的数据,也可以对数据库中的数据进行添加、修改、删除和统计等操作。

3. 布局视图

布局视图是 Access 2010 新添加的一种视图,是用于修改窗体最直观的视图。在布局视图中,可以调整窗体设计,可以根据实际数据来调整对象的尺寸和位置,可以向窗体添加新对象,设置对象的属性。布局视图实际上是处于运行状态的窗体,因此用户看到的数据与窗体视图中的显示外观非常相似。

4. 数据表视图

数据表视图以表格的形式显示数据,数据表视图与数据表窗口从外观上看基本相同,可以对表中的数据进行编辑和修改。

5. 数据透视表视图

数据透视表视图主要用于数据的分析和统计。通过指定行字段、列字段和总计字段来形成新的显示数据记录,从而以不同的方法来分析数据。

6. 数据透视图视图

数据透视图视图是将数据的分析和汇总结果以图形化的方式直观地显示出来,其作用是进行数据的分析和统计。

5.2 创 建 窗 体

在 Access 中,提供了三种创建窗体的方法:自动创建窗体、利用窗体向导创建窗体和使用设计视图创建窗体。自动创建窗体和利用窗体向导创建窗体都是根据系统的引导完成创建窗体的过程,使用设计视图创建窗体则根据用户的需要自行设计窗体,这需要用户掌握面向对象程序设计的相关知识。本节主要介绍自动创建窗体和利用窗体向导创建窗体的方法。

5.2.1 自动创建窗体

自动创建窗体基于单个表或查询创建窗体,可以将表或查询作为窗体的数据源,当选定数据源后,窗体将包含来自该数据源的所有字段和记录。自动创建窗体操作步骤简单,不需要设置太多的参数,是一种快速创建窗体的方法。

1. 使用"窗体"按钮创建窗体

这是一种创建窗体的快速方法,其数据源于某个表或查询,所创建的窗体为单页窗体。

【实例 5.1】 在"选课管理"数据库中,使用"窗体"按钮创建"课程"信息窗体。

【操作步骤】

(1)打开"选课管理"数据库,在"导航"窗格选定"课程"表。

(2)在"创建"选项卡的"窗体"组中单击"窗体"按钮，系统将自动创建窗体,并以布局视图显示此窗体,如图 5.1 所示。

图 5.1 "课程"窗体

(3) 关闭并保存窗体,窗体设计完成。

在布局视图中,可以在窗体显示数据的同时对窗体进行修改。如果 Access 发现某个表与用于创建窗体的表或查询具有一对多的关系,Access 将向基于相关表或查询的窗体添加一个子窗口。例如,本例中,"课程"表和"选课"表之间存在着一对多的关系,因此,在窗体中添加了显示"选课"表信息的子窗体。

2. 创建分割窗体

分割窗体以两种视图方式显示数据,窗体被分割成上下两部分。上半区域以单记录方式显示数据,用于查看和编辑记录;下半区域以数据表方式显示数据。可以快速定位和浏览记录。两种视图连接到统一数据源,并且始终保持同步。可以在任一部分中对记录进行切换、编辑和修改。

【实例 5.2】 在"选课管理"数据库中,对于"教师"表创建分割窗体。

【操作步骤】

(1) 打开"选课管理"数据库,在"导航"窗格选定"教师"表。

(2) 在"创建"选项卡的"窗体"组中单击"其他窗体"按钮,并在下拉菜单中选择"分割窗体"命令,系统将自动创建分割窗体,并以布局视图显示此窗体,如图 5.2 所示。

(3) 关闭窗体并保存窗体,窗体设计完成。

3. 使用"多个项目"创建窗体

"多个项目"窗体是指在窗体中显示多条记录的一种窗体布局形式,记录以数据表的形式显示,是一种连续窗体。

【实例 5.3】 在"选课管理"数据库中,对于"学生"表使用"多个项目"创建窗体。

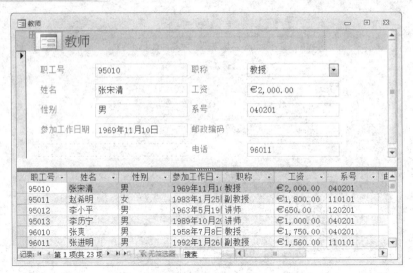

图 5.2　"教师"分割窗体

【操作步骤】

（1）打开"选课管理"数据库，在"导航"窗格选定"学生"表。

（2）在"创建"选项卡的"窗体"组中单击"其他窗体"按钮，并在下拉菜单中选择"多个项目"命令，系统将自动创建多个项目窗体，并以布局视图显示此窗体，如图 5.3 所示。

图 5.3　"学生"多个项目窗体

（3）保存窗体，窗体设计完成。

5.2.2　创建数据透视表窗体

数据透视表是一种交互式的表，它可以按设定的方式进行计算，如求和、计数、求平均值等。数据透视表窗体以交互式的表来显示数据，在使用的过程中用户可以根据需要改变版面布局。在 Access 2010 中，使用"数据透视表"向导来创建数据透视表窗体。

【实例 5.4】　在"选课管理"数据库中创建数据透视表窗体。将各系教师按职称分别统计男女教师的人数。

【操作步骤】

（1）打开"选课管理"数据库，在"导航"窗格选定"教师"表。

（2）在"创建"选项卡的"窗体"组中单击"其他窗体"按钮，并在下拉菜单中选择"数据透视表"命令，打开"数据透视表"设置窗口，同时显示"数据透视表字段列表"对话框，如图5.4所示。

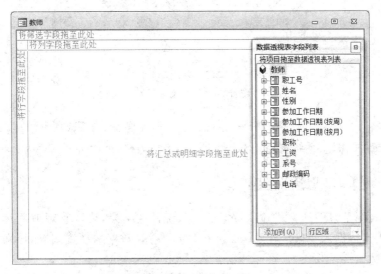

图5.4　数据透视表设计窗口

（3）用鼠标将数据透视图所用字段拖到指定的区域中，"系号"字段拖到左上角的筛选字段区域，"职称"字段拖到行字段区域，"性别"字段拖到列字段区域，"职工号"拖到汇总区域，如图5.5所示。

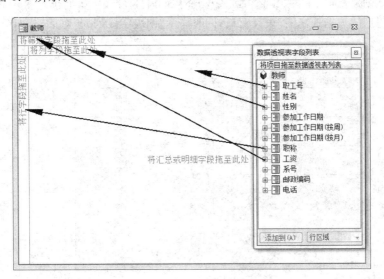

图5.5　拖动字段到指定区域

（4）关闭"字段列表"窗格，右击，在弹出的快捷菜单中选择"自动计算"|"计数"命令，

数据透视表窗体设计完成,显示结果如图 5.6 所示。

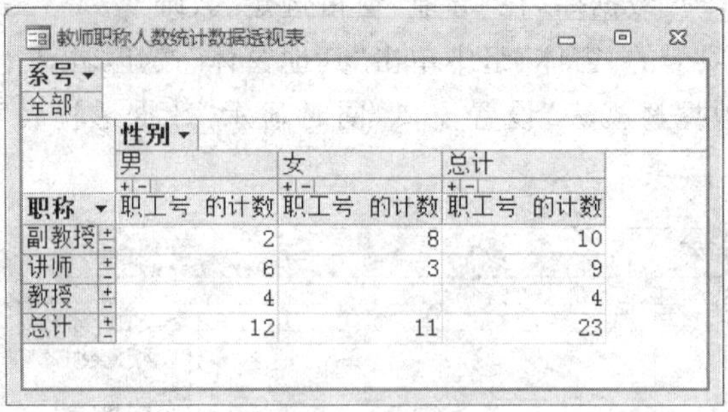

职称	男 职工号 的计数	女 职工号 的计数	总计 职工号 的计数
副教授	2	8	10
讲师	6	3	9
教授	4		4
总计	12	11	23

图 5.6 统计教师各职称人数数据透视表

数据透视表的内容可以导出 Excel,只需在"数据透视表工具"选项卡的"数据"组中单击"导出到 Excel"按钮，系统将启动 Excel 并自动生成表格,可以将其保存为 Excel 文件。

5.2.3 创建数据透视图窗体

数据透视图是以图形方式显示数据汇总和统计的结果,可以直观地反映数据分析信息,形象地表达数据的变化。在 Access 2010 中,使用"数据透视视图"向导来创建数据透视表视图窗体。

【实例 5.5】 在选课管理数据库中,创建数据透视图窗体,将各系教师按职称分别统计男女教师的人数。

【操作步骤】

(1) 打开"选课管理"数据库,在"导航"窗格选定"教师"表。

(2) 在"创建"选项卡的"窗体"组中单击"其他窗体"按钮,在下拉菜单中选择"数据透视图"命令,打开"数据透视图"设计窗口,同时显示"图表字段列表"对话框,如图 5.7 所示。

图 5.7 "数据透视图"设计窗口

（3）在字段列表中，将数据透视图所用字段拖到指定的区域中，"系号"字段拖到左上角的筛选字段区域，"职称"字段拖到分类字段区域，"性别"字段同时拖到系列字段区域和数据字段区域，如图5.8所示。

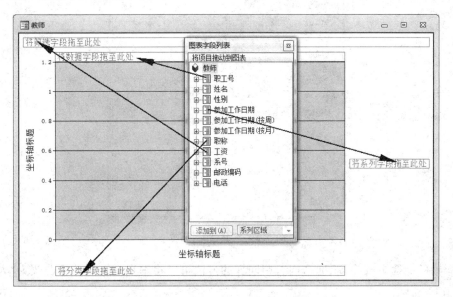

图5.8 拖动字段到指定区域

（4）关闭"图表字段列表"对话框，显示数据透视图，如图5.9所示。

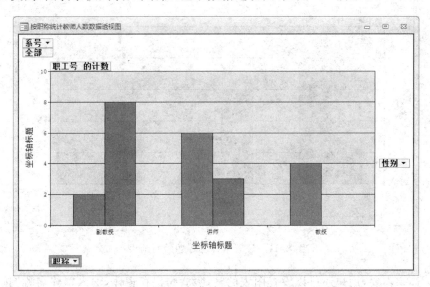

图5.9 数据透视图

（5）为图表的坐标轴命名。选中水平坐标轴的"坐标轴标题"，在"数据透视图工具"选项卡的"工具"组中单击"属性表"按钮，打开"属性"对话框，如图5.10所示。

（6）切换到"格式"选项卡并在"标题"文本框中输入"职称结构"，则数据透视图的水

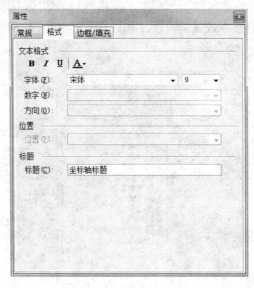

图 5.10　"属性"对话框

平坐标轴的标题更改为"职称结构",用同样的方法可以将垂直坐标轴的标题改为"人数",如图 5.11 所示。

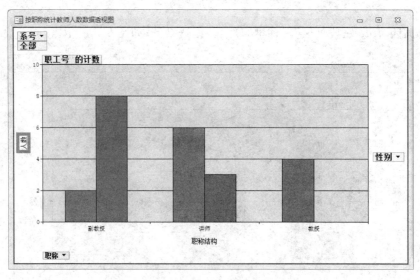

图 5.11　设置坐标轴标题后的结果

（7）如果需要,用户还可以设置图表的其他属性,保存窗体,输入窗体名称"按职称统计教师人数数据透视图",完成数据透视图窗体设计。

在数据透视表和数据透视图窗体中,使用左上角的筛选按钮可以查看各系职称统计数据。

5.2.4 使用"空白窗体"按钮创建窗体

"空白窗体"按钮是 Access 2010 增加的新功能。使用"空白窗体"按钮创建窗体是在"布局视图"中创建数据表窗体。在使用"空白窗体"按钮创建窗体的同时,Access 打开用于窗体的数据源表,用户可以根据需要将表中的字段拖到窗体上,从而完成创建窗体的工作。例如,利用"学生"表创建显示"学号"、"姓名"的窗体,操作步骤如下。

(1) 在"创建"选项卡的"窗体"组中,单击"空白窗体"按钮,打开"空白窗体",同时打开"字段列表"对话框。

(2) 单击"字段列表"对话框中的"显示所有表"链接,单击"学生"表左侧的"＋",展开"学生"表所包含的字段。

(3) 双击"学生"表中的"学号"、"姓名"字段,这些字段则被添加到空白窗体中,且立即显示"学生"表中的第一条记录。同时,"字段列表"对话框的布局从一个窗格变为两个小窗格:"可用于此视图的字段"和"相关表中的可用字段"。

(4) 关闭"字段列表"对话框,调整控件布局,保存该窗体,窗体名称为"学生",即可生成窗体。

5.2.5 使用向导创建窗体

使用向导创建窗体与自动创建窗体有所不同,使用向导创建窗体,需要在创建过程中选择数据源,可以进行字段的选择,设置窗体布局等。使用窗体向导可以创建数据浏览和编辑窗体,窗体类型可以是纵栏式、表格式、数据表,其创建的过程基本相同。

【实例5.6】 使用窗体向导创建浏览学生单科成绩、平均成绩和总成绩的纵栏式窗体。

【操作步骤】

(1) 打开"选课管理"数据库。

(2) 在"创建"选项卡的"窗体"组中单击"窗体向导"按钮，打开"窗体向导"对话框,如图 5.12 所示。

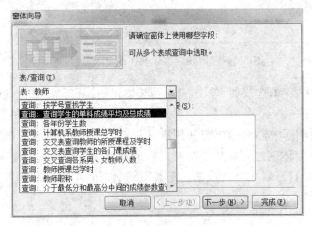

图 5.12 在"窗体向导"中选择数据源

(3) 在"新建窗体"对话框的列表框中选择"窗体向导"选项，同时在数据源列表框中选择查询"查询学生的单科成绩平均及总成绩"，然后单击"下一步"按钮，打开"选择字段"对话框，如图 5.13 所示。

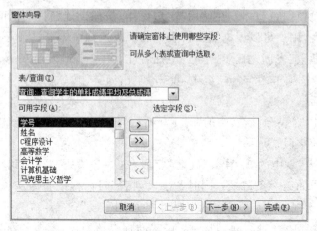

图 5.13　在"窗体向导"对话框中选择字段

(4) 将"可用字段"列表框中的字段添加到"选定字段"列表框中，单击"下一步"按钮，打开"请确定窗体使用的布局"对话框，如图 5.14 所示。

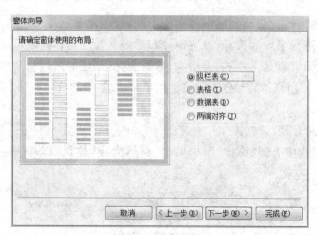

图 5.14　"请确定窗体使用的布局"对话框

(5) 选中"纵栏表"单选按钮，单击"下一步"按钮，打开"请为窗体指定标题"对话框，如图 5.15 所示。

(6) 在标题文本框中输入标题或使用默认标题，至此使用向导创建窗体完成，然后，使用单选按钮选择窗体创建完成后系统要执行的操作"打开窗体查看或输入信息"或"修改窗体设计"，选中"打开窗体查看或输入信息"单选按钮，单击"完成"按钮，系统将自动打开窗体，如图 5.16 所示。

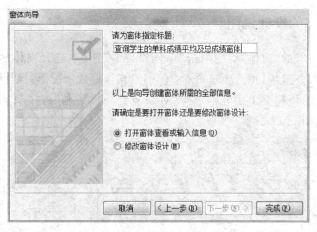

图 5.15 "请为窗体指定标题"对话框

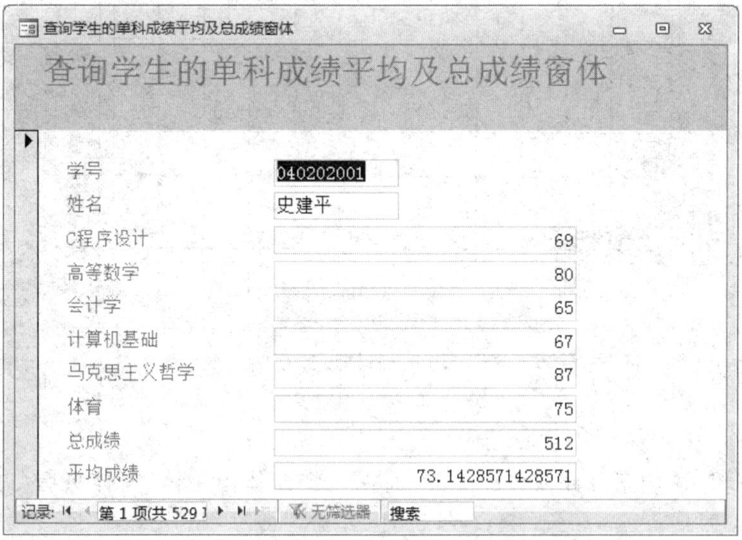

图 5.16 窗体运行界面

5.3 设 计 窗 体

使用窗体向导可以快速创建窗体，但只能创建一些简单窗体，在实际应用中不能满足用户需要，而且某些类型的窗体无法用向导创建。例如，在窗体中添加各种按钮，打开/关闭 Access 数据库对象，实现数据检索等，这些功能只能通过自定义窗体来实现。利用窗体设计器，即窗体的设计视图可以进行自定义窗体的创建。窗体的设计视图不仅可以用来新建一个窗体，还可以对已有的窗体进行修改和编辑。

5.3.1 窗体的设计视图

在"创建"选项卡的"窗体"组中单击"窗体设计"按钮 ，打开窗体的设计视图。窗体设计视图由多个部分组成，每一个部分称为一个"节"，默认情况下，设计视图只有主体节，右击窗体，在弹出的快捷菜单中分别选择"页面页眉/页脚"和"窗体页眉和页脚"命令，可以展开其他节，如图 5.17 所示。

图 5.17 窗体设计视图

1. 窗体的节

窗体设计区域用于设计窗体的细节，通常一个窗体由主体、窗体页眉/页脚和页面页眉/页脚等构成。

主体部分是窗体的主要组成部分，其元素主要是 Access 所提供的各种控件，用于显示、修改、查看和输入信息等。每个窗体都必须包含主体部分，其他部分是可选的。可以利用工具箱向窗体添加控件。

窗体页眉/页脚用于设计整个窗体页眉/页脚的内容与格式，窗体页眉通常用于为窗体添加标题或说明等信息。窗体页脚用于放置命令按钮或窗体使用说明。

页面页眉/页脚仅出现在打印窗体中，页面页眉用于设置在每张打印页的顶部所显示的信息；页面页脚通常用于显示日期和页码等信息。

2. 控件

控件是放置在窗体中的图形对象，主要用于输入数据、显示数据、执行操作等。当打开窗体的设计视图时，系统会自动显示"窗体设计工具"上下文选项卡，控件组位于"窗体设计工具"的"设计"选项卡中。选择相应的控件并在窗体中拖动即可在窗体中添加相应的对象。

3. 为窗体添加数据源

当使用窗体对表的数据进行操作时,需要为窗体添加数据源,数据源可以是一个或多个表或查询。为窗体添加数据源的方法有以下两种。

1) 使用"字段列表"窗口添加数据源

在"创建"选项卡的"窗体"组中单击"窗体设计"按钮,系统将会创建一个名为"窗体1"的窗体,并进入"窗体设计"视图。在"窗体设计工具"选项卡的"工具"组中单击"添加现有字段"按钮▦,打开"字段列表"窗格,单击"显示使用表"按钮,将会在窗格中显示数据库中的所有表,如图 5.18 所示。单击"+"按钮可以展开所选定表的字段。

2) 使用"属性表"窗格添加数据源

操作步骤如下。

(1) 在"窗体设计工具/设计"选项卡的"工具"组中单击"属性表"按钮▦,或者右击窗体,在弹出的快捷菜单中选择"属性"命令,打开"属性表"窗格,如图 5.19 所示。

图 5.18　"字段列表"窗格

图 5.19　"属性表"窗格

(2) 切换到"数据"选项卡,选择"记录源"属性,使用下拉列表框选择需要的表或查询。如果需要创建新的数据源,可以单击"记录源"属性右侧的▦按钮,打开查询生成器,如图 5.20 所示。与查询设计类似,用户可以根据需要创建新的数据源。

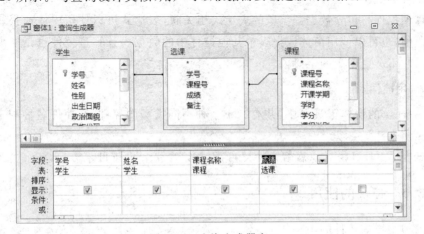

图 5.20　查询生成器窗口

以上两种创建数据源的方法在数据源的选取上有一定的差别。使用"字段列表"添加的数据源只能是表,而使用"属性表"添加的数据源可以是表,也可以是查询。

5.3.2 常用控件

控件是构成窗体的基本元素,在窗体中,数据的输入、查看、修改以及对数据库中各种对象的操作都是用控件实现的。在设计窗体之前,首先要掌握控件的基本知识。

1. 控件的定义和属性

Access 中的控件是窗体或表中的一个图形对象,这些控件与其他 Windows 应用程序中的控件相同,也与高级程序设计语言所编写的控件类似,例如,一个文本框用来输入或显示数据,命令按钮用来执行某个命令或完成某个操作。

控件的属性用来描述控件的特征或状态,例如,文本框的高度、宽度以及文本框中显示的信息都是它的属性,每个属性用一个属性名来标识。当控件的属性发生改变时,会影响到它的状态。

2. 控件的类型

根据控件的用途及其数据源的关系,可以将控件分为绑定型、非绑定型和计算型三种类型。

1) 绑定型控件

控件与数据源的字段列表结合在一起,使用绑定型输入数据时,Access 自动更新当前记录中的绑定型控件相关联的表字段的值。大多数允许输入信息的控件都是绑定型控件。可以和控件绑定的字段类型包括"文本"、"数值"、"日期"、"是/否"、"图片"和"备注型"。

2) 非绑定型控件

控件与表中字段无关联,当使用非绑定型控件输入数据时,可以保留输入的值,但是不会更新列表中的字段值。非绑定型控件用于显示文本、图像、线条。

3) 计算型控件

计算型控件与包含数据源字段的表达式相关联,表达式可以使用窗体或报表中数据源的字段值,也可以使用窗体或报表中其他控件中的数据。计算型控件也是非绑定型控件,所以,它不会更新表的字段值。

3. 常用控件

在 Access 的窗体工具箱中,共有二十余种不同类型的控件,其控件名称和主要功能如表 5.1 所示。

提示:这些控件既可以在窗体中使用,也可以在报表中使用。

5.3.3 控件的使用

向窗体中添加控件的步骤如下。

表 5.1 Access 窗体工具箱中的控件及其功能

控件图标	控件名称	主 要 功 能
	选定对象	用于选择控件,移动控件或改变尺寸
	控件向导	用于打开或关闭"控件向导"
Aa	标签	用于显示说明性文本的控件
abl	文本框	用来显示、输入或编辑数据源数据以及显示计算结果或接收用户输入
xxxx	命令按钮	用于执行某些操作
	选项卡	用于创建一个多页选项卡窗体或多页选项卡对话框
	超链接	用于创建一个超链接,与一个数据库对象、文件、网页、URL 地址等相关联
XYZ	选项组	与复选框、选项按钮或切换按钮配合使用,以显示一组可选值
	插入分页符	用于在窗体或报表上开始新的一页
	组合框	该控件组合了列表框和文本框的功能,既可以在文本框中输入,也可以在列表框中选择输入项,然后将值添加到基础字段中
	图表	用于向窗体中添加图表
	直线	用于在窗体、报表或数据访问页中,突出或分割相关内容
	切换按钮	作为独立控件绑定到"是"/"否"字段,或作为未绑定控件与选项组配合使用
	列表框	显示可以滚动的数值列表,供用户选择输入数据
	矩形	显示图形效果,用于组织相关控件或突出重要数据
☑	复选框	作为独立控件绑定到"是/否"字段,或作为未绑定控件与选项组配合使用
	未绑定对象框	用于在窗体或报表中显示未绑定 OLE 对象(包括声音、图像、图形等)
◉	选项按钮	作为独立控件绑定到"是/否"字段,或作为未绑定控件与选项组配合使用
	子窗体/子报表	用于在窗体或报表中显示来自多个表的数据
XYZ	绑定对象框	用于在窗体或报表中显示绑定 OLE 对象(包括声音、图像、图形等)
	图像	用于在窗体或报表中显示静态图片
𝒻x	Active 控件	用于向"工具箱"中添加已经在操作系统中注册的 Active 控件

（1）新建窗体或打开已有的窗体。

（2）打开窗体的设计视图,在"设计"选项卡的"控件"组中包含所有的控件,单击所需的控件即可选中。

（3）单击窗体的空白处将会在窗体中创建一个默认尺寸的对象,或者直接拖曳鼠标,在画出的矩形区域内创建一个对象。还可以将数据源字段列表中的字段直接拖曳到窗体中,用这种方法,可以创建绑定型文本框和与之关联的标签。

（4）设置对象的属性。

1. 添加标签

标签用于在窗体、报表或数据访问页中显示说明性的文字,如标题、题注。标签不能显示字段或者表达式的值,属于非绑定型控件。

标签有两种:独立标签和关联标签。其中,独立标签是与其他控件没有关联的标签,用来添加说明性文字;关联标签是链接到其他控件上的标签,这种标签通常与文本框、组合框和列表框成对出现,文本框、组合框和列表框用于显示数据,而标签用来对显示数据进行说明。

在默认情况下,将文本框、组合框和列表框等控件添加到窗体或报表中时,Access 都会在控件左侧加上关联标签。如果不需要关联标签,可以通过属性窗口进行设置。具体操作方法是:首先在"控件"组中选定控件,然后打开"属性表"窗格,将"自动标签"属性改为"否"。完成设置后,当添加文本框等控件时,不再自动添加关联标签,直到将该控件的"自动标签"属性改为"是"。

向窗体添加"标签"控件的步骤如下。

(1) 单击"控件"组中的"标签"按钮,光标将会变成一个左上角有个加号的 A 字形图标。

(2) 将鼠标放在标签位置的左上角,然后,拖动鼠标直到选取适当的尺寸,释放鼠标。

(3) 输入标签的内容即标题。

2. 添加文本框

文本框用来显示、输入或编辑窗体中、报表的数据源中的数据,或显示计算结果。

文本框可以是绑定型也可以是非绑定型。绑定型文本框用来与某个字段相关联,非绑定型文本框用来显示计算结果或接收用户输入的数据。

【实例 5.7】 设计一个窗体用绑定文本框和非绑定文本框显示学生的学号、姓名、性别和年龄。

【操作步骤】

(1) 打开"选课管理"数据库。

(2) 在"创建"选项卡的"窗体"组中单击"窗体设计"按钮,打开窗体的设计视图。选择"学生"表作为数据源。

(3) 创建绑定型文本框显示"学号"和"姓名"。具体做法是:打开字段列表窗口,将"学号"和"姓名"字段拖动到窗体的适合的位置,在窗体中产生两组绑定型文本框和关联标签,这两组绑定型文本框分别与"学生"表中的"学号"和"姓名"字段相关联,如图 5.21 所示。

(4) 创建非绑定型文本框。单击控件向导按钮,使其处于按下状态,然后单击"文本框"控件 ,在窗体内拖动鼠标添加一个文本框,系统将自动打开"文本框向导"对话框,如图 5.22 所示。

(5) 使用该对话框设置文本的字体、字号、字形、对齐方式和行间距等,然后单击"下一步"按钮,打开为文本框指定输入法模式的对话框,如图 5.23 所示。

(6) 为获得焦点的文本框指定输入法模式,有三种方式可供选择,分别是随意、输入法开启和输入法关闭,然后单击"下一步"按钮,打开输入文本框名称对话框,如图 5.24 所示。

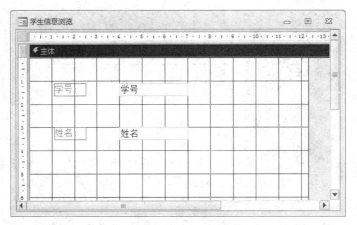

图 5.21 设置绑定型文本框

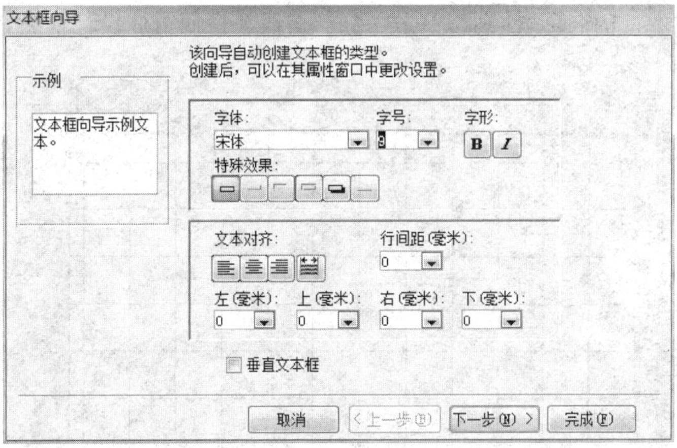

图 5.22 "文本框向导"对话框

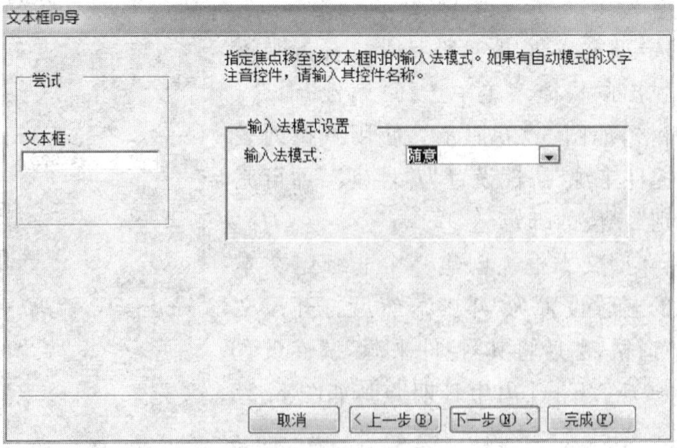

图 5.23 为文本框指定输入法模式的对话框

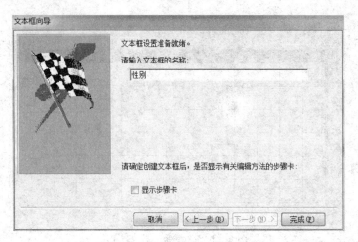

图 5.24　输入文本框名称对话框

（7）输入文本框的名称"性别"，单击"完成"按钮。返回窗体设计视图，如图 5.25 所示。

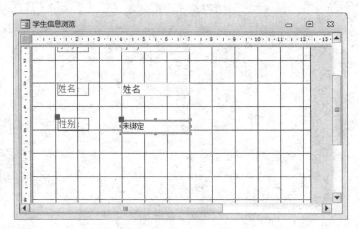

图 5.25　添加非绑定文本框

（8）将未绑定型文本框绑定到字段。右击刚添加的文本框，在弹出的快捷菜单中选择"属性"命令，打开"属性表"窗格，如图 5.26 所示。使用下拉列表框将文本框的"控件来源"属性设置为"性别"，即可完成文本框与"性别"字段的绑定。

（9）创建计算型文本框。创建一个非绑定文本框，并将文本框的名称设置为"年龄"，然后打开该文本框的"属性表"窗格，然后将其"控件来源"属性设置为"=Year(Date())-Year([出生日期])"，如图 5.27 所示。

（10）将窗体切换到"窗体视图"，查看窗体运行结果，显示结果如图 5.28 所示。保存窗体，窗体名称

图 5.26　文本框属性

为"学生信息浏览"，窗体设计完成。

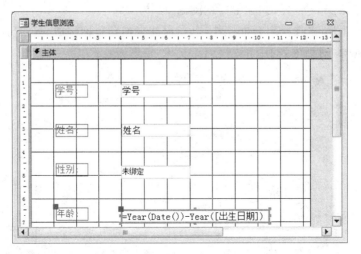

图 5.27　添加计算型控件

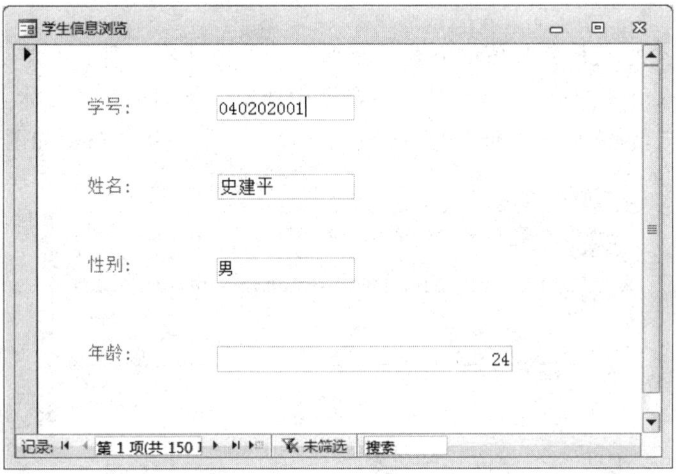

图 5.28　窗体运行结果

3. 添加组合框和列表框

组合框和列表框是窗体设计中非常重要的控件，使用这两个控件可以使用户从一个列表中选取数据，减少键盘输入，这样可以尽量避免数据输入错误所带来的数据不一致。

列表框是由列表框和一个附加标签组成，它能够将一些数据以列表形式给出，供用户选择。组合框实际上是文本框和列表框的组合，既可以输入数据，也可以在数据列表中进行选择。

列表框和组合框中的选项数据来源可以是数据表、查询，也可以是用户提供的一组数据。列表框和组合框的操作基本相同。

【实例 5.8】　在实例 5.7 创建的窗体中添加组合框显示学生的政治面貌。

【操作步骤】

（1）打开实例5.7创建的"学生信息浏览"窗体。

（2）在"控件"组中选择组合框控件▤,在窗体内拖动鼠标添加一个组合框,系统自动打开"组合框向导"对话框,如图5.29所示。

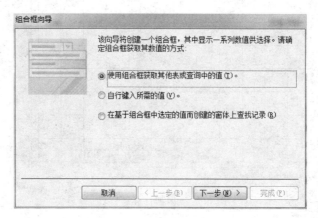

图5.29　"组合框向导"对话框

（3）确定组合框获取其数值的方式。获取数值的方式有三种：一是使用表或查询的值;二是自行输入所需的值;三是在基于组合框中选定的值而创建的窗体上查找记录。在本例中,选择"自行键入所需的值"单选按钮,然后单击"下一步"按钮,如图5.30所示。

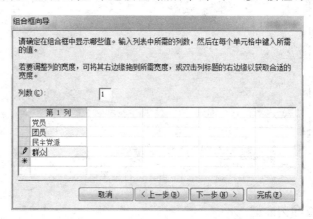

图5.30　确定组合框显示的值

（4）确定组合框中显示的数据和列表中所需列数以及输入所需数值。选择列数为1,在列表框中输入"政治面貌"的取值分别为党员、团员、民主党派、群众,然后单击"下一步"按钮,如图5.31所示。

（5）确定组合框中选定数值后数值的存储方式。Access可以将从组合框中选定的数值存储在数据库中,也可以记忆该数值供以后使用。选择"将该数值保存在这个字段中",同时在下拉式列表框中选择"政治面貌"字段,然后单击"下一步"按钮,如图5.32所示。

（6）为组合框指定标签,在文本框中输入"政治面貌",将显示政治面貌的组合框的附加标签指定为"政治面貌",然后单击"完成"按钮,返回窗体设计视图,组合框控件添加完

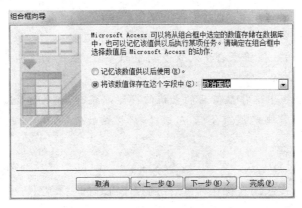

图 5.31 确定组合框中显示的数据和列数

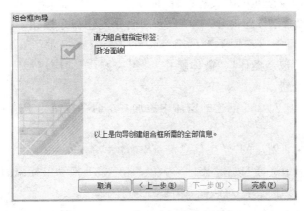

图 5.32 为组合框指定标签

成,切换到窗体视图,可以看到,对组合框进行操作时,组合框中选择的是前面设置的数值,如图 5.33 所示。

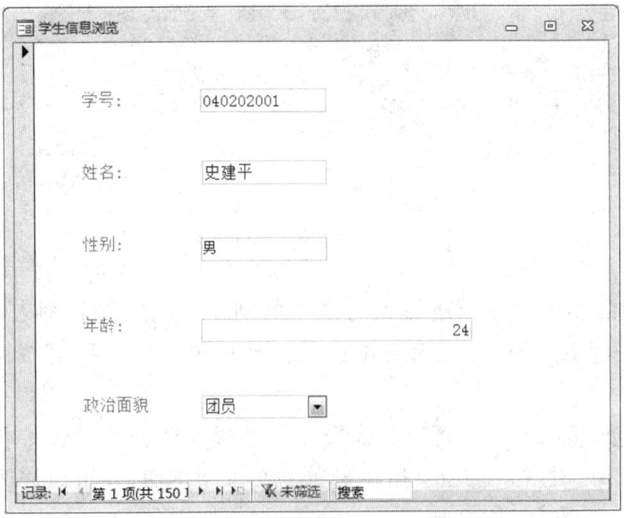

图 5.33 添加组合框后的窗体

提示：

（1）在步骤（3）中，若选择"使用组合框获取其他表或查询中的值"作为组合框其数值的方式，则组合框中的数值将来自于表或查询中的字段，在设置过程中，允许按字段进行排序，用户可以自行尝试。

（2）在确定组合框中选择数值后的数值的存储方式时，如果选择"将该数值保存在这个字段中"，则组合框是绑定型组合框，若选择"记忆该数值供以后使用"，则组合框是非绑定型组合框。

4．添加命令按钮

命令按钮是用于接收用户操作命令、控制程序流程的主要控件之一，用户可以通过它进行特定的操作，如打开/关闭窗体、查询表中的信息等。

向窗体中添加命令按钮的方式有两种，即使用"命令按钮向导"和自行创建命令按钮。

Access 提供了"命令按钮向导"。用户利用向导创建命令按钮，几乎不用编写任何代码，通过系统引导即可创建不同类型的命令按钮。Access 提供了 6 种类别的命令按钮，分别是"记录导航"、"记录操作"、"窗体操作"、"报表操作"、"应用程序"和"杂项"，下面介绍用向导创建命令按钮。

【实例 5.9】 在实例 5.8 创建的窗体中添加一组命令按钮用于移动记录。

【操作步骤】

（1）打开实例 5.8 创建的"学生信息浏览"窗体。

（2）在"控件"组中选择"按钮"控件▭，在窗体空白处拖动鼠标添加一个命令按钮，系统将自动打开"命令按钮向导"对话框，如图 5.34 所示。

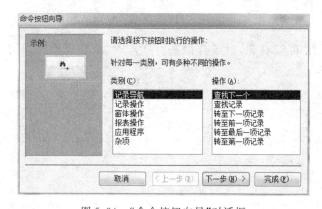

图 5.34 "命令按钮向导"对话框

（3）选择按钮的类别以及单击按钮时产生的动作。在"类别"列表框中选择"记录导航"，在"操作"列表框中选择"转至第一项记录"，然后单击"下一步"按钮，弹出如图 5.35 所示对话框。

（4）确定按钮的显示方式。可以将命令按钮设置为两种形式：文本型按钮或图片型按钮。选中"文本"单选按钮，将命令按钮设置为文本型按钮，还可以修改命令按钮上显示的文本，单击"下一步"按钮，出现如图 5.36 所示对话框。

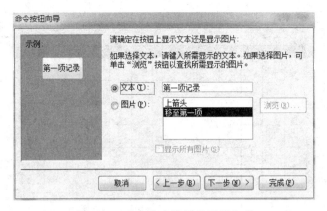

图 5.35　确定命令按钮的显示方式

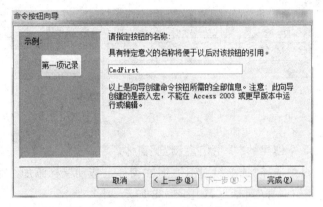

图 5.36　"请指定按钮的名称"对话框

（5）指定按钮的名称。输入命令按钮的名称"CmdFirst"，单击"完成"按钮，命令按钮设置完成。

（6）重复步骤（2）～步骤（5）。向窗体分别添加"转至下一项记录"、"转至前一项记录"和"转至最后一项记录"等按钮，命令按钮的名称分别为 Comdex、CmdPrevious 和 CmdLast，命令按钮设置完成后，切换到窗体视图，显示结果如图 5.37 所示。

5. 添加复选框、单选框、切换按钮和选项组

复选框、单选框和切换按钮三种控件的功能有许多相似之处，都用来表示两种状态，例如，是/否、开/关或真/假。这三种控件的工作方式基本相同，已被选中或呈按下状态表示"是"，其值为－1，反之为"否"，其值为 0。选项组控件是一个包含复选框或单选按钮或切换按钮的控件，由一个框架及一组复选框或单选按钮或切换按钮组成。选项组中的控件既可以由选项组控制也可以单独处理。例如，当删除选项组控件时，其中的所有按钮都将被删除，当选中选项组中的按钮时，只对按钮本身进行操作。选项组的框架可以和数据的字段绑定。可以用选项组实现表中字段的输入或修改。

【实例 5.10】　在实例 5.9 创建的窗体中添加选项组输入或修改学生的"婚否"字段。

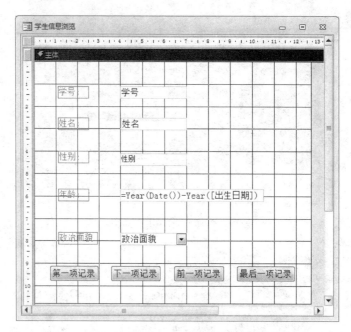

图 5.37　添加一组命令按钮的窗体

【操作步骤】

（1）打开实例 5.9 创建的"学生信息浏览"窗体。

（2）在"控件"组中选择"选项组"控件，在窗体上拖动鼠标添加一个选项组按钮，系统将自动打开"选项组向导"对话框，如图 5.38 所示。

图 5.38　为每个选项组指定标签

（3）为每个选项指定标签，即按钮上的显示文本。在表格中分别输入"已婚"和"未婚"，然后单击"下一步"按钮，打开确定默认选项对话框，如图 5.39 所示。

（4）确定是否设置默认选项。当确定默认选项后，则输入数据时自动显示默认值。选择"是"并在下拉列表框中选择"未婚"，单击"下一步"按钮，打开"请为每个选项赋值"对话框，如图 5.40 所示。

（5）为每个选项指定值。系统为每个选项设置了默认值，通常可以直接使用。在本

图 5.39 确定是否设置默认选项(1)

图 5.40 确定是否设置默认选项(2)

案例中,"婚否"字段是逻辑型,取值为-1和0,需要将"已婚"和"未婚"的取值分别设置为
-1和0。单击"下一步"按钮,出现如图5.41所示对话框。

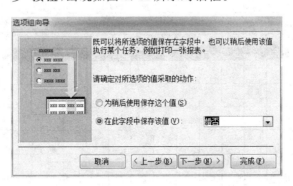

图 5.41 确定是否设置默认选项(3)

(6)确定每个选项的值保存方式。可以在关联字段中保存,也可以不保存。选择"在
此字段中保存该值"单选按钮,并选择"婚否"字段,然后单击"下一步"按钮,打开"请确定
在选项组中使用何种类型的控件"对话框,如图5.42所示。

(7)确定选项组中控件的类型和样式。选项组中的按钮可以是"复选框"、"选项按
钮"和"切换按钮"。按钮的样式可以是"蚀刻"、"阴影"等5种,将按钮类型选择为"选项按
钮",样式选择"平面",然后单击"下一步"按钮,出现如图5.43所示对话框。

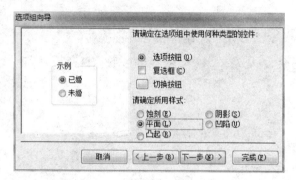

图5.42　确定选项组中控件的类型和样式

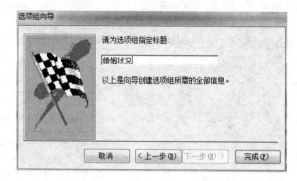

图5.43　为选项组指定标题

（8）为选项组指定标题。输入"婚姻状况"，单击"完成"按钮，返回窗体设计视图，如图5.44所示。

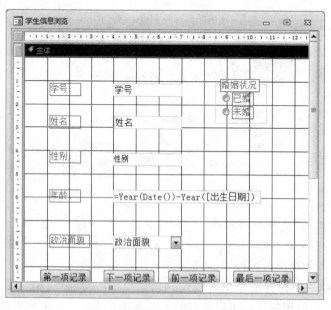

图5.44　添加选项组中的窗体

（9）切换到窗体视图,显示结果如图5.45所示。

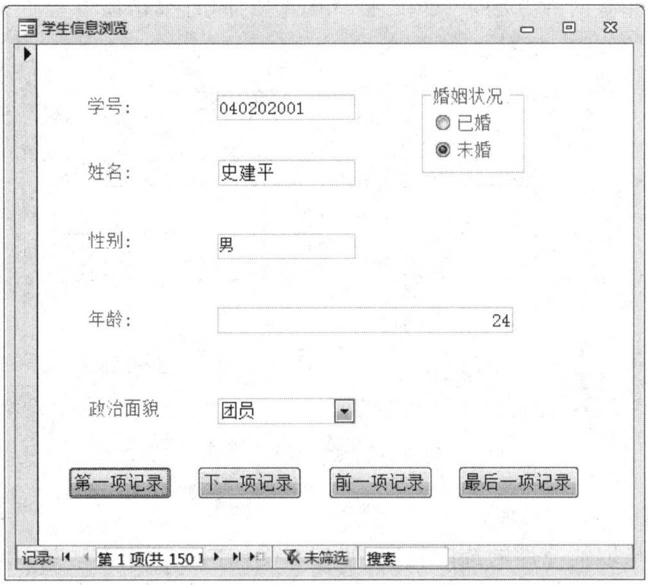

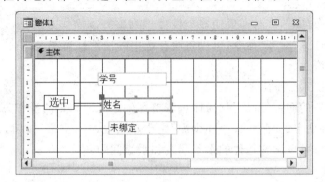

图5.45 窗体视图

提示：当选项组为绑定型,并要为每个选项按钮赋值时,所有的值应与关联字段的值相对应。

6. 控件的基本操作

在设计窗体的过程中,可以对添加到窗体中的控件进行调整,如改变位置、尺寸,设置控件的属性以及格式等。

1）选择控件

对控件进行操作时,首先要选择控件。选择控件的方法是,打开窗体及工具箱,然后选中控件。控件被选中后,周围显示4~8个句柄,即在控件的四周有棕色的小方块。用鼠标拖动这些小方块时可以对控件进行调整。

（1）选中单个控件

单击控件的任何地方都可以选中控件,并显示控件的句柄,如图5.46所示。

图5.46 选中单个控件

（2）选中多个控件

选中多个控件有两种方法，一是按住 Shift 键的同时单击所有控件；二是拖动鼠标经过所有需要选中的控件，如图 5.47 所示。

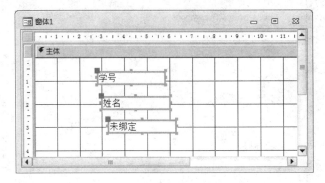

图 5.47　选中多个控件

2）取消控件

取消控件是指取消控件的选中状态，使其不受控制。操作方法是，单击窗体中不包含任何控件的区域，即可取消对已选中控件的句柄。

3）移动控件

移动控件有两种方法。

（1）当选中控件后，待出现双十字图标时，用鼠将控件拖动到所需要位置。

（2）把鼠标放在控件左上角的移动句柄上，待出现十字图标时，将控件拖动到指定位置。这种方法只能移动单个控件。

4）改变控件尺寸

改变控件的尺寸是指改变其宽度和高度。操作方法是，首先选中控件，将鼠标指针移到控件的句柄上，然后拖动鼠标，待调整到所需尺寸后释放鼠标。

（1）鼠标指针放于控件水平边框的句柄上，可以改变控件的宽度。

（2）鼠标指针放置于控件垂直边框的句柄上，可以改变控件的高度。

（3）鼠标指针放置于控件角边框的句柄上（除左上角外），可以同时改变控件的高度和宽度。

5）调整对齐格式

在设计窗口布局时，有时需要使多个控件排列整齐。操作方法是，选中所有控件，在右键快捷菜单中选择"对齐"命令，可以将所有选中的控件按靠左、靠右、靠上、靠下等方式对齐，如图 5.48 所示。

6）调整控件之间的间距

控件之间合理的间距可以美化窗体。调整控件之间的间距的操作方法是：选中所有控件，在"排列"选项卡的"调整大小和排序"组中单击"大小/空格"按钮，使用下拉菜单下"间距"组中的命令可以调整控件的水平间距和垂直间距。

7）复制控件

利用复制功能可以向窗体中快速添加与已有控件格式相同的控件。操作方法是：选

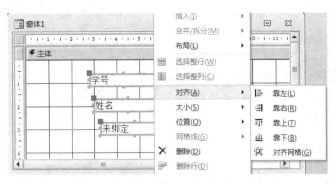

图 5.48　对齐控件

中要复制的控件或控件组,然后使用右键快捷菜单中的命令"复制"和"粘贴"完成控件的复制。

8)删除控件

删除控件可以使用以下方法。

(1)选中要删除的控件,按 Delete 键,可删除选中的控件。

(2)选中要删除的控件,使用快捷菜单中的"删除"命令,可以删除选中的控件。

5.3.4　窗体与对象的属性

在 Access 2010 中,使用属性表和 VBE 可以查看并修改属性。用属性表设置属性,操作直观,但只能在设计视图状态下进行。在 VBE 中,通过命令语句可在系统运行中动态设置属性,但大部分属性可以在设计视图状态下利用属性表设置。

1. 属性表

在窗体"设计视图"中,窗体和控件的属性可以在"属性表"对话框中进行设置。单击"工具"组中的"属性表"按钮或单击鼠标右键,从打开的快捷菜单中选择"属性"命令,可以打开"属性表"对话框。

"属性表"对话框包含 5 个选项卡,分别是"格式"、"数据"、"事件"、"其他"和"全部"。其中,"格式"选项卡包含窗体或控件的外观属性,"数据"选项卡包含与数据源、数据操作相关的属性,"事件"选项卡包含窗体或当前控件能够响应的事件,"其他"选项卡包含"名称"、"制表位"等其他属性。

1)"格式"属性

"格式"属性主要用于设置窗体和控件的外观或显示格式。控件的"格式"属性包括标题、字体名称、字号、字体粗细、倾斜字体、前景色、背景色、特殊效果等。窗体的"格式"属性包括标题、默认视图、滚动条、记录选择器、导航按钮、分隔线、自动居中、控制框、最大最小化按钮、关闭按钮、边框样式等。

2)"数据"属性

"数据"属性决定了一个控件或窗体中的数据源,以及操作数据的规则,而这些数据均为绑定在控件上的数据。控件的"数据"属性包括控件来源、输入掩码、有效性规则、有效性文本、默认值、是否有效、是否锁定等。窗体的"数据"属性包括记录源、排序依据、允许编辑、数据输入等。

3)"其他"属性

"其他"属性表示了控件的附加特征。控件的"其他"属性包括名称、状态栏文字、自动Tab键、控件提示文本等。窗体的"其他"属性包括独占方式、弹出方式、循环等。

2. 窗体的主要属性

窗体的主要属性如下。

(1) 标题(Caption)：用于指定窗体的显示标题。

(2) 默认视图(DefaultView)：设置窗体的显示形式，可以选择单个窗体、连续窗体、数据表、数据透视表和数据透视图等方式。

(3) 允许的视图(ViewsAllowed)：指定是否允许用户通过选择"视图"|"窗体视图"或"数据表视图"命令，或者单击"视图"按钮，选择"窗体视图"或"数据表视图"，以在数据表视图和窗体视图之间进行切换。

(4) 滚动条(Scrollbars)：决定窗体显示时是否具有窗体滚动条，属性值有4个选项，分别为"两者均无"、"水平"、"垂直"和"水平和垂直"，可以选择其一。

(5) 记录选定器(RecordSelectors)：选择"是/否"，决定窗体显示时是否有记录选定器，即窗体最左边是否有标志块。

(6) 浏览按钮(NavigationButtons)：用于指定在窗体上是否显示浏览按钮和记录编号框。

(7) 分隔线(DividingLines)：选择"是/否"，决定窗体显示时是否显示各节间的分隔线。

(8) 自动居中(AutoCenter)：选择"是/否"，决定窗体显示时是否自动居于桌面的中间。

(9) 最大最小化按钮(MaxMinButtons)：决定窗体是否使用Windows标准的"最大化"和"最小化"按钮。

(10) 关闭按钮(CloseButton)：决定窗体是否使用Windows标准的"关闭"按钮。

(11) 弹出方式(PopUp)：可以指定窗体是否以弹出式窗体形式打开。

(12) 内含模块(HasModule)：指定或确定窗体或报表是否含有类模块。设置此属性为"否"能提高效率，并且减小数据库的大小。

(13) 菜单栏(MenuBar)：用于将菜单栏指定给窗体。

(14) 工具栏(ToolBar)：用于指定窗体使用的工具栏。

(15) 节(Section)：可区分窗体或报表的节，并可以对该节的属性进行访问。同样可以通过控件所在窗体或报表的节来区分不同的控件。

(16) 允许移动(Moveable)：在"是"或"否"两个选项中选取，决定在窗体运行时是否允许移动窗体。

(17) 记录源(RecordSource)：可以为窗体或者报表指定数据源，并显示来自表、查询或者SQL语句的数据。

(18) 排序依据(OrderBy)：为一个字符串表达式，由字段名或字段名表达式组成，指定排序的规则。

（19）允许编辑（AllowEdits）：在"是"或"否"两个选项中选取，决定在窗体运行时是否允许对数据进行编辑修改。

（20）允许添加（AllowAdditions）：在"是"或"否"两个选项中选取，决定在窗体运行时是否允许添加记录。

（21）允许删除（AllowDeletions）：在"是"或"否"两个选项中选取，决定在窗体运行时是否允许删除记录。

（22）数据入口（DataEntry）：在"是"或"否"两个选项中选取，如果选择"是"，则在窗体打开时，只显示一条空记录，否则显示已有记录。

3. 控件属性

1）标签（Label）控件

（1）标题（Caption）：该属性值将成为控件中显示的文字信息。

（2）名称（Name）：该属性值将成为控件对象引用时的标识名字，在 VBA 代码中设置控件的属性或引用控件的值时使用。

（3）其他常用的格式属性：高度（Height）、宽度（Width）、背景样式（BackStyle）、背景颜色（BackColor）、显示文本字体（FontBold）、字体大小（FontSize）、字体颜色（ForeColor）、是否可见（Visible）等。

2）文本框（Text）控件

常用的格式属性同标签控件。

（1）控件来源（ControlSource）：设置控件如何检索或保存在窗体中要显示的数据。如果控件来源中包含一个字段名，那么在控件中显示的就是数据表中该字段的值。在窗体运行中，对数据所进行的任何修改都将被写入字段中；如果设置该属性值为空，除非通过程序语句，否则在窗体控件中显示的数据将不会被写入数据表的字段中；如果该属性设置为一个计算表达式，则该控件会显示计算的结果。

（2）输入掩码（InputMask）：用于设置控件的数据输入格式，仅对文本型和日期型数据有效。

（3）默认值（DefaultValue）：用于设定一个计算型控件或非结合型控件的初始值，可以使用表达式生成器向导来确定默认值。

（4）有效性规则（ValidationRule）：用于设定在控件中输入数据的合法性检查表达式，可以使用表达式生成器向导来建立合法性检查表达式。若设置了"有效性规则"属性，在窗体运行期间，当在该控件中输入数据时将进行有效性规则检查。

（5）有效性文本（ValidationText）：用于指定当控件输入的数据违背有效性规则时，显示给用户的提示信息。

（6）是否有效（Enabled）：用于决定能否操作该控件。如果设置该属性为"否"，该控件将以灰色显示在窗体视图中，不能用鼠标、键盘或 Tab 键单击或选中它。

（7）是否锁定（Locked）：用于指定在窗体运行中，该控件的显示数据是否允许编辑等操作。默认值为 False，表示可编辑，当设置为 True 时，文本控件相当于标签的作用。

3）组合框（Combo）控件（与文本框相同的不再说明）

（1）行来源类型（RowSourceType）：该属性值可设置为"表/查询"、"值列表"或"字段列表"，与"行来源"属性配合使用，用于确定列表选择内容的来源。选择"表/查询"，"行来源"属性可设置为表或查询，也可以是一条 Select 语句，列表内容显示为表、查询或Select 语句的第一个字段内容；若选择"值列表"，"行来源"属性可设置为固定值用于列表选择；若选择"字段列表"，"行来源"属性可设置为表，列表内容将为选定表的字段名。

（2）行来源（RowSource）：与行来源类型（RowSourceType）属性配合使用。

4）列表框（List）控件

列表框与组合框在属性设置及使用上基本相同，区别是列表框控件只能选择输入数据而不能直接输入数据。

5）命令按钮（CommandButton）控件

（1）名字（Name）：可引用的命令按钮对象名。

（2）标题（Caption）：命令按钮的显示文字。

（3）标题的字体（FontName）：命令按钮的显示文字的字体。

（4）标题的字体大小（FontSize）：命令按钮的显示文字的字号。

（5）前景颜色（ForeColor）：命令按钮的显示文字的颜色。

（6）是否有效（Enabled）：选择"是/否"，用于决定能否操作该控件。如果设置该属性为"否"，该控件将以灰色显示在窗体视图中，不能用鼠标、键盘或 Tab 键单击或选中它。

（7）是否可见（Visible）：选择"是/否"，用于决定在窗体运行时该控件是否可见，如果设置该属性为"否"，该控件在窗体视图中将不可见。

（8）图片（Picture）：用于设置命令按钮的显示标题为图片方式。

选项按钮（Option）控件、选项组（Frame）控件、复选框（Check）控件、切换按钮（Toggle）控件、选项卡控件、页控件的主要属性基本与上述控件相一致，有个别不同的将在控件设计时说明，在此不详细介绍。

4. 窗体与对象的事件

在 Access 2010 中，对象能响应多种类型的事件，每种类型的事件又由若干种具体事件组成，通过编写相应的事件代码，用户可定制响应事件的操作。事件的设置在第 9 章中会详细介绍。

5.4 使用窗体

窗体设计完成后保存在数据中，可供以后随时使用，打开窗体时，在窗体中都会出现记录选择器和导航按钮，如图 5.49 所示，其中，记录选择器用来改变或切换当前记录指针；导航按钮用来切换记录、添加记录和筛选记录。

1. 记录浏览

当窗体为纵栏式窗体时，使用导航按钮可以进行记录的切换，其中，◄将指针指向第一条记录，◄将指针指向前一条记录，►将指针指向后一条记录，►将指针指向最后一条

图 5.49　窗体中记录选择器和导航按钮

记录。

当窗体为表格式或数据表窗体时，使用记录选择器的按钮可以直接进行记录的添加。

2. 记录添加

当窗体处于打开状态时，使用记录按钮 可以进行记录的添加。单击该按钮时，窗体中出现一个空白记录，在各个字段中填入新的数据可以完成新记录的添加。

3. 记录排序和筛选

在窗体的布局视图、数据表视图和窗体视图中可以对记录进行排序，其操作方法是：单击需要排序的字段，然后在"开始"选项卡的"排序和筛选"组中单击"升序"或"降序"按钮即可。

记录的筛选可以在窗体视图或数据表视图中进行，和表筛选类似，可以按选定的内容筛选、按窗体筛选，或者利用高级筛选等。

4. 记录删除

当窗体中显示的是表中的数据并且想要删除时，可以使用下面的步骤进行记录删除。

（1）打开窗体。

（2）将指针定位于要删除的记录，或用鼠标在记录选择器中拖动选中多条记录，右击鼠标，并在弹出的快捷菜单中选择"删除记录"命令，打开删除确认对话框，如图 5.50 所示。

图 5.50　删除确认对话框

（3）单击"是"按钮，删除选中的记录；单击"否"按钮，取消删除。

提示：当窗体的数据源为查询时，不能在窗体中进行记录的添加或删除。

5.5　修　饰　窗　体

窗体整体布局直接影响窗体的外观，在窗体设计初步完成后，可以对窗体做进一步的修饰，如为窗体添加背景图片、添加窗体的页眉和页脚、为控件添加特殊效果等。

5.5.1　设置窗体的页眉和页脚

在窗体中适当地使用页眉页脚可以增加窗体的美化效果,使窗体的结构和功能更清晰,使用起来更方便、更舒适。

窗体的页眉只出现在窗体的顶部,它主要用来显示窗体的标题以及说明,可以在页眉中添加标签和文本框以显示信息。在多记录窗体中,窗体页眉的内容一直保持在屏幕上显示;打印时,窗体页眉显示在第一页的顶部。

窗体页脚的内容出现在窗体的底部,主要用来显示每页的公用内容提示或运行其他任务的命令按钮等。打印时,窗体页脚显示在最后一页的底部。

页面页眉和页脚只在打印窗体时才显示。页面页眉用于在窗体的顶部显示标题、列标题、日期和页码等。

【实例 5.11】　在实例 5.9 创建的窗体中添加窗体页眉和页脚。其中,页眉显示窗体标题"学生基本情况",页脚显示说明信息"分页浏览学生信息"和系统的日期。

【操作步骤】

(1)打开实例 5.9 创建的"学生信息浏览"窗体,切换到设计视图。

(2)右击窗体主体的空白处,在弹出的快捷菜单中选择"窗体页眉/页脚"命令,在窗体中显示窗体的页眉和页脚,如图 5.51 所示。

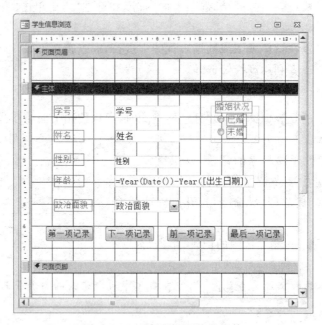

图 5.51　显示页眉/页脚的窗体

(3)在页眉中添加一个标签,并输入字符串"学生基本情况",然后选中该标签,使用"属性"窗体设置标签属性,字号:14,字体:隶书,前景色:蓝色。在页脚中插入一个标签,输入字符串"分页浏览学生信息",插入一个文本框,将文本框的"控件来源"属性设置为"＝Date()",如图 5.52 所示。

图 5.52　页眉/页脚设置

（4）切换到窗体视图，如图 5.53 所示，可以看到，窗体中添加了标题、窗体说明以及日期，当窗体翻页时，标题、窗体说明以及日期仍保持在窗体中显示。

图 5.53　添加页眉/页脚后的窗体视图

5.5.2　窗体外观设计

窗体作为数据库与用户交互式访问的界面，其外观设计除了要为用户提供信息外，还应该色彩搭配合理，界面美观大方，使用户赏心悦目，提高工作效率。

1. 设置窗体背景

窗体的背景作为窗体的属性之一，可以用来设置窗体运行时显示的窗体及图案显示方式，背景图案可以是 Windows 环境下各种图形格式的文件。

设置窗体背景的步骤如下。

（1）在数据库中选择所需要的窗体，打开设计视图。

（2）打开"属性表"窗格，然后选择窗体，打开其设计视图。

（3）将"属性表"窗格切换到"格式"选项卡，如果将窗体背景设置为图片，则设置其"图片"属性，可以直接输入图形文件的文件名及完整路径，也可以使用"浏览"按钮﹏查找文件并添加该属性，同时设置"图片类型"、"图片缩放方式"和"图片对齐方式"等属性。

（4）如果只设置窗体的背景色，则在"属性表"窗格中，选择"主体"对象，将其"背景色"属性设置为所需要的颜色。

2. 为控件设置特殊效果

在"格式"选项卡中可以设置控件的特殊效果，如设置字体、填充背景色、字体颜色、边框颜色等，如图 5.54 所示。

图 5.54　"格式（窗体/报表）"工具按钮

3. 主题的应用

"主题"是修饰和美化窗体的一种快捷方法，它是一套统一的设计元素和配色方案，可以使数据库中的所有窗体具有统一的色调。在"窗体设计工具"|"设计"选项卡中的"主题"组中包括"主题"、"颜色"和"字体"三个按钮。Access 2010 提供了 44 套主题供用户选择。

4. 条件格式的使用

除可以使用"属性表"窗格设置控件的"格式"属性外，还可以根据控件的值，按照某个条件设置相应的显示格式。用"设计视图"打开需修改的窗体，选中绑定某个字段的控件，在"窗体设计工具"|"格式"选项卡的"条件格式"组中，单击"条件格式"按钮，在弹出的"条件格式规则管理"对话框中进行设置即可。

5. 提示信息的添加

用"设计视图"打开要设置的窗体,选中要添加状态栏提示信息的字段控件,打开"属性表"窗格,选择"其他"选项卡,在"状态栏文字"属性行中输入提示信息即可。

5.6 创建主/子窗体

如果一个窗体包含在另一个窗体中,则这个窗体称为子窗体,容纳子窗体的窗体称为主窗体。使用主/子窗体通常用于显示相关表或查询中的数据,主/子窗体中的数据源按照关联字段建立连接。当主窗体中的记录指针发生变化时,子窗体相关记录的指针也将随之改变。

创建主/子窗体可以使用向导,也可以根据需要使用设计视图自行设计。

【实例5.12】 创建一个主/子窗体,其主窗体中显示学生的学号和姓名,子窗体中显示学生的选课成绩。

【操作步骤】

(1) 打开"选课管理"数据库。

(2) 创建一个查询并保存,查询名称为"查询学生选课成绩",查询数据源为"学生"表、"课程"表和"选课"表,查询设置如图5.55所示。

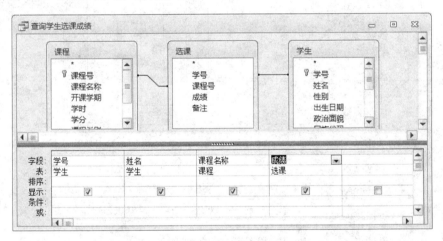

图5.55 "查询学生选课成绩"设置

(3) 创建子窗体,以"查询学生选课成绩"为数据源创建一个新窗体并保存,窗体名称为"学生选课成绩子窗体",窗体设计视图如图5.56所示。

(4) 创建一个新窗体,选择"学生"表为数据源,将"学生"、"姓名"字段添加到窗体的主题区域中,然后到窗体页眉中添加标题"学生及选课信息",如图5.57所示。

(5) 在"控件"组中选择"子窗体/子报表"控件，在窗体的空白区域添加该控件,同时打开"子窗体向导"对话框,如图5.58所示。

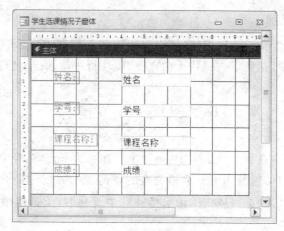

图 5.56　"学生选课情况子窗体"设计视图

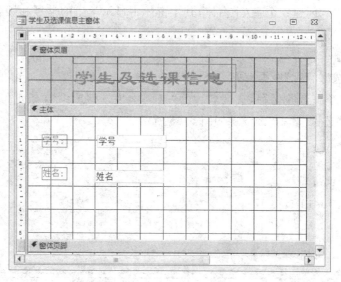

图 5.57　主窗体设计视图

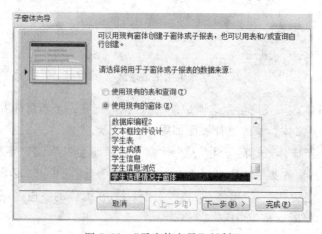

图 5.58　"子窗体向导"对话框

（6）选择子窗体的数据来源，选中"使用现有的窗体"单选按钮，并在列表中选择窗体"学生选课情况子窗体"，然后单击"下一步"按钮，出现如图 5.59 所示对话框。

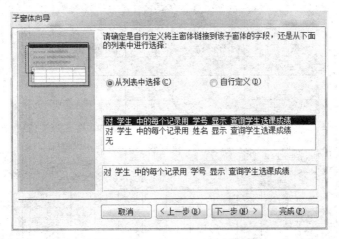

图 5.59　确定将主窗体链接到子窗体的字段

（7）确定将主窗体链接到子窗体的字段。系统根据主窗体和子窗体的数据源的字段给出操作提示，选择"对学生中的每个记录用……"，然后单击"下一步"按钮，出现如图 5.60 所示对话框。

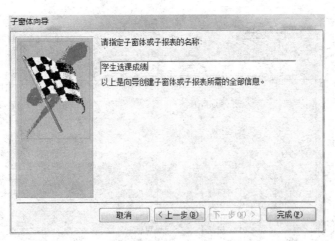

图 5.60　指定子窗体的名称

（8）系统给出了默认的子窗体名称，在本例中使用的是已创建的窗体，子窗体的名称与该窗体相同，输入子窗体的名称，然后单击"完成"按钮，窗体/子窗体设计完成，窗体的设计视图如图 5.61 所示。

（9）切换到窗体视图，显示学生信息和选课信息，如图 5.62 所示。

提示：子窗体的数据源也可以使用表和查询，如果使用表或查询，则需要选择表或查询中的字段，用户可以根据需要选择所要显示的字段。

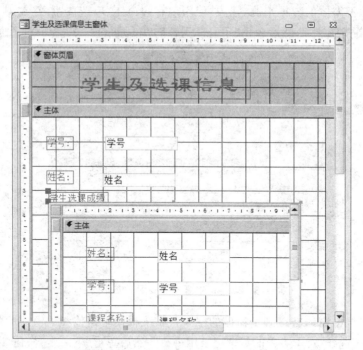

图 5.61   主窗体/子窗体的设计视图

图 5.62   主窗体/子窗体的窗体视图

5.7 定制系统控制窗体

5.7.1 设置自动启动窗体

为了让用户在打开数据库时自动进入操作界面,可以设置自动启动窗体。自动启动窗体的作用是在打开数据库文件时直接运行指定的窗体,该窗体一般是数据库应用系统的主体窗体,启动后可以完成数据应用系统的所有操作。

在 Access 2010 中,设置自动启动窗体的操作步骤如下。

(1) 打开数据库

(2) 在"文件"选项卡中单击"选项"命令,打开"Access 选项"对话框,如图 5.63 所示。

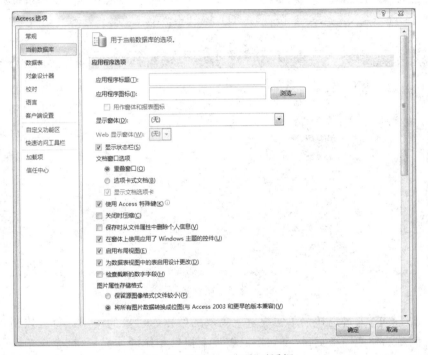

图 5.63 "Access 选项"对话框

(3) 切换到"当前数据库"选项卡,选择"应用程序选项",在"显示窗体"列表框中选择要启动的窗体,在"应用程序标题"文本框中输入启动窗体的标题,如图 5.64 所示。

(4) 选择"导航"栏,取消勾选"显示导航窗格"复选框;在"功能区和工具栏选项"栏,取消对"允许全部菜单"、"允许默认快捷菜单"和"允许内置工具栏"复选框的勾选,然后单击"确定"按钮,设置完成,如图 5.65 所示。

当重新打开数据库文件时,系统将自动启动所设定的窗体。

5.7.2 创建切换窗体

使用"切换面板管理器"创建的窗体是一个特殊窗体,称为切换窗体。该窗体实质上

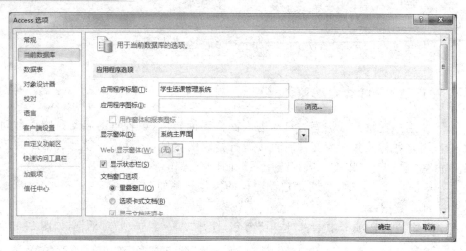

图 5.64 　 设置"应用程序"选项

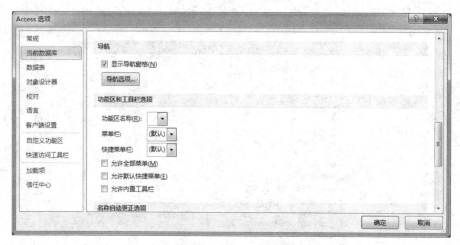

图 5.65 　 设置导航栏和功能区选项

是一个控制菜单,通过选择菜单实现对所集成的数据库对象的调用。每级控制菜单对应一个界面,称为切换面板页;每个切换面板页上提供相应的切换项,即菜单项。创建切换窗体时,首先启动切换面板管理器,然后创建所有的切换面板页和每页上的切换项,设置默认的切换面板页,最后为每个切换项设置相应内容。

1. 添加切换面板管理器工具

通常,使用"切换面板管理器"创建系统控制界面的第一步是启动切换面板管理器。由于 Access 2010 并未将"切换面板管理器"工具放在功能区中,因此使用前要先将其添加到功能区中。

将"切换面板管理器"添加到"数据库工具"选项卡中,操作步骤如下。

(1) 选择"文件"选项卡,在左侧窗格中单击"选项"命令。

(2) 在打开的"Access 选项"对话框左侧窗格中,单击"自定义功能区"类别,此时右侧窗格中显示出自定义功能区的相关内容。

（3）在右侧窗格"自定义功能区"下拉列表框下方，单击"数据库工具"选项，然后单击"新建组"按钮，结果如图 5.66 所示。

图 5.66　添加"新建组"

（4）单击"重命名"按钮，打开"重命名"对话框，在"显示名称"文本框中输入"切换面板"作为"新建组"名称，选择一个合适的图标，单击"确定"按钮。

（5）单击"从下列位置选择命令"下拉列表框右侧的下拉箭头按钮，从弹出的下拉列表中选择"不在功能区中的命令"；在下方列表框中选择"切换面板管理器"，如图 5.67 所示。

图 5.67　添加"切换面板管理器"命令

（6）单击"添加"按钮,然后单击"确定"按钮,关闭"Access 选项"对话框。这样"切换面板管理器"命令被添加到"数据库工具"选项卡的"切换面板"组中,如图 5.68 所示。

图 5.68　修改后的功能区

2. 启动切换面板管理器

启动切换面板管理器的操作步骤如下。

（1）选择"数据库工具"选项卡,单击"切换面板"组中的"切换面板管理器"按钮。由于是第一次使用切换面板管理器,因此 Access 显示"切换面板管理器"提示框。

（2）单击"是"按钮,弹出"切换面板管理器"对话框,如图 5.69 所示。此时,"切换面板页"列表框中有一个由 Access 创建的"主切换面板（默认）"项。

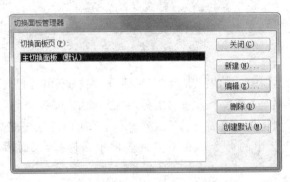

图 5.69　"切换面板管理器"对话框

3. 创建新的切换面板页

（1）在如图 5.69 所示对话框中,单击"新建"按钮,打开"新建"对话框。在"切换面板页名"文本框中,输入所建切换面板页的名称"选课管理",然后单击"确定"按钮。

（2）按照相同方法创建其他切换面板页。

4. 设置默认的切换面板页

（1）在"切换面板管理器"对话框中选择"选课管理"选项,单击"创建默认"按钮,这时在"选课管理"后面自动加上"（默认）",说明"选课管理"切换面板页已经变为默认切换面板页。

（2）在"切换面板管理器"对话框中选择"主切换面板"选项,然后单击"删除"按钮,弹出"切换面板管理器"提示框。

（3）单击"是"按钮,删除 Access"主切换面板"选项。

5. 为切换面板页创建切换面板项目

（1）在"切换面板页"列表框中选择"选课管理（默认）"选项,然后单击"编辑"按钮,打开"编辑切换面板页"对话框。

（2）单击"新建"按钮,打开"编辑切换面板项目"对话框。在"文本"文本框中输入"选课管理",在"命令"下拉列表中选择"转至切换面板"选项(选择此项的目的是为了打开对应的切换面板页),在"切换面板"下拉列表框中选择"选课管理"选项。

（3）单击"确定"按钮,此时创建了打开"选课管理"切换面板页的切换面板项目。

（4）使用相同的方法,在"选课管理"切换面板页中加入其他切换面板项目,分别用来打开相应的切换面板页。

（5）最后建立一个"退出系统"切换面板项来实现退出应用系统的功能。在"编辑切换面板页"对话框中,单击"新建"按钮,打开"编辑切换面板项目"对话框。在"文本"文本框中输入"退出系统",在"命令"下拉列表中选择"退出应用程序"选项,单击"确定"按钮。

（6）单击"关闭"按钮,返回"切换面板管理器"对话框。

6. 为切换面板上的切换项设置相关内容

（1）在"切换面板管理器"对话框中,选中"选课管理"切换面板页,然后单击"编辑"按钮,打开"编辑切换面板页"对话框。

（2）在该对话框中,单击"新建"按钮,打开"编辑切换面板项目"对话框。

（3）在"文本"文本框中输入相应文本,在"命令"框中选择"在'编辑'模式下打开窗体"选项,在"窗体"下拉列表中选择相应窗体。

（4）单击"确定"按钮。

5.7.3 创建导航窗体

Access 2010 提供了一种新型的窗体,称为导航窗体。在导航窗体中,可以选择导航按钮的布局,也可以在所选布局上直接创建导航按钮,并通过这些按钮将已建数据库对象集成在一起形成数据库应用系统。使用导航窗体创建应用系统控制界面更简单、更直观。

（1）选择"创建"选项卡,单击"窗体"组中的"导航"按钮,从弹出的下拉列表中选择一种所需的窗体样式,例如,选择"水平标签和垂直标签,左侧"选项,进入导航窗体的布局视图。将一级功能放在水平标签上,将二级功能放在垂直标签上。

（2）在水平标签上添加一级功能。单击上方的"新增"按钮,输入"选课管理"。使用相同的方法创建其他按钮。

（3）在垂直标签上添加二级功能,如创建"选课管理"的二级功能按钮。单击"选课管理"按钮,单击左侧的"新增"按钮,输入文本信息。使用相同的方法创建其他按钮。

（4）右击刚建的导航按钮,从弹出的快捷菜单中选择"属性"命令,打开"属性表"窗格。在"属性表"窗格中,选择"事件"选项卡,单击"单击"事件右侧的下拉箭头按钮,从弹出的下拉列表中选择已建的宏。使用相同的方法设置其他导航按钮的功能。

（5）修改导航窗体标题。此处可以修改两个标题。一是修改导航窗体上方的标题,选中导航窗体上方显示"导航窗体"文字的标签控件,在"属性表"中选择"格式"选项卡,在"标题"栏中输入"选课管理"。二是修改导航窗体标题栏上的标题,在"属性表"窗格中,单击上方对象下拉列表框右侧的下拉箭头按钮,从弹出的下拉列表中选择"窗体"对象,选择

"格式"选项卡,在"标题"栏中输入"选课管理"。

(6)切换到"窗体视图",单击刚建的导航按钮,此时将会打开相应的窗体。

使用"布局视图"创建和修改导航窗体更直观、方便。因为在这种视图中,窗体处于运行状态,创建或修改窗体的同时可以看到运行的效果。

习　题

一、选择题

1. 在窗体中,用来输入和编辑字段数据的交互控件是_____。
   A. 文本框　　　　B. 标签　　　　C. 复选框　　　　D. 列表框

2. 在 Access 中已建立了"雇员"表,其中有可以存放照片的字段,在使用向导为该表创建窗体时,"照片"字段所使用的默认控件是_____。
   A. 图像框　　　B. 绑定对象框　　C. 非绑定对象框　　D. 列表框

3. 用来显示与窗体关联的表或查询中字段值的控件类型是_____。
   A. 绑定型　　　　B. 计算型　　　　C. 关联型　　　　D. 未绑定型

4. 若将已经创建的"系统界面"窗体设置为启动窗体,应使用的对话框是_____。
   A. Access 选项　　B. 启动　　　C. 打开　　　D. 设置

5. 以下关于切换面板的叙述中,错误的是_____。
   A. 切换面板页由切换面板项组成
   B. 单击切换面板项可以打开指定的窗体
   C. 默认的切换面板页是启动切换面板窗体时最先打开的切换面板页
   D. 不能将默认的切换面板页上的切换面板项设置为打开切换面板页

6. 如果在文本框内输入数据后,按 Enter 键或按 Tab 键,输入焦点可立即移至下一指定文本框,应设置_____。
   A. "制表位"属性　　　　　　　B. "Tab 键索引"属性
   C. "Enter 键行为"属性　　　　　D. "自动 Tab 键"属性

7. Access 的控件对象可以设置某个属性来控制对象是否可用。以下能够控制对象是否可用的属性是_____。
   A. Default　　　　B. Cancel　　　C. Enabled　　　D. Visible

8. 假设已在 Access 中建立了包含"书名"、"单价"和"数量"等三个字段的"销售"表,以该表为数据源创建的窗体中,有一个计算销售总金额的文本框,其"控件来源"应为_____。
   A. [单价]＊[数量]　　　　　　　B. ＝[单价]＊[数量]
   C. [销售]![单价]＊[销售]![数量]　D. ＝[销售]![单价]＊[销售]![数量]

9. 在已建"教师"表中有"出生日期"字段,以此表为数据源创建"教师基本信息"窗体。假设当前教师的出生日期为"1978-05-19",如在窗体"出生日期"标签右侧文本框控件的"控件来源"属性中输入表达式:＝Str(Month([出生日期]))＋"月",则在该文本框控件内显示的结果是_____。

　　　　A. "05"＋"月"　　　B. 1978-5-19 月　　C. 05 月　　　　　　　D. 5 月

　　10. 在打开数据库应用系统过程中,若想终止自动运行的启动窗体,应按住的键是_____。

　　　　A. Ctrl　　　　　　　B. Shift　　　　　　C. Alt　　　　　　　　D. Shift＋Alt

二、填空题

　　1. 能够唯一标识某一控件的属性是_____。

　　2. 分别运行使用"窗体"按钮和使用"多个项目"工具创建的窗体,将窗体最大化后显示记录最多的窗体是使用_____创建的窗体。

　　3. 控件的类型可以分为绑定型、未绑定型与计算型。绑定型控件主要用于显示、输入、更新数据表中的字段;未绑定型控件没有_____,可以用来显示信息、线条、矩形或图像;计算型控件用表达式作为数据源。

　　4. 在创建主/子窗体之前,必须设置_____之间的关系。

　　5. 在 Access 数据库中,如果窗体上输入的数据总是取自表或查询中的字段数据,或者取自某固定内容的数据,可以使用_____控件来完成。

三、上机操作题

　　针对"教师管理"数据库,创建以下窗体。

　　1. 使用"窗体"按钮,创建"教师信息"窗体。

　　2. 使用"多个项目",创建"教师工资"窗体。

　　3. 使用窗体设计视图创建一个"教师信息"窗体,在窗体中创建 5 个命令按钮,其功能分别为:记录指针移到第一条记录、最后一条记录、下一条记录、上一条记录和关闭窗体。

　　4. 自行设计一个窗体,显示教师的各项工资及实发工资,并统计各项总和。

　　5. 设计一个主/子窗体,主窗体为纵栏式,显示教师基本信息,包括姓名、性别、职称和系号。子窗体为表格式,显示教师的工资信息。要求设置字体、颜色、背景等。

四、思考题

　　1. 什么是窗体? 窗体有哪些基本类型?

　　2. 创建窗体有哪几种方法? 各有什么特点?

　　3. 窗体有哪些主要控件?

　　4. 组合框和列表框在窗体中使用有何异同?

　　5. 使用选项组控件有何优点?

　　6. 记录导航器有什么作用?

　　7. 如何为窗体添加数据源?

　　8. 如何设置控件的属性?

　　9. 窗体的页眉和页脚的作用有哪些?

第6章 报　　表

报表是 Access 数据库的第 4 大数据库对象。报表对象是为数据的显示和打印而存在的，因此具有专业的显示和打印功能。设计合理的报表，可以大大提高用户管理数据的效率。

6.1　报　表　概　述

在数据库应用过程中，经常需要对数据进行打印输出，如打印学生成绩、上报财务报表等。对于一个数据库系统来说，除了数据存储和查询外，还应具备输出打印功能。在 Access 中，数据库的打印工作通过报表对象可以实现，使用报表可以将数据综合整理并将整理结果按一定的格式打印输出，用户可以轻松地完成复杂的打印工作。

6.1.1　报表的功能和类型

报表是数据库中数据信息和文档信息输出的一种形式，它可以将数据库中的数据信息和文档信息以多种形式通过屏幕显示或打印出来。

1. 报表的功能

在 Access 中，报表是数据库的一个对象，它根据用户的需求组织数据表中的数据，并按照特定的格式对其进行显示或打印。报表的数据来源可以是数据表或查询，报表可以对数据进行分组，再按照所需要求的顺序对数据分类，然后按分组的次序来显示数据，还可以将数据进行汇总、计算平均值或进行其他统计。

报表是数据库中的数据通过显示器或打印机输出的特有形式，其目的是将数据根据用户设计的格式在显示器或打印机上输出。尽管多种多样的报表形式与数据库的窗体、表十分相似，但它的功能与窗体、表有根本的不同，它的作用只是用来输出数据。

报表具有以下功能。

(1) 可以对数据进行分组、汇总。

(2) 可以包含子窗体、子报表。

(3) 可以按特殊格式设计版面。

(4) 可以输出图形、图表。

(5) 能打印所有表达式的值。

2. 报表的类型

Access 提供了各种格式的报表，从而使报表可以满足不同的应用需求。报表类型包括纵栏式报表、表格式报表、图表报表和标签报表。

1) 纵栏式报表

纵栏式报表通常以垂直方式排列报表上的控件,在每一页显示一条或多条记录,纵栏式报表显示数据的方式类似于纵栏式窗体,但是报表只是用于查看或打印显示数据,不能用来输入或更改数据。图 6.1 显示的是教师表的纵栏式报表。

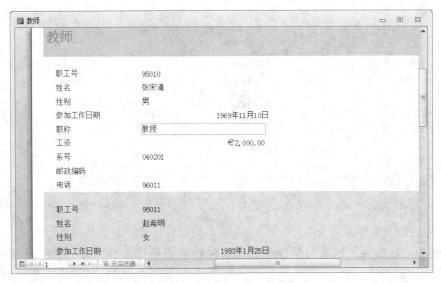

图 6.1 教师纵栏式报表

2) 表格式报表

表格式报表以整齐的行、列形式显示数据,通常一行显示一条记录,一页显示多条记录,如图 6.2 所示。

图 6.2 教师信息表格式报表

3）图表报表

图表报表以图表形式显示信息，可以直观地表示数据的分析和统计信息，图 6.3 是显示各系学生人数的图表报表。

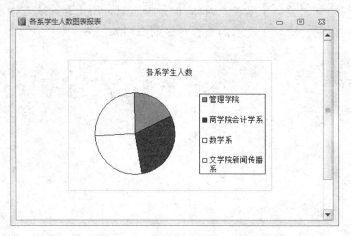

图 6.3　各系学生人数图表报表

4）标签报表

标签报表以每一条记录为单位组织成邮件标签的格式。可以在一页中建立多个大小、格式一致的卡片，主要用于表示个人信息、邮件地址等短信息，如图 6.4 所示，其中的标签显示了学生选课成绩。

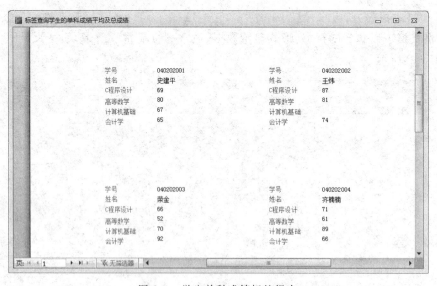

图 6.4　学生单科成绩标签报表

6.1.2　报表的视图

Access 2010 提供的报表视图有 4 种，分别是设计视图、布局视图、报表视图和打印预览。

1. 设计视图

报表的设计视图用于报表的创建和修改,用户可以根据需要向报表中添加对象、设置对象的属性,报表设计完成后保存在数据库中。

2. 布局视图

布局视图是 Access 2010 新增加的一种视图,实际上是处在运行状态的报表。在布局视图中,在显示数据的同时可以调整报表设计,可以根据实际数据调整列宽和位置,可以向报表添加分组级别和汇总选项。报表的布局视图与窗体的布局视图的功能和操作方法十分相似。

3. 报表视图

报表视图是报表的显示视图,用于在显示器中显示报表内容。在报表视图下,可以对报表中的记录进行筛选、查找等操作。

4. 打印预览

打印预览视图是报表运行时的显示方式,可以看到报表的打印外观。使用打印预览功能可以按不同的缩放比例对报表进行预览,可以对页面进行设置。

6.1.3 报表的组成

报表通常由报表页眉、页脚、页面页眉、页眉页脚、组页眉、组页脚及主体 7 部分组成,这些部分称为报表的节,每个节具有其特定的功能。报表各节的分布如图 6.5 所示。

图 6.5 报表组成

1. 报表页眉

报表页眉仅在报表的首页打印输出。报表页眉主要用于打印报表的封面、报表的制作时间、制作单位等只需一次输出的内容。通常把报表页眉设置成单独一页,可以包含图形和图片。

2. 页面页眉

页面页眉的内容在报表每页头部打印输出,它主要用于定义报表输出每一列的标题,也包含报表的页标题。

3. 组页眉

组页眉的内容在报表每组头部打印输出,同一组的记录都会在主体节中显示,它主要用于定义分组报表,输出每一组的标题。

4. 主体

主体是报表打印数据的主体部分。可以将数据中的字段直接拖到主体节中,或者将报表控件放到主体中用来显示数据内容。主体节是报表的关键内容,是不可缺少的项目。

5. 组页脚

组页脚的内容在报表的每页底部打印输出,主要用来输出每一组的统计计算标题。

6. 页面页脚

页面页脚的内容在报表的每页底部打印输出,主要用来打印报表页号、制表人和审核人等信息。

7. 报表页脚

报表页脚是整个报表的页脚,主要用来打印数据的统计结果信息。它的内容只在报表的最后一页底部打印输出。

6.2 创建报表

在 Access 2010 中,创建报表的方法与创建窗体类似。Access 中提供了 5 种创建报表的工具:"报表"、"报表设计"、"空报表"、"报表向导"和"标签"。本节主要介绍"报表设计"之外的 4 种创建报表的方法。

6.2.1 使用"报表"按钮创建报表

利用创建自动报表向导可以创建纵栏式自动报表和表格式自动报表。创建自动报表向导基于单个表或查询创建报表,可以将表或查询作为报表的数据源,当选定数据源后,报表将包含来自该数据源的所有字段和记录。

使用"报表"按钮创建报表是一种创建报表的快速方法,其数据源来源于某个表或查询,所创建的窗体为表格式报表。

【**实例 6.1**】 在"选课管理"数据库中,使用"报表"按钮创建"学生"信息报表。

【操作步骤】

(1) 打开"选课管理"数据库,在"导航"窗格选定"学生"表。

(2) 在"创建"选项卡的"报表"组中单击"报表"按钮 ▦,系统将自动创建报表,并以布局视图显示此报表,如图 6.6 所示。

图 6.6 "学生"报表

(3) 保存报表,报表设计完成。

6.2.2 创建空报表

创建空报表是指首先创建一个空白的报表,然后将选定的数据字段添加到报表中所创建的报表。使用这种方法创建报表,其数据源只能是表。

【实例 6.2】 在"选课管理"数据库中,使用"空报表"创建"选课"信息报表。

【操作步骤】

(1) 打开"选课管理"数据库,在"创建"选项卡的"报表"组中单击"空报表"按钮 ▯,系统将自动创建一个空报表并以布局视图显示,同时打开"字段列表"窗格,如图 6.7 所示。

(2) 选择"选课"表并单击"+"按钮,展开"选课"表的字段,将"学号"、"课程号"、"成绩"等字段拖到报表的空白区域,如图 6.8 所示。可以看到,在"字段列表"窗格中除了显示"选课"表之外,还显示与之相关联的表的信息,如果需要可以将关联表中的字段添加到报表中。

(3) 保存报表,设计完成。

6.2.3 使用向导创建报表

使用向导创建报表与使用"报表"按钮创建报表有所不同,使用向导创建报表,可以在创建报表的过程中选择数据源,数据源可以是表或查询,可以进行字段选择,还可以对字段进行排序以及汇总运算等。

图 6.7　空报表与字段列表

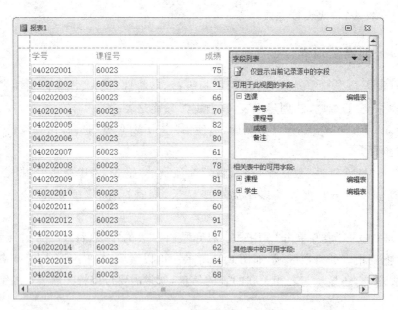

图 6.8　拖动字段到报表中

【实例 6.3】　使用报表向导创建报表，显示学生单科成绩。

【操作步骤】

（1）打开"选课管理"数据库。

（2）在"创建"选项卡的"报表"组中单击"报表向导"按钮![报表向导]，打开"报表向导"对话框，如图 6.9 所示。

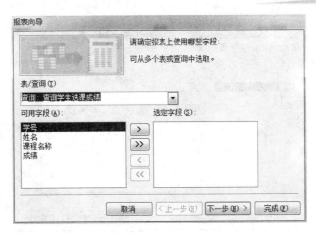

图 6.9 "报表向导"对话框

（3）在"表/查询"列表框中选择"查询学生选课成绩"，在"可用字段"列表框中选择字段加到"选定字段"列表框中，然后单击"下一步"按钮，打开"请确定查看数据的方式"对话框，如图 6.10 所示。

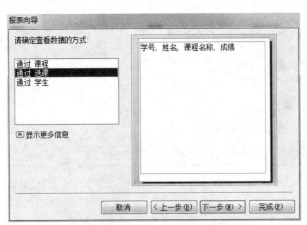

图 6.10 "确定查看数据的方式"对话框

（4）确定查看数据的方式。在列表中选择"通过选课"选项，单击"下一步"按钮，打开"是否添加分组级别"对话框，如图 6.11 所示。

（5）确定报表分组级别。在报表列表中选择"学号"字段，"学号"字段被添加到右边分组中，单击"下一步"按钮，打开"请确定明细信息使用的排序次序和汇总信息"对话框，如图 6.12 所示。

（6）详细的信息次序和汇总信息。可以选择对记录排序的字段，最多可选择 4 个字段，如果数据源中还有数字型字段，还可以进行汇总。可以跳过该步骤，单击"下一步"按钮，打开"请确定报表的布局方式"对话框，如图 6.13 所示。

（7）确定报表布局方式。使用单选按钮选择报表布局和报表方向，还可以勾选"调整字段宽度使所有字段都能显示在一页中"复选项，选择报表布局"递阶"和报表方向"纵向"，单击"下一步"按钮，打开"请为报表指定标题"对话框，如图 6.14 所示。

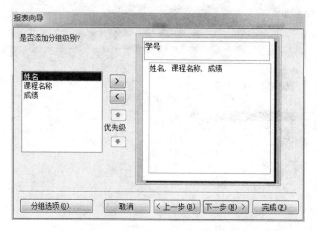

图 6.11 "是否添加分组级别"对话框

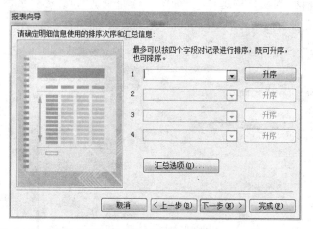

图 6.12 "请确定明细信息使用的排序次序和汇总信息"对话框

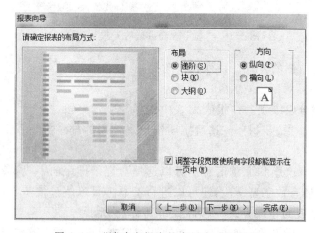

图 6.13 "请确定报表的布局方式"对话框

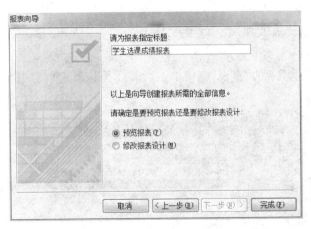

图 6.14 "请为报表指定标题"对话框

（8）为报表指定标题。在文本框中输入报表的标题"学生选课成绩报表"，同时可以选择创建报表后的操作，单击"完成"按钮，报表创建完成，系统自动保存所创建的报表，同时打开报表预览窗口，如图 6.15 所示。

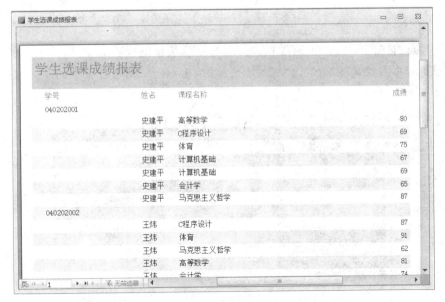

图 6.15 "学生选课成绩报表"界面

6.2.4 使用标签向导创建标签报表

标签是一种特殊的报表，它是以记录为单位，创建格式完全相同的独立报表，主要应用于制作信封、打印工资条、学生成绩单等。Access 提供了标签向导，它可以快速生成标签报表。

【实例 6.4】 利用标签向导创建标签报表显示每位学生的选课成绩。

【操作步骤】

（1）打开"选课管理"数据库，在"导航"窗格选定查询"查询学生的单科成绩平均及总成绩"。

（2）在"创建"选项卡的"报表"组中单击"标签"按钮 标签，打开"标签向导"对话框，如图 6.16 所示。

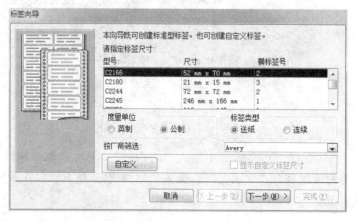

图 6.16　"标签向导"对话框

（3）为标签指定尺寸。可通过列表框选择系统提供的标签的型号、尺寸以及度量单位，用户也可以自定义标签尺寸，单击"下一步"按钮，打开"请选择文本的字体和颜色"对话框，如图 6.17 所示。

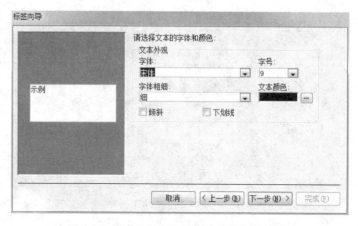

图 6.17　"请选择文本的字体和颜色"对话框

（4）为标签的文字指定字体、字号、字形和颜色。可以使用"字体"、"字号"等下拉列表框分别指定标签文字的字体、字号、字形和颜色。单击"下一步"按钮，打开"请确定邮件标签的显示内容"对话框，如图 6.18 所示。

（5）确定标签的显示内容。可以将列表框中的字段添加到右边的"原型标签"列表框中，单击"下一步"按钮，打开确定排序字段对话框，如图 6.19 所示。

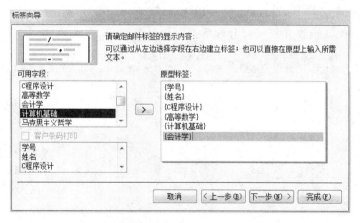

图 6.18 "请确定邮件标签的显示内容"对话框

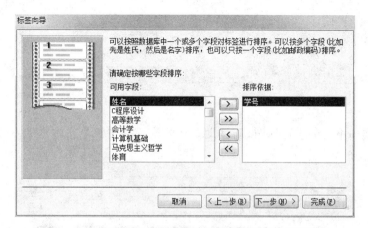

图 6.19 确定排序字段对话框

（6）确定排序字段。可以将排序字段添加到"排序依据"列表框中，选择排序字段"学号"，单击"下一步"按钮，打开"请指定报表的名称"对话框，如图 6.20 所示。

图 6.20 "请指定报表的名称"对话框

（7）输入报表名称"标签查询学生的单科成绩平均及总成绩"，单击"完成"按钮，报表创建完成，系统保持报表并自动打开标签报表预览窗口，如图 6.21 所示。

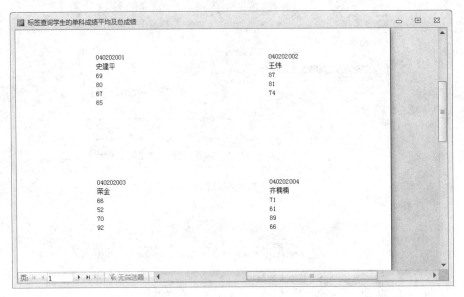

图 6.21　标签报表预览窗口

（8）切换到报表的设计视图，调整文本框的位置并在每个文本框的左边添加说明标签，如图 6.22 所示。

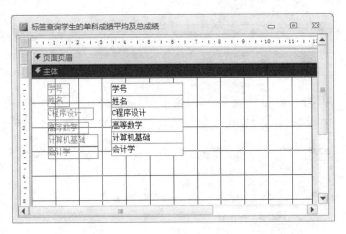

图 6.22　修改标签报表

（9）保存报表。切换到报表打印预览视图，显示结果如图 6.23 所示。

利用标签向导设计的报表中，只显示字段的值，需要为每个文本框添加说明标签，以显示完整的信息。

图 6.23　标签打印预览视图

6.3　在设计视图中创建报表

　　使用报表向导创建的报表是用 Access 系统提供的报表设计工具完成的,它的许多参数都是系统自动设置的,这样的报表在某种程度上并不能满足用户需求。使用报表设计器,即报表设计视图,不仅可以按用户的需求设计所需报表,而且可以对已有的报表进行修改,使其尽善尽美。

　　利用报表设计视图报表的主要步骤如下。

　　(1) 创建一个新报表或打开已有报表,打开报表设计视图。

　　(2) 为报表添加数据源。

　　(3) 向报表中添加控件。

　　(4) 设置控件的属性,实现数据显示及运算。

　　(5) 保存报表并预览。

6.3.1　创建简单报表

　　利用数据库中存储的数据可以创建所需的报表,例如,生成学生名册、教师考勤表及学生成绩单等。

　　【实例 6.5】　使用学生表创建学生名册报表,包括学号、姓名和性别字段,报表样式如图 6.24 所示。

　　【操作步骤】

　　(1) 打开"选课管理"数据库。

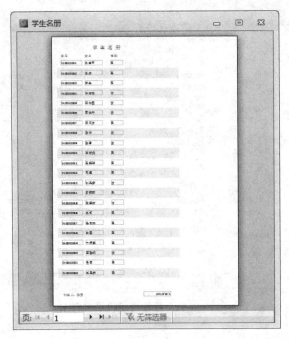

图 6.24 报表样式

（2）在"创建"选项卡"报表"组中单击"报表设计"按钮 ，系统自动创建一个名为"报表 1"的空报表，并进入设计视图，如图 6.25 所示。

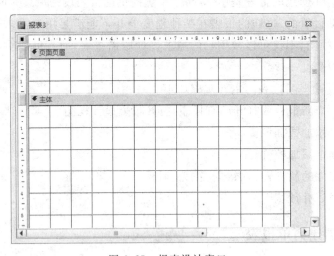

图 6.25 报表设计窗口

（3）为报表添加数据源。在"设计"选项卡的"工具"组中单击"添加现有字段"按钮 ，打开"字段列表"窗格，单击"显示所有表"超级链接按钮，在列表框中显示创建报表可用的表，如图 6.26 所示。

（4）选择"学生"表单击"＋"按钮展开表中的字段，在列表框中会显示所选表的所有字段，如图 6.27 所示。

图 6.26 "字段列表"窗格

图 6.27 学生表数据源

（5）将报表所需要的"学号"、"姓名"和"性别"字段拖曳到报表设计视图的"主体"节中，在主体区域中即出现绑定文本框以及附加标签，然后利用"剪切"和"粘贴"方法将附加标签放置于"页面页眉"节中，并与所属文本框对齐。

（6）为报表添加标题。在"页面页眉"节中添加一个标签，设置其标题属性为"学生名册"，同时利用"属性表"窗格设置标签的字体、字号等属性。

（7）在"页面页脚"节中添加一个标签，标题为"制表人：陈明"，添加一个文本框。其"控件来源"设置为"＝Date()"，如图 6.28 所示。

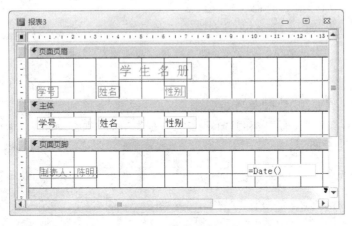

图 6.28 报表设计视图

（8）保存报表。单击快速访问工具栏中的"保存"按钮，在弹出的"另存为"对话框中输入报表的名称"学生名册"。

（9）切换到打印预览视图，查看设计效果。

提示：报表中的日期使用了文本框控件，将文本框"控件来源"属性设置为"＝Date()"，则在报表中该控件显示的信息为系统的日期。如果用户需要设置固定的日期，则可将该属性设置为指定的日期型数据。

6.3.2　创建子报表

　　子报表与子窗体一样,是指插入其他报表中的报表。被插入的报表称为主报表。在 Access 中,可以将已有的报表作为子报表插入另一个报表中,也可以在已有报表中添加子报表,创建子报表需要使用子报表控件。

　　【实例 6.6】　以实例 6.5 的“学生名册”报表为主报表,创建学生选课成绩子报表,包括学号、姓名、课程名称和成绩字段,并按学号进行分组,报表样式如图 6.29 所示。

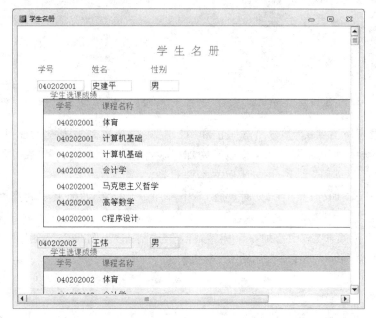

图 6.29　学生选课成绩主/子报表预览(局部)

　　【操作步骤】

　　(1) 打开“选课管理”数据库。

　　(2) 以“学生”表、“课程”表和“选课”表为数据源查询,查询命名为“学生选课成绩”,查询设置如图 6.30 所示。

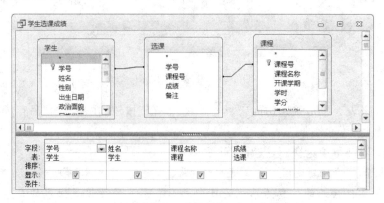

图 6.30　“学生选课成绩”查询设计视图

（3）打开"学生名册"报表，进入设计视图，在"设计"选项卡的"控件"组中选择"子窗体/子报表"控件，在窗体的主体区域添加"子窗体/子报表"对象，打开"子报表向导"对话框，如图 6.31 所示。

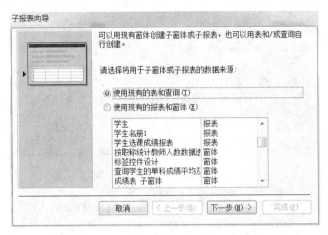

图 6.31　"子报表向导"对话框

（4）为子报表选择数据源。可以用现有窗体创建子报表，也可以用表或查询创建子报表。选择"使用现有的表和查询"单选按钮，然后，单击"下一步"按钮，打开选择字段对话框，如图 6.32 所示。

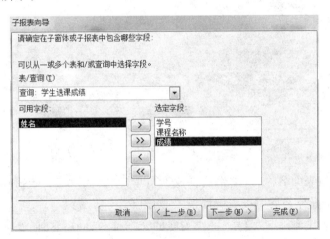

图 6.32　选择字段对话框

（5）在"表/查询"列表框中选择查询"学生选课成绩"，同时选择子报表中所用字段"学号"、"课程名称"和"成绩"，然后单击"下一步"按钮，打开确定主/子报表链接字段的对话框，如图 6.33 所示。

（6）确定主/子报表链接字段有两种方式：从列表中选择，自行定义。如果选择"从列表中选择"单选按钮，系统将会自动列出可以链接的字段，用户可以进行选择；如果选择"自行定义"单选按钮，则需要用户自行确定链接文字。在本例中选择"自行定义"单选按

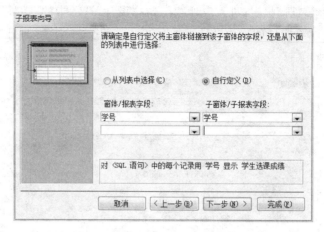

图 6.33 确定主/子报表链接字段对话框

钮,并在"窗体/报表字段"和"子窗体/子报表字段"列表框中分别选择"学号"字段,然后单击"下一步"按钮,打开"请指定子窗体或子报表的名称"对话框,如图 6.34 所示。

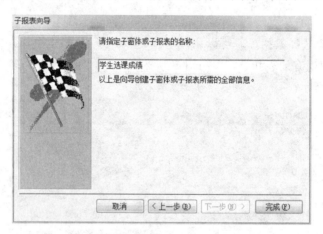

图 6.34 "请指定子窗体或子报表的名称"对话框

(7) 指定子报表的名称为"学生选课成绩",单击"完成"按钮,子窗体设计完成,系统将自动保存主/子窗体并返回报表设计视图,如图 6.35 所示。

(8) 在子报表中删除与"学号"字段关联的文本框和标签,这样,在显示报表时,子窗体中不再显示"学号"数据,切换到报表预览视图,显示结果如图 6.29 所示。

6.3.3 创建图表报表

图表报表是 Access 中的一种特殊的报表,它通过图表的形式反映数据源数据的关系,使数据浏览更直接、形象。Access 2010 没有提供部分图表向导功能,但可以使用"图表"控件来创建图表报表。

【实例 6.7】 利用图表向导创建报表统计学生选课人数。

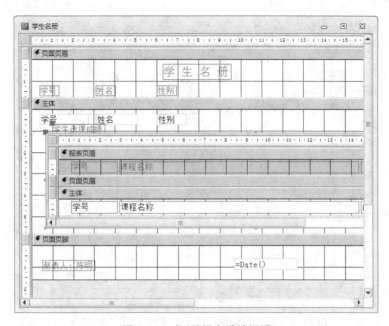

图 6.35 主/子报表设计视图

【操作步骤】

（1）打开"选课管理"数据库。

（2）选择"课程"和"选课"表为数据源创建查询，查询名称为"选课人数统计"，如图 6.36 所示。

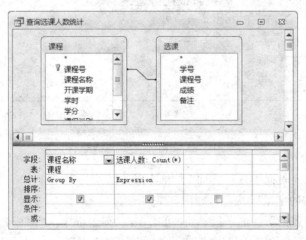

图 6.36 查询设计视图

（3）在"创建"选项卡的"报表"组中单击"报表设计"按钮 ，系统自动创建一个空报表，并进入设计视图，在"控件"组中选择"图表"控件 ，并在主体区域中拖动添加一个图表对象，如图 6.37 所示，同时系统将自动启动控件向导，打开"图表向导"对话框，如图 6.38 所示。

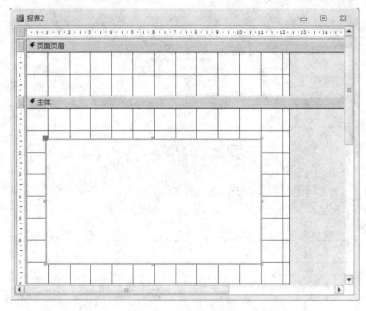

图 6.37　报表设计视图

图 6.38　"图表向导"对话框

（4）在数据源列表框中选择查询"查询选课人数统计"，单击"下一步"按钮，打开"请选择图表数据所在的字段"对话框，如图 6.39 所示。

（5）选择图表数据所在的字段。将"可用字段"列表框中的"课程名称"和"选课人数"字段添加到"用于图表的字段"列表框中，单击"下一步"按钮，打开"请选择图表的类型"对话框，如图 6.40 所示。

（6）选择图表类型"饼图"，单击"下一步"按钮，打开"请指定数据在图表中的布局方式"对话框，如图 6.41 所示。

（7）可以将字段拖放到"饼图"示例图表中，单击"下一步"按钮，打开"请指定图表的标题"对话框，如图 6.42 所示。

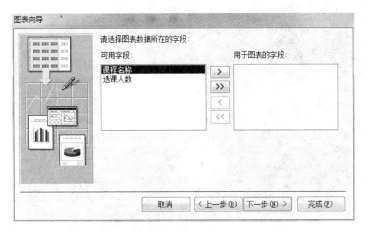

图 6.39 "请选择图表数据所在的字段"对话框

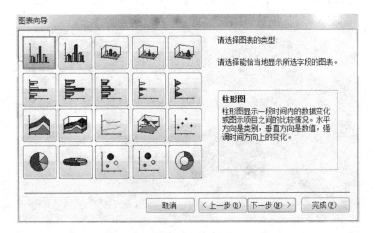

图 6.40 "请选择图表的类型"对话框

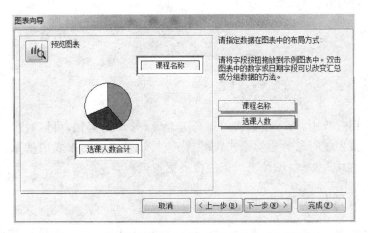

图 6.41 "请指定数据在图表中的布局方式"对话框

图 6.42   "请指定图表的标题"对话框

（8）输入图表的标题，同时可以选择创建报表后的操作，单击"完成"按钮，切换到报表视图，显示结果如图 6.43 所示，保存报表，报表创建完成。

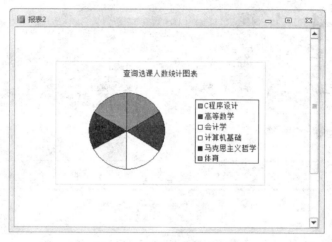

图 6.43   图表报表预览窗口

6.4   编 辑 报 表

在报表使用过程中，为了使报表的布局更合理，外观更美化，可以对报表做进一步处理，例如，调整报表中对象的显示格式，设置特殊的效果来突出报表中的某些信息以增加可读性，在报表中添加一些图像或线条使报表更加美观。

6.4.1   设置报表格式

在创建了报表之后，就可以在报表的设计视图中进行格式化处理，以获得理想的显示效果。通常采用的方式有两种：一是使用"属性表"窗格对报表中的控件进行格式设置；二是使用"报表设计工具"下的"格式"选项卡中的按钮进行格式设置。

"格式"选项卡如图 6.44 所示。使用选项卡中的按钮可以选择报表中需要设置格式的对象,对其进行字体、显示格式、数字、背景等属性的设置。

图 6.44 "格式"选项卡

6.4.2 为报表添加图像和线条

在报表中添加图形和图像,可以使报表更加美观,添加图像需要使用图像控件,使用线条和图形时可以直接在报表中绘制。

1. 图像

可以在报表的任何位置,如页眉、页脚和主体节,添加图片。根据所添加图片的大小和位置的不同,可以将图片用做徽标、横幅,又可以用做节的背景。

具体操作步骤如下。

(1) 打开报表的设计视图,在"设计"的"控件"组中单击"图像"控件，在报表中指定位置添加图片对象,打开"插入对象"对话框。

(2) 在打开的"插入对象"对话框中选择图片,单击"确定"按钮。

(3) 如果需要对图片进行调整,可以使用图片控件的"属性表"窗格对图片的某些属性进行设置。例如,图像的缩放模式,图像的尺寸等。

2. 线条

矩形和直线可以使内容较长的报表变得更加易读。可以使用直线来分隔控件,使用矩形将多个控件进行分组,在 Access 中使用矩形时,无须对其进行创建,而只需在设计视图中直接绘制,其使用方式与使用文本框和标签控件的方式相同,可以在"控件属性"对话框中调整和设置其属性。

6.4.3 在报表中插入日期和时间

在实际应用中,报表是记录实时数据的文档,在报表输出打印时,通常需要打印报表的创建日期和时间,例如,工资报表、成绩报表。如果需要在报表中插入日期和时间,可以按照以下步骤操作。

(1) 选择需要插入日期和时间的报表,打开报表的设计视图。

(2) 在"设计"的"页眉/页脚"组中单击"日期和时间"按钮，打开"日期和时间"对话框,如图 6.45所示。

图 6.45 "日期和时间"对话框

（3）在"包含日期"选项组中选择所需要的日期格式,在"包含时间"选项组中选择所需要的时间格式。

（4）单击"确定"按钮,系统将自动在报表页眉中插入显示日期和时间的文本框控件。如果报表中没有报表页眉,表示日期和时间的控件将被放置在报表的主体中。可以用鼠标将其拖曳到报表中指定的位置。

6.4.4　在报表中插入页码

当报表内容较多,需要多页输出时,可以在报表中添加页码,保证打印报表的次序。

在报表中插入页码的操作步骤如下。

（1）选择需要插入页码的报表,打开报表的设计视图。

（2）在"设计"的"页眉/页脚"组中单击"页码"按钮

，打开"页码"对话框,如图 6.46 所示。

（3）在"格式"选项组中,选择所需要的页码位置。在"对齐"组合框中,指定页码的对齐方式,勾选"首页显示页码"复选框。

（4）设置完成后,单击"确定"按钮,系统将在报表指定的位置插入页码。

图 6.46　"页码"对话框

6.5　报表排序和分组

在 Access 数据库中,除了可以利用报表向导实现记录的排序和分组外,还可以通过报表的设计视图对报表中的记录进行排序分组。

6.5.1　排序记录

排序记录是指将报表中的记录按照升序或降序的次序排列。

【实例 6.8】　将"学生名单"表按照学生姓名排序。

【操作步骤】

（1）打开"选课管理"数据库。

（2）打开"学生名册"报表,并且切换到设计视图。

（3）在"设计"选项卡的"分组和汇总"组中单击"分组和排序"按钮，打开"分组、排序和汇总"面板,如图 6.47 所示。

图 6.47　"分组、排序和汇总"面板

(4)单击"添加排序"按钮,在"选择字段"下拉列表框中选择"姓名"字段,在"排序"列表框中选择"升序",如图 6.48 所示。

图 6.48 选择升序排序

(5)切换到打印预览视图,报表将按照"姓名"字段升序显示信息。

6.5.2 分组记录

分组记录是指将具有共同特征的相关记录组合成一个集合,在显示或打印时将它们集中在一起,并且可以为同组记录设置要显示的概要和汇总信息,分组可以对数据进行分类,提高报表的可读性,提高信息的利用率。

【实例 6.9】 创建学生选课成绩表,包括学号、姓名、课程名称和成绩字段,并按学号进行分组,报表样式如图 6.49 所示。

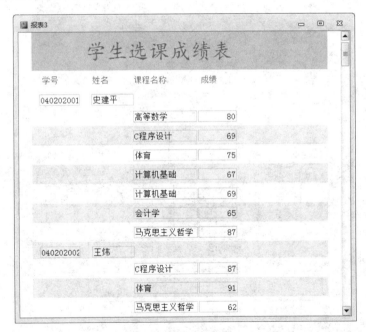

图 6.49 学生选课成绩表预览(局部)

【操作步骤】

(1)打开"选课管理"数据库。

(2)以查询"查询学生选课成绩"为数据源创建一个新报表,报表的外观设计和整体布局如图 6.50 所示。

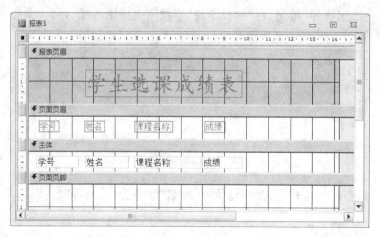

图 6.50   "学生选课成绩表"设计视图

（3）在"设计"选项卡的"分组和汇总"组中单击"分组和排序"按钮，打开"分组、排序和汇总"面板。单击"添加组"按钮，在"选择字段"下拉列表框中选择"学号"字段，如图 6.51 所示，则分组形式显示为"学号"，在报表的设计视图中出现组页眉"学号页眉"节，如图 6.52 所示。

图 6.51   添加分组字段

图 6.52   报表的组页眉

（4）将主体节中的"学号"和"姓名"文本框移动到组页眉节中，显示结果如图 6.53 所示。

图 6.53 添加组页眉

（5）切换到打印预览视图，报表按照学号分组显示课程和成绩，如图 6.49 所示。

（6）保存报表，报表名称为"学生选课成绩"。

6.6 在报表中实现计算

6.6.1 使用计算控件

在打印报表时，有时需要对输出的数据进行汇总和统计，例如，统计每个学生的总成绩、平均成绩、统计某个专业学生某门课程的总成绩、统计教师的工作量等。报表除了可以直接将数据源中的数据输出外，还可以在报表中添加控件，用来输出一些经过计算才能得到的数据。

在 Access 中利用计算控件进行统计运算并输出结果，有以下两种操作形式。

1. 在主体节内添加计算控件

在主体节内添加计算控件对记录的若干字段求和或计算平均值时，只要设置计算控件的"控件来源"为相应字段的运算表达式即可。

这种形式的计算还可以移到查询设计当中，以改善报表操作性能。若报表数据源为表对象，则可以创建一个选择查询，其中添加计算字段完成计算；若报表数据源为查询对象，则可以再添加计算字段完成计算。

2. 在组页眉/组页脚节区内或报表页眉/报表页脚节区内添加计算字段

在组页眉/组页脚内或报表页眉/报表页脚内添加计算字段对记录的若干字段求和或进行统计计算，这种形式的统计计算一般是对报表字段列的纵向记录数据进行统计，而且要使用 Access 提供的内置统计函数完成相应的计算操作。

如果是进行分组统计并输出，则统计计算控件应该布置在"组页眉/组页脚"节区内相应位置，然后使用统计函数设置控件源即可。

6.6.2　报表常用函数

报表设计中,常用的函数包括统计计算类函数、日期类函数等,主要函数的功能见表 6.1。

表 6.1　报表中常用函数

函数	功　　能
Avg	在指定的范围内,计算指定字段的平均值
Count	计算指定范围内记录的个数
First	返回指定范围内多条记录中的第一条记录指定的字段值
Last	返回指定范围内多条记录中的最后一条记录指定的字段值
Max	返回指定范围内多条记录中的最大值
Min	返回指定范围内多条记录中的最小值
Sum	计算指定范围内的多条记录指定字段值的和
Date	当前日期
Now	当前日期和时间
Time	当前时间
Year	当前年

【实例 6.10】　创建学生选课成绩报表,包括学号、姓名、课程名称和成绩字段,并按学号进行分组,统计每个学生的平均成绩和总成绩,报表样式如图 6.54 所示。

图 6.54　学生选课成绩及统计报表预览(局部)

【操作步骤】

（1）打开"选课管理"数据库。

（2）以查询"查询学生选课成绩"为数据源创建一个新报表，报表的外观设计和整体布局如图 6.55 所示。

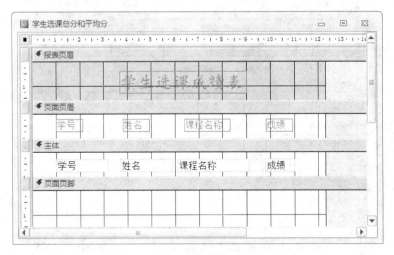

图 6.55 学生选课成绩报表设计图

（3）在"设计"的"分组和汇总"组中单击"分组和排序"按钮，打开"分组、排序和汇总"面板。单击"添加组"按钮，在"选择字段"下拉列表框中选择"学号"字段，则分组形式显示为"学号"，单击"更多"按钮，将"组页眉"属性设置为"无页眉节"，"组页脚"属性设置为"有页脚节"，如图 6.56 所示，则在报表的设计视图中出现组页眉"学号页脚"节，如图 6.57所示。

图 6.56 "组页眉"和"组页脚"属性设置

（4）报表的设计视图中出现"组页脚"节，在组页脚中添加两个文本框，分别将文本框的"控件来源"属性设置为"＝Sum（［成绩］）"和"＝Avg（［成绩］）"，并同时分别为文本框添加标签，标题分别为"总分："和"平均分："，如图 6.58 所示。

（5）切换到打印预览视图，报表中显示学生的选课成绩和成绩，同时显示每个学生的总成绩和平均成绩，如图 6.54 所示。

（6）保存报表，报表名为"学生选课总分和平均分"。

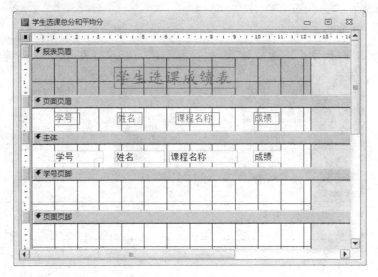

图 6.57 添加组页脚

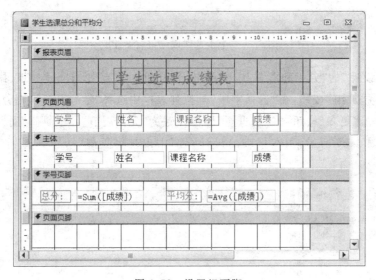

图 6.58 设置组页脚

6.7 打 印 报 表

创建报表的主要目的是为了在打印机上输出。在打印输出时,需要根据报表和纸张的实际情况进行页面设置,通过系统的打印浏览功能查看报表的显示效果,符合用户的要求时,可以在打印机上输出。

在打印之前,首先确认使用的计算机是否连接有打印机,并且已经安装了打印机驱动程序,还要根据报表的大小选择合适的打印纸。

6.7.1　页面设置

报表的页面设置的内容包括设置打印纸的尺寸、页边距以及列的设置等信息。报表的页面设置需要使用 Access 的"页面设置"功能实现，具体操作步骤如下。

（1）选择需要进行页面设置的报表，打开其设计视图。

（2）在"页面设置"选项卡的"页面布局"组中单击"页面设置"按钮 ，打开"页面设置"对话框。

（3）设置相应的参数。

1．设置页边距

将"页面设置"对话框切换到"打印选项"选项卡，可以设置页边距的相关参数，如图 6.59 所示。

在"页边距"选项区域中输入所打印数据和页面的上下左右 4 个方向之间的边距，可以在"示例"区域中看到实际打印的效果。

如果勾选了"只打印数据"复选框，则报表打印时只显示数据库中字段的数据或是计算而来的数据，不显示分隔线、页眉页脚等信息。

图 6.59　设置"页边距"

这个选项一般用于需要打印数据到已定制好的纸张上的情况。

2．设置页面

将"页面设置"对话框切换到"页"选项卡，然后设置页面的相关参数，如图 6.60 所示。

使用该对话框，可以设置打印方向、纸张大小、纸张来源以及选择打印机。

3．设置列

将"页面设置"对话框切换到"列"选项卡，然后设置列的相关参数，如图 6.61 所示。

图 6.60　设置"页"　　　　　　　　图 6.61　设置"列"

在"网格设置"选项组中,可以设置报表的列数、行间距、列间距;在"列尺寸"中可以设置列的宽度和高度;如果是多列报表,可以设置列的布局为"先行后列"或"先列后行"两种方式。

对报表进行页面设置之后,经过重新设置的参数将保存在相应的报表中,在报表预览或打印输出时这些参数将会发生作用。

6.7.2 打印报表

打印报表是指在纸上输出报表,具体操作步骤如下。

(1) 选定要打印的报表对象。

(2) 直接在所选定的报表对象上右击,在弹出的快捷菜单中选择"打印"命令,或者单击"文件"选项卡中的"打印"按钮,打开"打印"对话框,如图 6.62 所示。

图 6.62 "打印"对话框

(3) 指定打印机名称、打印范围以及打印份数,然后单击"确定"按钮。

习 题

一、选择题

1. 以下叙述中正确的是_____。

    A. 报表只能输入数据   B. 报表只能输出数据

    C. 报表可以输入和输出数据   D. 报表不能输入和输出数据

2. 要实现报表的分组统计,正确的操作区域是_____。

    A. 报表页眉或报表页脚区域   B. 页面页眉或页面页脚区域

    C. 主体区域   D. 组页眉或组页脚区域

3. 关于设置报表数据源,下列叙述中正确的是_____。

    A. 可以是任意对象   B. 只能是表对象

    C. 只能是查询对象   D. 只能是表对象或查询对象

4. 要设置只在报表最后一页主体内容之后输出的信息,正确的设置是_____。

A. 报表页眉　　　B. 报表页脚　　　C. 页面页眉　　　D. 页面页脚

5. 在报表设计中，以下可以作绑定控件显示字段数据的是_____。

A. 文本框　　　B. 标签　　　C. 命令按钮　　　D. 图像

6. 要设置在报表每一页的底部都输出的信息，需要设置_____。

A. 报表页眉　　　B. 报表页脚　　　C. 页面页眉　　　D. 页面页脚

7. 在报表中，要计算"数学"字段的最高分，应将控件的"控件来源"属性设置为_____。

A. ＝Max([数学])

B. Max(教学)

C. ＝Max[教学]

D. ＝Max(数学)

8. 要实现报表按某字段分组统计输出，需要设置_____。

A. 报表页脚

B. 该字段组页脚

C. 主体

D. 页面页脚

9. 要显示格式为"页码/总页数"的页码，应当设置文本框的控件来源属性是_____。

A. [Page]/[Pages]

B. ＝[Page]/[Pages]

C. [Page]&"/"&[Pages]

D. ＝[Page]&"/"&[Pages]

10. 如果设置报表上某个文本框的控件来源属性为"＝2＊3＋1"，则打开报表视图时，该文本框显示信息是_____。

A. 未绑定　　　B. 7　　　C. 2＊3＋1　　　D. 出错

11. 在报表中将大量数据按不同的类型分别集中在一起，称为_____。

A. 数据筛选　　　B. 合计　　　C. 分组　　　D. 排序

12. 报表的数据来源不能是_____。

A. 表　　　B. 查询　　　C. SQL 语句　　　D. 窗体

13. 报表不能完成的工作是_____。

A. 分组数据　　　B. 汇总数据　　　C. 格式化数据　　　D. 输入数据

14. 在报表设计时，如果要统计报表中某个字段的全部数据，计算表达式应放在_____。

A. 组页眉/组页脚

B. 页面页眉/页面页脚

C. 报表页眉/报表页脚

D. 主体

15. 在报表设计的工具栏中，用于修饰版面以达到良好输出效果的控件是_____。

A. 直线和矩形

B. 直线和圆形

C. 直线和多边形

D. 矩形和圆形

二、填空题

1. 完整报表设计通常由报表页眉、_____、_____、_____、_____、_____和组页脚 7 个部分组成。

2. Access 的报表对象的数据源可以设置为_____。

3. 报表数据输出不可缺少的内容是_____的内容。

4. 计算控件的控件来源属性一般设置为_____开头的计算表达式。

5. 要在报表上显示格式为"4/总 15 页"的页码,则计算控件的控件来源应设置为_____。

6. 要设计出带表格线的报表,需要向报表中添加_____控件完成表格线显示。

7. Access 的报表要实现排序和分组统计操作,应通过设置_____属性来进行。

三、上机操作题

1. 针对教师管理系统,使用报表向导创建输出课程基本信息的报表,报表预览如图 6.63 所示。

图 6.63　课程基本信息报表

2. 使用报表设计视图创建输出教师工资信息的表格式报表,报表设计视图如图 6.64 所示。

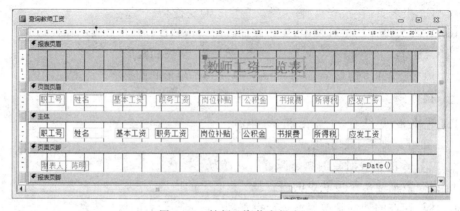

图 6.64　教师工资信息报表

3. 设计一个标签,输出每位教师所教授课程的课程名称、课程性质、学分和学时,如图 6.65 所示。

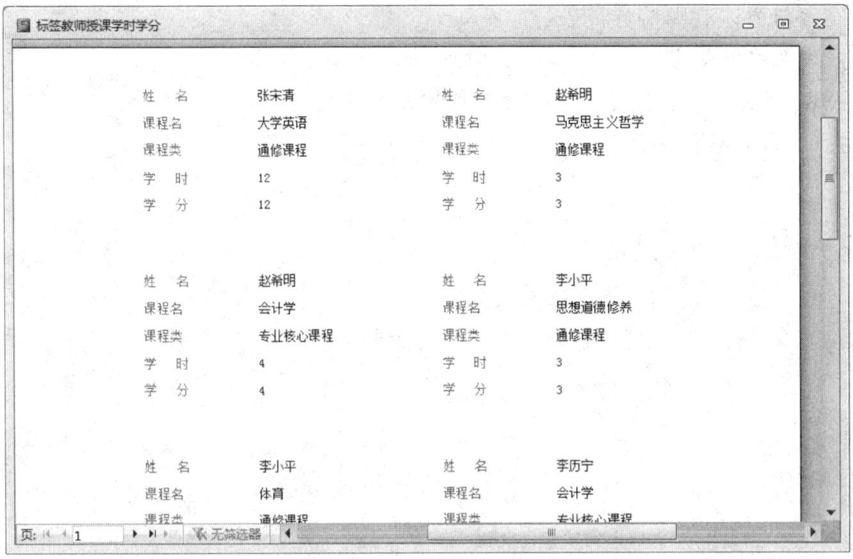

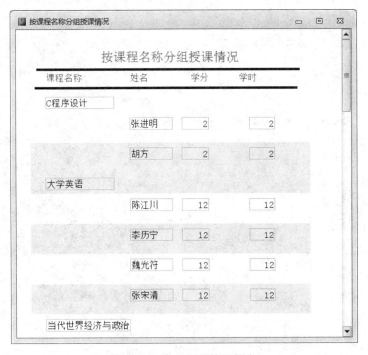

图 6.65 教师授课标签

4. 设计一个分组报告,按授课课程名称分组输出教师的姓名、所教授课程的课程名称、学时和学分,如图 6.66 所示。

图 6.66 分组授课情况报表

四、思考题

1. 什么是报表？报表有哪些主要功能？
2. 报表与窗体有哪些异同？
3. 报表有哪些类型？
4. 报表由哪几部分组成？各部分的作用是什么？
5. 主/子报表有何用途？

第 7 章 宏

宏是 Access 的第 5 大数据库对象。作为一种简化了的编程方法，宏可以在不编写任何代码的情况下，自动帮助用户完成一些任务。灵活地运用宏命令，可以使系统功能变得十分强大。

7.1 宏 概 述

在处理 Access 数据库对象的过程中，往往需要重复执行某些任务或操作。例如，向表中添加记录时，需要打开同一个窗口，为了简化操作步骤，可以将这些重复执行的任务或操作组织在一个宏中，在应用时直接调用和运行宏，自动执行集成在宏中的各项操作。

宏并不直接处理数据库中的数据，它是组织 Access 数据库对象的工具。在 Access 数据库中，表、查询、窗体和报表这 4 个对象，各自具有强大的数据处理功能，能独立处理完成数据库中的特定任务，但是它们各自独立工作，不能相互协调、相互调用，使用宏可以将这些对象有机地整合在一起，完成特定的任务。

7.1.1 宏的基本概念

宏是 Access 中执行特定任务的操作和操作集合，其中的每个操作实现特定的功能，是由 Access 本身提供的。宏是以动作为单位执行用户设定的操作的，每个动作在运行时由前到后按顺序执行。宏可以是包含操作序列的一个宏，也可以是多个宏组成的宏组。使用条件表达式可以决定在某些条件下运行宏时，某个操作是否执行。

创建宏的目的是自动处理某一项或者一系列任务，可以将任务当作一个或多个基本操作的集合，其中每个基本操作都能独立实现某一项特定的功能。在 Access 中，宏几乎可以实现数据库的所有操作，归纳起来，有以下几点。

（1）打开和关闭表、查询、窗体等对象。

（2）执行报表的显示、预览和打印功能。

（3）执行查询操作及数据筛选功能。

（4）设置窗体中控件的属性值。

（5）执行菜单上的选项命令。

（6）显示和隐藏工具栏。

图 7.1 显示了一个含有三个操作的宏，包括如下功能。

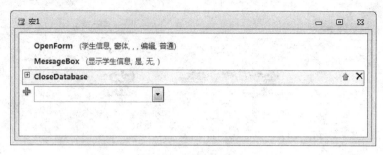

图 7.1 宏的设计视图

（1）打开某个窗体。

（2）显示一个信息提示框。

（3）关闭窗体。

当执行这个宏时，将自动执行这三个操作。

在实际操作过程中，人们很少单独使用一个宏命令，往往将这些命令组合在一起按照顺序依次执行以完成一项特定的任务。这些命令的执行可以通过窗体或表中控件的某个事件来触发，也可以在数据库的运行中自动实现。

7.1.2 常用的宏操作

Access 2010 提供了八十多个宏操作命令。根据宏的用途将它们分成以下 8 类。

（1）窗口管理命令。

（2）宏命令。

（3）筛选/查询/搜索命令。

（4）数据库导入导出命令。

（5）数据库对象命令。

（6）数据库命令。

（7）系统命令。

（8）用户操作命令。

由于宏操作的种类繁多，在表 7.1 中列出了 Access 中较为常用的宏操作及功能。

表 7.1 常用宏操作

宏 操 作	主 要 功 能
AddMenu	创建菜单栏或快捷菜单
AddlyFilter	用筛选、查询或 SQL 语句的 where 子句来选择表、窗体或报表中显示的记录
Beep	使计算机的扬声器发出嘟嘟声
CancelEvent	取消引起宏操作的事件
Close	关闭指定的数据库队形，包括对象、查询、窗体、报表或模块窗口
CopyObject	复制数据库对象

续表

宏 操 作	主 要 功 能
DelectObject	删除数据库对象
Echo	运行宏时,显示或不显示状态信息
FindRecord	在表、查询或窗体中查找指定条件的第一条记录
FindNext	依据 FindRecord 操作使用的查找准则查找下一条记录
GotoControl	将光标移动到窗体中特定的控件上
GotoPage	将光标移动到窗体中特定页的第一个控件上
GotoRecord	在表、查询或窗体中,添加新的记录或将光标移动到指定的记录
HourGlass	当运行宏时,鼠标指针显示沙漏状
Maximize	最大活动窗口
Minimize	最小活动窗口
MoveSize	移动或调整窗口的尺寸
Msgbox	显示消息框
OpenDiagram	在设计视图打开数据库图表
OpenForm	打开窗体
OpenModule	打开指定的模块
OpenQuery	在表、窗体中打开查询
OpenTable	在表、设计视图或预览视图中打开查询表
OutputTo	将数据导出为 xlsx、txt、rft、html 或 asp 等文件格式
PrintOut	打印活动的数据库对象,如表、窗体、报表和模块
Quit	退出 Access
Rename	将数据库对象更名
Requery	让指定控件重新从数据库源中读取数据
Restore	将最大化最小化的窗口恢复到原来的大小
RunCommand	运行指定的 Access 菜单栏、工具栏和快捷菜单上的命令
RunMarco	运行指定的宏
RunSQL	运行指定的 SQL 命令
Save	保存指定的数据库对象
SelectObject	选定一个数据库对象
SendKeys	发送键盘消息给当前活动的模块
SendObject	将数据库对象的数据以电子邮件形式发送给收件人
SetMenuItem	设置自定义菜单中命令的状态:有效、无效、可选或不可选

续表

宏　操　作	主　要　功　能
SetValue	为窗体、报表中的字段指定一个新值
ShowToolbar	显示或隐藏工具栏
StopMacro	取消所有的宏
TransferDatabase	导入、导出或连接表
TransferSpreadSheet	导入、导出电子表格数据
Transfer	导入、导出文本文件

7.2　建　立　宏

宏的创建方法与其他 Access 数据库对象一样,都可以在设计视图窗口中进行。在创建宏的过程中,主要工作是设置所包含的操作和相应的参数。

7.2.1　宏的设计视图

宏的创建需要在宏的设计窗口进行,打开宏的设计窗口的操作步骤如下。

(1) 打开数据库。

(2) 在"创建"选项卡的"宏与代码"组中单击"宏"按钮　,打开"宏"设计器窗口,同时打开"操作目录"面板,如图 7.2 所示。

图 7.2　宏设计窗口

宏设计窗口供用户设计宏使用,用户设计的宏包含的所有操作都会显示在宏设计窗口中。在"操作目录"面板中,分类列出了所有的宏操作命令,设计宏时可以直接选择所需要的命令。

　　宏通常由宏操作名称和数据参数组成,当选择或直接输入宏操作命令后,系统会自动展开宏并显示该命令的相关参数。选择 OpenForm 命令后显示的相关参数如图 7.3 所示。

图 7.3　显示宏名和条件的宏设计窗口

　　操作参数控制操作执行的方式,不同的宏操作具有不同的操作参数。用户根据所要执行的操作对这些参数进行设置。

　　设置操作参数的方法简要介绍如下。

　　(1) 可以在参数框中输入数值,也可以从列表中选择某个设置。

　　(2) 通过从"数据库"窗体以拖动数据库的方式向宏中添加操作,系统会设置适当的参数。

　　(3) 如果操作中有调用数据库对象名的参数,则可以将对象从"数据库"窗体中拖动到参数框,从而由系统自动设置操作及其对应的对象类型参数。

　　(4) 可以用前面加等号"="的表达式来设置操作参数,但不能对表 7.2 中的参数使用表达式。

表 7.2　不能设置成表达式的操作参数

参　　数	操　　作
对象类型	Close, DeleteObject, GoToRecord, OutputTo, Rename, Save, SelectObject, SendObject, RepaintObject, TransferDatabase
源对象类型	CopyObject
数据库类型	TransferDatabase
电子表格类型	TransferSpreadSheet
规格名称	TransferText
工具栏名称	ShowToolbar
输出格式	OutputTo, SendObject
命令	RunCommand

7.2.2　创建独立的宏

宏的创建在宏设计窗口进行，每个宏都需要为其指定操作并设置相关参数。

【实例7.1】　在"选课管理"数据库中，创建一个宏，其功能是打开"教师信息"窗体，显示所有职称为"教授"的教师记录。

【操作步骤】

（1）打开"选课管理"数据库。

（2）在"创建"选项卡的"宏与代码"组中单击"宏"按钮，系统将自动创建名为"宏1"的宏，同时打开"宏设计"窗口。

（3）在"添加新操作"列表框中选择宏命令 OpenForm，展开操作参数。

（4）设置操作参数。在操作参数窗口中，选择窗体名称"教师信息"，在"视图"选项中选择"窗体"，在"当条件"选项中输入表达式"［职称］="教授""，数据模式设置为"只读"，如图7.4所示。

图7.4　宏的设置

（5）单击快速访问工具栏中的"保存"按钮，打开"另存为"对话框，在"宏名称"文本框中输入"打开教师信息窗体"，然后单击"确定"按钮，宏设计完成。

（6）在"设计"选项卡的"工具"组中单击"执行"按钮 ！，查看宏运行的结果。

如果在一个宏中有多个宏操作，则按照上面的方法逐个添加宏名称以及设置相应的参数。

7.2.3　创建宏组

宏组是指一个宏文件中包含一个或多个宏，这些宏称为子宏。在宏组中，每个子宏都是独立的，互不相关。将功能相近或操作相关的宏组织在一起构成宏组，可以为设计数据库应用程序带来方便。宏组也是 Access 数据库中的对象。

在宏组中,每个子宏都必须定义一个唯一的名称,以方便调用。

创建宏组与创建宏的方法基本相同,需要打开宏设计窗口,所不同的是在创建过程中为每个子宏命名,为每个宏指定宏的名称。

【实例 7.2】　在"选课管理"数据库中,创建一个宏组,其中包括三个宏操作,分别是打开学生表、打开学生信息浏览窗体、打开"学生名册"报表和关闭学生报表。

【操作步骤】

(1) 打开"选课管理"数据库。

(2) 在"创建"选项卡的"宏与代码"组中单击"宏"按钮,打开"宏设计"窗口。

(3) 在"操作目录"窗格中,将程序流程中的子宏命令 SubMacro 拖到"添加新操作"组合框中,在子宏名称文本框中,默认名称为 Subl,将该名称改为"打开学生表",在"添加新操作"组合框中选择命令 OpenTable,设置表名称为"学生",视图为"数据表",数据模式为"只读",如图 7.5 所示。

图 7.5　显示宏名的宏设计窗口

(4) 用同样的方法添加其余的宏,设置相应的操作参数,设置结果如图 7.6 所示。

图 7.6　宏组的设计窗口

每个宏的操作参数设置如表 7.3 所示。

(5) 在快速访问工具栏中单击"保存"按钮,打开"另存为"对话框,在"宏名称"文本框中输入"宏组学生表操作",然后单击"确定"按钮,宏设计完成。

表 7.3　宏组中宏的参数设置

宏　　名	宏操作	操作参数
打开学生表	OpenTable	表名：学生；视图：数据表；数据模式：只读
打开学生信息浏览窗体	OpenForm	窗体名称：学生信息浏览；视图：窗体；数据模式：只读；窗口模式：普通
打印学生报表	OpenReport	报表名称：学生名册；视图：打印；窗口模式：普通
关闭	CloseWindows	对象类型：表；对象名称：学生；保存：是

宏组的运行需通过对象的事件触发，将在后面介绍。当直接运行宏时，只执行最前面的宏。

宏与宏组有以下区别。

（1）宏是由宏操作构成的，而宏组是由宏构成的。

（2）宏组中的子宏必须命名，而宏不需要。

（3）宏在运行时，所有的宏操作按顺序执行；而宏组在运行时只执行最前面的宏。

7.2.4　创建条件操作宏

条件宏是指在宏中的某些操作带有条件，当执行宏时，这些操作只有在满足条件时才得以执行。

对数据进行处理时，可能希望仅当满足特定的条件时才在宏中执行某个操作，在这种情况下，可以只用条件来控制宏的流程。

宏在执行时能对条件进行测试，并在条件为真时运行指定的宏操作。

【实例 7.3】　在实例 7.2 中所创建的宏中添加一个新功能，在打开报表之前提示用户确认，提示信息为"请打开打印机！"。

【操作步骤】

（1）打开"选课管理"数据库及实例 7.2 中所创建的宏"宏组学生表操作"。

（2）选择宏操作"打开学生报表"，在"操作目录"窗格中将程序流程中的子宏命令 If 拖到子宏名称的下方，然后将宏操作 OpenReport 拖动到"添加新操作文本框中"，在 If 后的文本框中输入表达式"MsgBox("请打开打印机！"，1)＝1"，如图 7.7 所示。

表达式的含义是，在弹出的消息框（见图 7.8）中显示信息"请打开打印机！"以及"确定"和"取消"按钮，当用户单击"确定"按钮时，执行宏操作 OpenReport。

（3）单击"保存"按钮，宏设置完成。

7.2.5　编辑宏

对已经创建的宏可以进行编辑和修改，包括添加新的宏操作、删除宏操作、更改宏操作顺序和添加注释等。

1. 添加宏操作

对已经创建的宏可以继续添加新的宏操作，操作步骤如下。

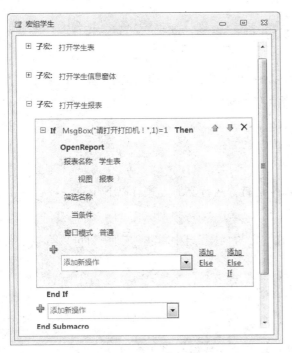

图 7.7　条件宏设置

图 7.8　MsgBox 消息框

（1）在"导航"窗格中选择"宏"，右击要修改的宏，在弹出的快捷菜单中选择"设计视图"命令，打开"宏设计"视图窗口。

（2）添加新的宏操作并设置相关的参数。

（3）重复步骤（2）可以继续添加。

（4）保存宏。

2．删除宏操作

如果需要在已有的宏中删除宏操作，可采用下列三种方法。

（1）选中要删除的宏，按 Delete 键。

（2）右击要删除的宏，在弹出的快捷菜单中选择"删除"命令。

（3）直接单击宏操作右侧的"删除"按钮。

3．更改宏操作顺序

对于设计好的宏，可以对其中的宏操作调整排列顺序，操作方法有以下三种。

（1）直接拖动要移动的宏操作到需要的位置。

（2）选中宏操作，然后按 Ctrl＋↑键和 Ctrl＋↓键 。

（3）选中宏操作，单击该操作右侧的"上移"和"下移"按钮。

4．添加注释

在设计宏时。添加注释可以提高其可读性，便于以后修改和使用。为宏操作添加注释的操作步骤：在"操作目录"中选中 Comment 操作，拖动到需要添加注释的宏操作的前面，然后在文本框中输入注释内容即可。

7.3　宏的执行和调试

对于创建的宏或宏组,只有运行后,才可以实现宏的功能,得到宏操作的结果。在宏运行时有时会出现错误或异常情况,需要对宏或宏组进行调试。此外,用户可以对已经创建的宏进行编辑和修改。

7.3.1　运行宏

创建宏或宏组之后,可以在数据库中运行。运行宏的方式有以下几种。

1. 在宏设计窗口中运行

打开宏设计窗口,在"创建"选项卡的"宏与代码"组中单击"宏"按钮可以直接运行已经设计好的宏。

2. 在导航窗口中运行

在导航窗口中,选择"宏"对象,使用下列方法运行宏。

(1) 双击所要运行的宏的名称。

(2) 右击所要运行的宏,在弹出的快捷菜单中选择"运行"命令。

3. 在 Access 主窗口中运行

打开 Access 主窗口,在"数据库工具"选项卡的"宏"组中单击"运行宏"按钮，打开"执行宏"对话框,如图 7.9 所示,直接在下拉列表中选择要执行的宏的名称或直接输入宏名,然后,单击"确定"按钮。

4. 在其他宏中运行

可以在其他的宏中运行一个已设计好的宏,其操作方法如下。

(1) 在宏中添加 RunMacro。

(2) 在"宏名称"参数框中输入要执行的宏名。

图 7.9　"执行宏"对话框

5. 自动运行宏

Access 数据库提供了一个专用宏 Autoexec,又称为自动宏。如果数据库中有名为 Autoexec 的宏,则在打开数据库时自动运行宏。因此,如果用户想在打开数据库时自动执行某些操作,可以通过制定宏实现。操作步骤如下。

(1) 创建一个宏,其中的宏操作是打开数据库时自动执行的操作所对应的宏。

(2) 保存此宏并将宏命名为 Autoexec。

设置了自动宏之后,当打开 Access 数据库时,Access 自动执行 Autoexec 宏。所以,可以把打开一个数据库应用系统的启动界面的宏操作,存放在 Autoexec 宏中,这样每次打开该数据库时,会自动运行 Autoexec 宏并将打开数据库应用程序系统的启动界面。

7.3.2　调试宏

在宏执行时有时会得到异常的结果,可以使用宏的调试工具对宏进行测试,常用的方法是单步执行宏,即每次执行一个操作,在单步执行宏时,用户可以观察到宏的执行过程以及每一步的结果,从而发现出错的位置并进行修改。

单步执行宏的操作方法如下。

(1) 打开宏设计窗口。

(2) 在"设计"选项卡的"工具"组中单击"单步"按钮 <img_单步>,然后单击"运行"按钮,打开"单步执行宏"对话框,如图 7.10 所示。

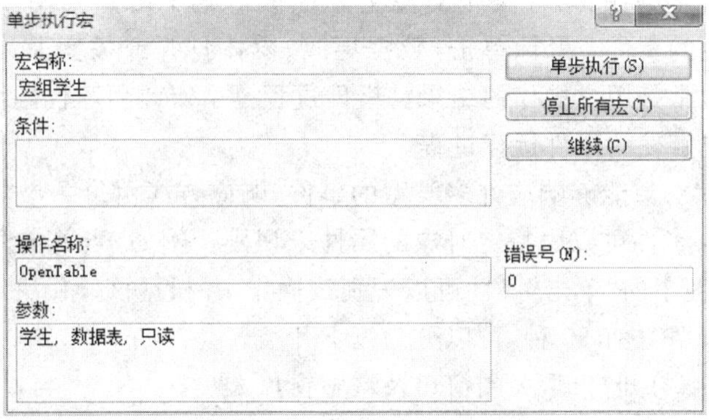

图 7.10　"单步执行宏"对话框

在"单步执行宏"对话框中,显示了宏名称、条件、操作名称和参数。通过对这些内容进行分析,可以判断宏的执行是否正常。对话框中三个按钮的功能如下。

(1) 单步执行:执行对话框中显示的宏操作,如果这些正常,则执行下一个宏操作。

(2) 停止所有宏:停止宏的执行,关闭对话框。

(3) 继续:关闭"单步执行"模式。执行宏的其余操作。

(4) 如果在宏的执行过程中出现错误,会弹出一个消息框,显示宏操作的错误信息。例如,当宏操作 OpenReport 的操作参数"报表名称"指定了一个不存在的报表,在执行该操作时会打开如图 7.11 所示的消息框。

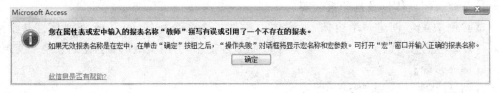

图 7.11　宏操作出错消息框

在消息框中,指出了出错原因及处理建议,用户可以根据实际情况对宏进行修改。

7.4　通过事件触发宏

前面所创建的宏独立于窗体、报表之外，称为独立宏，与之相反，嵌入宏嵌入在窗体、报表或控件的事件中，是所嵌入对象的一部分，因此嵌入宏在导航窗格中是不可见的。通常，将宏的执行与窗体中命令按钮的单击事件相结合，当单击窗体中的命令按钮时，执行相应的宏操作。

7.4.1　事件的概念

事件是一种特定的操作，在某个对象上发生或对某个对象发生。Microsoft Access 可以响应多种类型的事件：鼠标单击、数据更改、窗体打开或关闭及许多其他类型的事件。事件的发生通常是用户操作的结果。事件过程是由宏或程序代码构成的用于处理引发的事件或由系统触发的事件运行过程。

Access 数据库对象能够响应许多类型的事件，响应方式由每一个对象的内部所含的行为决定。Access 事件可以由特定对象的属性来识别。例如，当单击窗体中的命令按钮时，该按钮事件属性中的"单击"属性可以识别该操作，并根据该操作决定触发哪个宏。

Access 中的事件共有 53 种，可以分为以下几类。

（1）窗口事件：打开窗口、关闭窗口及调整窗口大小。

（2）数据事件：删除、修改或者成为当前项。

（3）焦点事件：激活、输出或者退出。

（4）键盘事件：单击或释放一个键以及单击和释放合为一体的击键事件。

（5）鼠标事件：包括鼠标单击、双击、按住鼠标左键、释放鼠标和移动鼠标。

（6）打印时间：包括打开报表、关闭报表、报表无数据、打印出错等。

7.4.2　事件触发操作

Access 可以通过窗体控件和报表的特定属性识别某一件事，当用户执行 Access 能识别的事件时，都能够导致 Access 执行一个宏，这就是所谓的事件触发操作。

Access 可以对窗体、报表或控件中的多种类型事件做出响应，包括单击鼠标、修改数据、打开或关闭窗体以及打印报表等。

【实例 7.4】　创建一个窗体，在窗体中添加 4 个命令按钮，其功能分别是打开学生表、打开学生信息浏览窗体、打开"学生名单"报表和退出，引用实例 7.2 创建的宏组来实现。

【操作步骤】

（1）打开"选课管理"数据库。

（2）在数据库中新建一个窗体，添加 4 个命令按钮，其标题属性分别设置为"打开学生表"、"打开学生信息窗体"、"打印学生报表"和"退出"，如图 7.12 所示。

（3）使用命令按钮控件向导设置每个命令按钮的操作，使用列表框选择宏组中的宏操作，如图 7.13 所示。

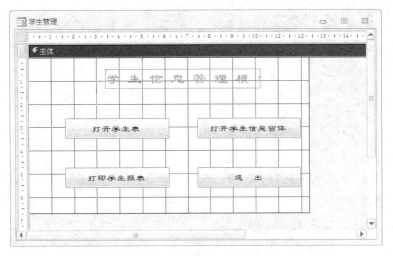

图 7.12 显示宏名的宏设计窗口

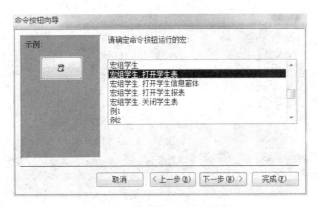

图 7.13 设置命令按钮的操作

（4）保存窗体，窗体名称为"学生管理"；然后切换到窗体视图，单击不同的命令按钮可以运行相应的宏操作。

7.5 宏 的 应 用

在数据库应用程序系统中，很多功能都可以用菜单的方式实现，可以为数据库应用系统创建菜单系统，在 Access 2010 中，设计菜单使用宏来实现，而菜单系统本身也是依靠宏来运行的，创建菜单使用 AddMenu 命令，AddMenu 命令能完成的菜单有三类。

（1）自定义快捷菜单：使用自定义快捷菜单，可以替代窗体或报表中内置的快捷菜单。

（2）全局快捷菜单：除已经添加了自定义快捷菜单的窗体对象外，全局快捷菜单可以替代其余所有的没有设定的窗体等对象在内的默认右键菜单。

（3）"加载项"选项卡的自定义菜单：这种自定义菜单出现在程序的"加载项"选项卡

下,可用于特定窗体或报表,也可用于整个数据库。

创建自定义菜单的操作步骤如下。

(1)为自定义菜单栏上所需的每个下拉式菜单均创建一个包含 AddMenu 操作的菜单栏宏。

(2)为每个菜单创建一个宏组,为每个下拉式菜单制定命令,每个命令都运行由该宏组中的一个宏所定义的操作集合。

(3)将所有下拉菜单组合到水平菜单中。

(4)通过菜单激活来运行菜单系统。

【实例 7.5】 使用宏创建"选课管理"系统的菜单系统。菜单项置于"加载项"选项卡中,如图 7.14 所示。

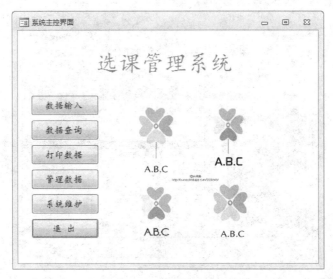

图 7.14　系统主菜单结构

【操作步骤】

(1)打开"选课管理"数据库。

(2)创建宏组定义每个下拉菜单项所对应的宏操作。宏组中的每个宏名对应子菜单的一个功能。如图 7.15 所示,显示的是数据输入菜单项的子菜单中所有菜单项的功能。用同样的方法可以创建所有下拉菜单项所对应的宏组。

(3)创建一个包含 AddMenu 操作的菜单栏宏组。在宏组中,每个宏中只有 AddMenu 操作。在操作参数中,"菜单名称"文本框中应输入主菜单中的中文名称,"菜单宏名称"应设置为菜单项所对应的宏组名称,例如,"数据查询"菜单项对应的宏组为"数据查询",如图 7.16 所示。保存宏组,宏组名称为"系统主菜单"。

图 7.15　下拉菜单的宏设计

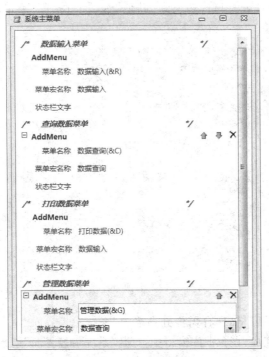

图 7.16　主菜单的宏设计

（4）通过窗体激活来运行菜单系统。创建一个新窗体，在窗体中添加所需要的控件，如图 7.17 所示。

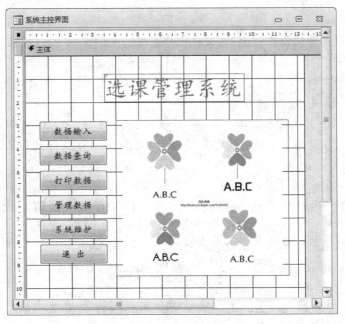

图 7.17　窗体设计视图

(5) 打开窗体"属性表"窗格,切换到"其他"选项卡,设置"菜单栏"属性为"系统主菜单",如图7.18所示。

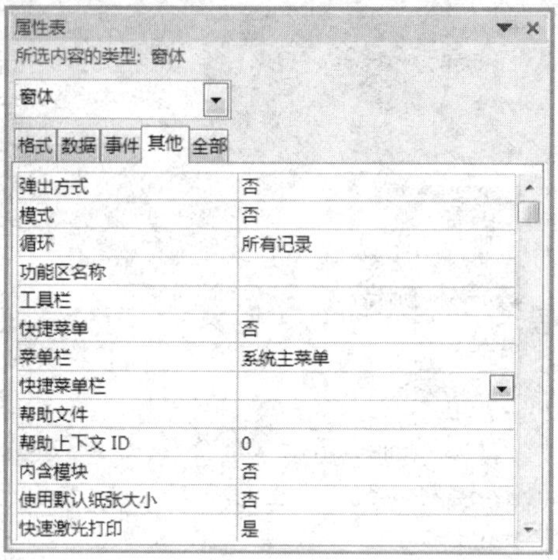

图 7.18 窗体属性设置

(6) 关闭"属性表"窗格,保存窗体并命名为"系统主控界面"。

至此菜单的设计完成,在数据库窗口中,打开"系统主控界面"窗体,显示结果如图7.14所示。

习　　题

一、选择题

1. 要限制宏命令的操作范围,可以在创建宏时定义_____。

　　A. 宏操作对象　　　　　　　　　　B. 宏条件表达式

　　C. 宏操作目标　　　　　　　　　　D. 窗体或报表的控件属性

2. OpenForm 基本操作的功能是打开_____。

　　A. 表　　　　　　B. 窗体　　　　　　C. 报表　　　　　　D. 查询

3. 在条件宏设计时,对于连续重复的条件,要替代重复条件式可以使用下面的符号_____。

　　A. …　　　　　　B. =　　　　　　C. ,　　　　　　　　D. ;

4. 在宏的表达式中要引用报表 test 上控件 txtName 的值,可以使用的引用是_____。

　　A. txtName　　　　　　　　　　　B. test!txtName

　　C. Reports!test!txtName　　　　　D. Report!txtName

5. VBA 的自动运行宏,应当命名为_____。

　　A. AutoExec　　　B. AutoExe　　　　C. autoKeys　　　D. AutoExec.bat

6. 为窗体或报表上的控件设置属性值的宏命令是_____。

　　A. Echo　　　　　B. MsgBox　　　　　C. Beep　　　　　D. SetValue

7. 有关宏操作的叙述中,错误的是_____。

    A. 宏的条件表达式中不能引用窗体或报表的控件值

    B. 所有宏操作都可以转化为相应的模块代码

    C. 使用宏可以启动其他应用程序

    D. 可以利用宏组来管理相关的一系列宏

8. 有关条件宏的叙述中,错误的是_____。

    A. 条件为真时,执行该行中对应的宏操作

    B. 宏在遇到条件内有省略号时,终止操作

    C. 如果条件为假,将跳过该行中对应的宏操作

    D. 宏的条件内为省略号表示该行的操作条件与其上一行的条件相同

9. 创建宏时至少要定义一个宏操作,并要设置对应的_____。

    A. 条件   B. 命令按钮   C. 宏操作参数   D. 注释信息

10. 在创建条件宏时,如果要引用窗体上的控件值,正确的表达式引用是_____。

    A. [窗体名]![控件名]   B. [窗体名].[控件名]

    C. [Form]![窗体名]![控件名]   D. [Forms]![窗体名]![控件名]

11. 在宏的设计窗口中,可以隐藏的列是_____。

    A. 宏名和参数   B. 条件

    C. 宏名和条件   D. 注释

12. 有关宏的叙述中,错误的是_____。

    A. 宏是一种操作代码的组合

    B. 宏具有控制转移功能

    C. 建立宏通常需要添加宏操作并设置宏参数

    D. 宏操作没有返回值

13. 如果不指定对象,Close 基本操作关闭的是_____。

    A. 正在使用的表   B. 当前正在使用的数据库

    C. 当前窗体   D. 当前对象(窗体、查询、宏)

14. 运行宏,不能修改的是_____。

    A. 窗体   B. 宏本身   C. 表   D. 数据库

15. 发生在控件接收焦点之前的事件是_____。

    A. Enter   B. Exit   C. GotFocus   D. LostFocus

二、填空题

1. 宏是一个或多个_____的集合。

2. 如果要建立一个宏,希望执行该宏后,首先打开一个表,然后打开一个窗体,那么在该宏中应该使用_____和_____两个操作命令。

3. 在宏的表达式中还可能引用到窗体或报表上控件的值。引用窗体控件的值,可以用式子_____;引用报表控件的值,可以用式子_____。

4. 实际上,所有宏操作都可以转换为相应的模块代码。它可以通过_____来完成。

5. 有多个操作构成的宏,执行时是按_____依次执行的。

6. 定义_____有利于数据库中宏对象的管理。

7. VBA 的自动运行宏,必须命名为_____。

三、上机操作题

1. 在教师管理数据库中,创建一个宏,其功能为将教师表的数据导出到 Excel 文件中。运行宏,查看结果。

2. 设计一个宏组,宏组中包含 5 个宏,其功能为实现对课程信息窗体记录操作的向前移动、向后移动、首记录、尾记录和退出功能,如图 7.19 所示。

图 7.19　宏组设计视图

3. 创建一个窗体,显示课程基本信息。窗体中添加 5 个命令按钮调用该宏组的宏命令,窗体运行界面如图 7.20 所示。

图 7.20　"课程信息表"窗体设计视图

四、思考题

1. 什么是宏？宏的作用是什么？

2. 宏名在宏的使用中有何作用？

3. 调用宏的方法有哪些？

4. 如何调试宏？

5. 宏组的作用是什么？

6. 自动宏 Autoexec 有何用途？

第 8 章 VBA 编程基础

在 Access 系统中,借助宏对象可以完成事件的响应处理,如打开/关闭窗体、报表等。但是宏的使用有一定的局限性,一是它只能处理一些简单的操作,对于复杂条件和循环等结构则无能为力;二是宏对数据库对象的处理能力较弱。在这种情况下,可使用 Access 系统提供的"模板"来解决一些实际开发活动中的复杂应用。

模块是 Access 数据库的一个重要对象。模块由一个或多个过程组成,每个过程实现各自的特定功能,利用模块可以将各种数据库对象连接起来,构成一个完整的系统。模块与宏具有相似的功能,都可以运行及完成特定的操作。模块就是将 VBA(Visual Basic for Applications)声明和过程作为一个单元来保存的集合。在 VBA 模块中,可以创建子过程和函数过程,完成数据库的复杂应用。模块是 Access 项目的基本构件,安排好模块内的代码,对实现数据库应用功能、代码的维护与调试都非常重要。

8.1 面向对象程序设计的基本概念

Access 内嵌的 VBA 功能强大,采用了面向对象机制和可视化编程环境。

1. 集合和对象

在自然界中,一个对象就是一个实体,如一辆汽车就是一个对象。在面向对象的程序设计中,对象代表应用程序中的元素,如表、窗体、按钮等。每一个对象有自己的属性、方法和事件,用户就是通过属性、方法和事件来处理对象的。

集合表达的是某类对象所包含的实例构成。

2. 对象的属性和属性值

属性是对象的特征。如汽车有颜色和型号属性,按钮有标题和名称属性。对象的类别不同,属性会有所不同。同类别对象的不同实例,属性也有差异。例如,同是命令按钮,名称属性不允许相同。

既可以在创建对象时给对象设置属性值,也可以在执行程序时通过命令的方式修改对象的属性值。

3. 事件和事件过程

事件是对象能够识别的动作。如按钮可以识别单击事件、双击事件等。在类模块每一个过程的开始行,都显示对象名和事件名,如 Private Sub c1_Click()。

为了使得对象在某一事件发生时能够做出所需要的反应,必须针对这一事件编写相应的代码来完成相应的功能。如果某个对象中的某个事件已经被添加了一段代码,当此事件发生时,这段代码程序就被自动激活并开始运行。如果这个事件不发生,则此事件所包含的代码可以永远也不被执行,反之若没有为这个事件编写任何代码,即使这个事件发生了,也不会产生任何动作。

在 Access 数据库系统里,可以通过两种方式来处理窗体、报表或控件的事件响应。一种是使用宏对象来设置事件属性,对此前面已有介绍;另一种是为某个事件编写 VBA 代码过程,完成指定动作,这样的代码过程称为事件过程或事件响应代码。

4. 方法

方法是对象能够执行的动作,决定了对象能完成什么事。不同的对象有不同的方法。如 Close 方法能关闭一个窗体。

在 VBA 中,如果要调用一个对象的方法,必须要指定这个对象的名称,然后说明该对象下的方法名,即可以调用该对象的方法。具体实现的格式如下:

```
对象名.方法名称
```

5. DoCmd 对象

DoCmd 是 Access 的一个特殊对象,用来调用内置方法,在程序中实现对 Access 的操作,诸如打开窗口、关闭窗体、打开报表、关闭报表等。

DoCmd 对象的大多数方法都有参数,有些参数是必需的,有些则是可选的。若省略可选参数,参数将采用默认值。

1) 用 DoCmd 对象打开窗体

格式:

```
DoCmd.OpenForm  "窗体名"
```

功能:用默认形式打开指定窗体。

2) 用 DoCmd 对象关闭窗体

格式 1:

```
DoCmd.Close  acForm, "窗体名"
```

功能:关闭指定窗体。

格式 2:

```
DoCmd.Close
```

功能:关闭当前窗体。

3) 用 DoCmd 对象打开报表

格式:

```
DoCmd.OpenReport  "报表名",acViewPreview
```

功能:用预览形式打开指定报表。

4) 用 DoCmd 对象关闭报表

格式 1:

```
DoCmd.Close  acReport,"报表名"
```

功能：关闭指定报表。

格式 2：

```
DoCmd.Close
```

功能：关闭当前报表。

5）用 DoCmd 对象运行宏

格式：

```
DoCmd.RunMacro  "宏名"
```

功能：运行指定宏。

6）用 DoCmd 对象退出 Access

格式：

```
DoCmd.Quit
```

功能：关闭所有 Access 对象和 Access 本身。

8.2　VBA 的编程环境

VBE(Visual Basic Editor)是编辑 VBA 代码时使用的界面。在 VBA 编辑器中可编写 VBA 函数和过程。Access 数据库的 VBE 窗口如图 8.1 所示。使用 Alt＋F11 键，可以方便地在数据库窗口和 VBE 间进行切换。

图 8.1　VBE 窗口

1. VBE窗口组成

VBA编程窗口主要包含标准工具栏、工程窗口、属性窗口、代码窗口、监视窗口、立即窗口和本地窗口。在VBE窗口的"视图"菜单中包括用于打开各种窗口的命令。

1）标准工具栏

标准工具栏如图8.2所示。工具栏中主要按钮的功能如表8.1所示。

图8.2 VBE标准工具栏

表8.1 标准工具栏各按钮功能

按钮	名 称	功 能
	Access视图	切换Access数据库窗口
	插入模块	插入新模块对象
	运行子过程/用户窗体	运行模块程序
	中断运行	中断正在运行的程序
	终止运行/重新设计	结束正在运行的程序,重新进入模块设计状态
	设计模式	切换设计模式与非设计模式
	工程项目管理器	打开工程项目管理器窗口
	属性窗体	打开属性窗口
	对象浏览器	打开对象浏览器窗口

2）工程窗口

工程窗口又称工程项目管理器,以分层列表的方式显示当前数据库中的所有模块文件。单击"查看代码"按钮可以打开相应代码窗口,单击"查看对象"按钮可以打开相应对象窗口,单击"切换文件夹"按钮可以隐藏或显示对象分类文件夹。

双击工程窗口上的一个模块或类,相应的代码窗口就会显示出来。

3）属性窗口

属性窗口列出了选定对象的属性,可以在设计时查看、改变这些属性。

提示:为了在属性窗口中列出Access类对象,应首先打开这些类对象的"设计"视图。

4）代码窗口

代码窗口用来显示、编写以及修改VBA代码。实际操作时,可以打开多个代码窗口,以查看不同窗体或模块中的代码,窗口之间的代码可以相互进行复制和粘贴。

代码窗口的窗口部件主要有对象列表框、过程/事件列表框、自动提示信息框。具体操作时,在对象列表框中选择了一个对象后,与该对象相关的事件会在过程/事件下拉列表框中显示出来,可以根据需要选择相应的事件,系统将会自动生成相应的事件过程模板,用户可根据具体需要向其中添加代码。

5) 立即窗口

在立即窗口中,可以输入或粘贴一行代码并执行该代码。要在立即窗口打印变量或表达式的值,可使用 Debug.Print 语句。

6) 监视窗口

在调试 VBA 程序时,可利用监视窗口显示正在运行过程定义的监视表达式的值。

7) 本地窗口

使用本地窗口,可以自动显示正在运行过程中的所有变量声明及变量值。

2. 进入 VBE 编程环境

在 Access 中,可以通过多种方法打开 VBE 窗口。

(1) 在"创建"选项卡的"宏与代码"组中单击"模块"按钮 模块,打开 VBE 窗口,创建一个新模块,如图 8.3 所示。

图 8.3   标准模块编辑窗口

(2) 在"导航"窗格中选择"模块"类别,使用 Alt+F11 键,该快捷键还可以在数据库窗口和 VBE 之间切换。

(3) 在"导航"窗格中右击某个"模块"对象,在弹出的快捷菜单中选择"设计视图"命令,打开 VBE 窗口,并在窗口中显示该模块的代码,可以对其进行修改和编辑。

(4) 在"导航"窗格中选中某个"模块"对象,双击数据库窗口中已经创建好的某个模块,打开 VBE 窗口,此时在窗口中显示该模块的代码。

上面的方法用于查看、编辑那些不在窗体和报表中的模块。如果查看窗体和报表中的模块,则可以使用以下的方法。

方法 1:在"导航"窗格中打开窗体或报表,然后选择"窗体设计工具"或"报表设计工具"选项卡中的"工具"组,单击"查看代码"按钮 查看代码,打开 VBE 环境及该窗体或报表的模块代码。

方法 2:在设计视图中打开窗体或报表,右击需要编写代码的控件,在弹出的快捷菜单中选择"事件生成器"命令,打开 VBE 窗口,窗口中将显示该控件的默认事件的代码,用户可以直接编辑或修改代码,如图 8.4 所示。

方法 3：通过窗体和报表等对象的设计进入 VBE。

在"属性表"窗格的"事件"选项卡中,选中某个事件并设置属性为"(事件过程)"选项,再单击属性右侧的 ⋯ 按钮即可进入,打开如图 8.5 所示的"选择生成器"对话框。选择其中的"代码生成器",单击"确定"按钮即可进入。也可以在设计工具中单击"查看代码"选项按钮进入 VBE。

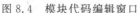

图 8.4　模块代码编辑窗口　　　　　　　　　图 8.5　"选择生成器"对话框

8.3　VBA 模块介绍

模块是将 VBA 声明和过程作为一个单元进行保存的集合,是 Access 系统中的一个重要对象。它以 VBA 语言为基础编写,以函数过程(Function)或子过程(Sub)为单元的集合方式存储。在 Access 中,模块分为类模块和标准模块两种类型。

8.3.1　类模块

窗体模块和报表模块都是类模块,而且它们都依附于某一窗体或报表而存在。窗体和报表模块通常都含有自己所包含的对象,每种对象都有自己固有的事件过程,该过程用于响应窗体或报表中的事件。可以使用事件过程来控制窗体或报表的行为,以及它们对用户操作的响应。

在 Access 2010 中,类模块既包含和窗体或报表相关联的模块,也包含可以独立存在的类模块,并且这种类型的模块可以在数据库窗口"所有 Access 对象"列的"模块"对象中显示。使用"模块"对象中的类模块可以创建自定义对象的定义。

为窗体或报表创建第一个事件过程时,系统会自动创建与之关联的窗体或报表模块。如果要查看窗体或报表的模块,可选中窗体或报表设计,在"视图"下拉菜单中选择"代码窗口"命令进入,如图 8.6 所示。

打开模块代码窗口,如图 8.7 所示。要查询或添加窗体事件过程请在对象框中选择窗体对象然后在过程框中选择事件,已经具有事件过程的事件名称用黑色粗体表示。

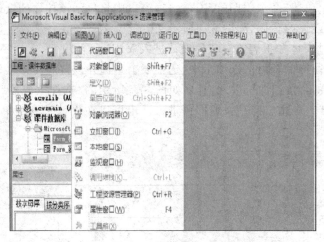

图 8.6   数据库窗口

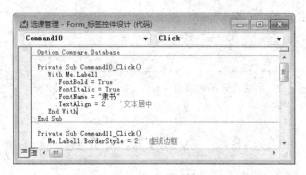

图 8.7   模块代码窗口

窗体模块或报表模块中的过程可以调用标准模块中已定义好的过程。其作用范围局限在其所属的窗体和报表内部,具有局部特征。随着窗体或报表的打开而开始、关闭而结束。

8.3.2   标准模块

标准模块包含的是不与任何对象相关联的通用过程,这些过程可以在数据库中的任何位置直接调用执行。其中的公共变量和公共过程具有全局特性,其作用范围在整个应用程序里,伴随应用程序的运行而开始、关闭而结束。

进入 VBE 环境后,在 VBE 的工具栏中单击"对象浏览器"按钮 (或者按 F2 键),将所有的类模块和标准模块都显示出来,如图 8.8 所示。

8.3.3   将宏转换为模块

在 Access 系统中,根据需要可以将设计好的宏对象转换为模块代码形式。如运行宏转换器(Macro Converter)实用工具将其转换为 VBA 代码,但宏转换器只能将每个宏操作转换为相应的代码,不会转换为合适的 VBA 事件过程,产生的代码效率低下。由于宏转换器的局限性,如果要将宏转换为模块,应重新编写 VBA 代码来代替原来的宏。

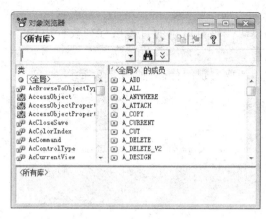

图8.8 "对象浏览器"窗口

8.3.4 创建模块

模块是以过程为单元组成的,一个模块包含一个声明区域及一个或多个子过程与函数过程,声明区域用于定义模块中使用的变量等内容。

过程是由代码组成的单元,包含一系列计算语句和执行语句。每一个过程都有名字,过程名不能与所在模块的模块名相同。过程有两种类型: Sub 过程和 Function 过程。

1. Sub 过程

Sub 过程又称子过程,以关键词 Sub 开始,以 End Sub 结束,用于执行一个操作或一系列的运算,无返回值。用户可以自己创建子程序或使用 Access 所创建的事件过程模板。其定义语句语法格式为:

```
[Public|Private][Static] Sub 子过程名([<形参>])[As 数据类型]
    [<程序代码>]
End Sub
```

其中,关键字 Public 和 Private 用于表示该过程所能应用的过程。Public 过程能被所有模块的所有其他过程调用。Private 过程只能被同一模块的其他过程调用。Static 用于设置静态变量,Sub 代表当前定义的是一个子程序。

子过程调用有两种形式:①Call 子过程名([<实参>]);②子过程名[<实参>]。在过程名前加上 Call 是一个很好的程序设计习惯,因为关键词 Call 表明了其后的名字是过程名而不是变量名。

【实例 8.1】 创建报表类模块,在名为"选课成绩"的报表运行时,根据学生各门课程考试成绩显示或隐藏一个祝贺消息。当成绩超过 90 分时,将有一名为 Message 的标签在打印此节时显示消息"祝贺你取得好成绩",当成绩低于 90 分时此标签将被隐藏。

【操作步骤】

(1) 在数据库"导航"窗格中选中"报表"对象,右击要操作的报表"选课成绩",在弹出的快捷菜单中选择"设计视图"命令,从"属性表"窗格中的"对象"下拉列表框中选择要操作的对象名称,选择"成绩明细"。

(2) 选择对象后从模块代码窗口中的过程事件列表框中选择相关联的过程名,选择 Format 事件。

(3) 在代码窗口中添加要实现的代码,如图 8.9 所示。

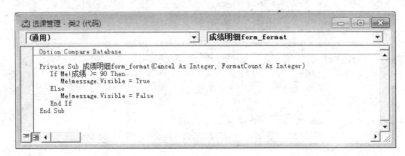

图 8.9　报表类模块设计窗口

(4) 在报表中要包含一个名为 Message 的标签和名为"成绩"的文本框(显示某门功课成绩)以及名为"成绩明细"的主体节。报表预览效果如图 8.10 所示。

学号		课程ID	成绩	
99001				
		03	91	祝贺你取得好成绩
		03	89	
		03	87	
汇总 '学号' = 99001 (3 项明细记录)				
Max			91	
990102				
		03	90	祝贺你取得好成绩
		03	92	祝贺你取得好成绩
汇总 '学号' = 990102 (2 项明细记录)				
Max			92	

图 8.10　报表模块设计实例

2. Function 过程

Function 过程又称函数过程,以关键词 Function 开始,以 End Function 结束。在 VBA 中,除了系统提供的函数之外,还可以由用户自行定义函数过程。函数过程和子过程在功能上略有不同,主程序调用子过程后,是执行了一个过程;主程序调用 Function 函数过程后,是得到了一个结果,因此 Function 函数过程有返回值。在 Function 函数过程的函数体中,至少要有一次对函数名进行赋值。这是 Function 函数过程和 Sub 子过程的根本区别。其定义语句语法格式为:

```
[Public|Private][Static] Function 函数过程名([<形参>])[As 数据类型]
    [<程序代码>]
End Function
```

As 子句用于定义函数过程返回的变量数据类型,若默认,系统将自动赋给函数过程一个最合适的数据类型。

【**实例 8.2**】 编写一个返回系统日期的函数过程 Getdate()。

```
Function Getdate()
    getdate=Str(Year(Now))+"年"+Str(Month(Now))+"月"+Str(Day(Now))+"日"
End Function
```

函数过程的调用形式为：函数过程名([<实参>])，不能使用CALL 来调用执行，需要直接引用函数名并加括号来辨别，可以在查询、宏等中调用，函数过程的返回值可以直接赋给某个变量。

3. 在模块中执行宏

在模块的过程定义中，使用 DoCmd 对象的 RunMacro 方法，可以执行已设计的宏。其调用格式为：

```
DoCmd.RunMacro MacroName[ ,RepeatCount] [ ,RepeatExpression]
```

其中，MacroName 表示当前数据库中宏的有效名称；RepeatCount 用于计算宏运行次数；RepeatExpression 为数值表达式，在每一次运行宏时进行计算，结果为 False(0)时，停止运行宏。

8.4 VBA 程序设计基础

8.4.1 VBA 程序书写原则

1. 语句书写规定

通常将一个语句写在一行。当语句较长时，可以使用续行符"_"将语句连续写在下一行；也可以使用冒号"："将多条较短的语句分隔写在同一行中。

【**实例 8.3**】 判断闰年的程序。

```
Sub chekyear(year as integer)
    Dim strtemp As integer
    If (year mod 4=0 and year mod 100 <>0) or year mod 400=0 then
        msgbox (year& "是闰年")
    End if
    Strtemp="你知道如何判断某一年"&_
        "是闰年吗?方法是若某一年能够"&_
        "被 4 整除而不能被 100 整除"&_
        "或者该年能够被 400 整除."
    Msgbox(strtemp)
End Sub
```

2. 注释语句

在代码书写过程中适当地添加注释，有助于程序的阅读和维护。注释语句可以添加到程序的任意位置,并且默认以绿色文本显示。在 VBA 程序中,注释的实现方式有以下两种。

使用 Rem 语句,格式为:Rem 注释语句。注意,该语句在其他语句之后出现要用冒号分隔。

使用单引号"'",格式为: '注释语句。

【实例 8.4】 定义变量并赋值,且使用注释语句。

```
Dim MyStr1, MyStr2
MyStr1="Hello"
Rem MyStr1 是定义的一个字符串变量
MyStr2="Goodbye" '这也是一条注释
```

3. 语法检查

在代码窗口中输入语句时,VBA 会自动进行语法检查。当输入完一行代码并按 Enter 键后,若存在语法错误,则此行代码以红色文本显示,并显示一条错误消息,如图 8.11 所示,必须找出语句中的错误并改正它才可以运行。

图 8.11　语法检查窗口

8.4.2　数据类型

Access 2010 数据库系统创建表时所使用的字段数据类型(OLE 对象和备注数据类型除外),在 VBA 中都有相对应的类型,如表 8.2 所示。

表 8.2　VBA 基本数据类型

数据类型	含　　义	类型符	有效值范围
Byte	字符		0～255
Integer	短整数	%	−32 768～32 767
Long	长整数	&	−2 147 483 648～2 147 483 647
Single	单精实数	!	−3.402 823E38～3.402 823E38
Double	双精实数	#	−1.797 691 648 6D3～1.797 691 348 6D308
String	字符串	$	0～65 500 字符
Currency	货币	@	−922 337 203 685～922 337 203 685
Boolean	布尔值(真/假)		True(非 0)和 False(0)

续表

数据类型	含　义	类型符	有效值范围
Date	日期		January 1100～December 319999
Object	对象		
Variant	变体类型		

1. 布尔型数据

布尔型数据又称为逻辑型数据,只有 True(真)或 False(假)两个值。布尔型数据转换成其他类型数据时,True 转换为-1,False 转换为 0。其他类型数据转换成布尔型数据时,0 转换为 False,非零值转换为 True。

2. 日期/时间型数据

任何可以识别的文本日期数据都可以赋给日期变量。日期/时间类型数据必须前后都用"♯"括住,如♯2011/10/28♯。

3. 变体数据类型

Variant 数据类型是所有没被显式声明(用如 Dim、Private、Public 或 Static 等语句)为其他类型变量的数据类型。Variant 数据类型没有类型声明字符。VBA 规定,如果没有使用 Dim…As[数据类型]显式声明或使用符号来定义变量的数据类型,系统默认为变体类型(Variant)。

Variant 是一种特殊的数据类型,除了定长 String 数据及用户定义类型外,可以包含任何种类的数据。Variant 也可以包含 Empty、Error、Nothing 及 Null 等特殊值。可以用 VarType 函数或 TypeName 函数来决定如何处理 Variant 中的数据。

4. 对象数据类型

对象型数据(Object)用来表示图形、OLE 对象或其他对象,用 4 个字节存储,对象变量可引用应用程序中的对象。

5. 用户定义的数据类型

应用过程中可以建立包含一个或多个 VBA 标准数据类型的数据类型,这就是用户定义的数据类型。它不仅包含 VBA 的标准数据类型,还包含其他用户定义的数据类型。

用户定义数据类型可以在 Type…End Type 关键字间定义,可包含一个或多个基本数据类型的数据元素、数组或一个先前定义的用户自定义类型。定义格式如下:

```
Type [数据类型名]
        <域名>As <数据类型>
        <域名>As <数据类型>
        …
End Type
```

例如:

```
Type MyType
```

```
    MyName As String              '定义字符串变量存储一个名字
    MyBirthDate As Date           '定义日期变量存储一个生日
    MySex As Integer              '定义整型变量存储性别
End Type                          '(0 为女,1 为男)
```

上例定义了一个名称为 MyType 的数据类型,MyType 类型的数据具有三个元素 MyName、MyBirthDate 和 MySex。

用户自定义数据类型使用时,首先在模块区域中定义用户数据类型,然后显示以 Dim、Public 或 Private 关键字来声明自定义数据类型的作用域。

用户自定义类型变量的赋值,使用"变量名.元素名"格式。例如,定义一个 MyType 数据类型的变量 NewStu 并操作其分量的例子如下:

```
Dim NewStu as MyType
NewStu.MyName="许嵩"
NewStu.MyBirthDate=#11/20/1988#
NewStu.MySex=1
```

可用关键字 With 简化程序中重复的部分。例如,上面的变量赋值可重写为:

```
With NewStu
    .MyName="许嵩"
    .MyBirthDate=#11/20/1988#
    .MySex=1
End With
```

8.4.3   常量、变量与数组

常量是指在程序运行的过程中,其值不能被改变的量。

变量是指程序运行时会发生变化的数据。每个变量都有变量名,使用前可以指定数据类型(即采用显式声明),也可以不指定(即采用隐式声明)。

数组是由一组具有相同数据类型的变量(称为数组元素)构成的集合。

1. 常量

在 Access 2010 中,常量的类型有以下三种。

(1) 符号常量: 用 Const 语句创建,并且在模块中使用的常量。

(2) 内部常量: 是 Access 2010 或引用库的一部分。

(3) 系统常量: True、False、Null、Yes、No、On 和 Off 等。

1) 符号常量

若经常要在代码中反复使用相同的值,或者代码中经常有一些没有明显意义的数字。在这种情况下,就可以在出现数字或字符串的地方使用具有明显含义的符号常量或用户定义的常量来增加程序代码的可读性与可维护性。

符号常量的值不能修改或指定新值,也不允许创建与固有常量同名的常量。符号常量使用关键字 Const 来定义,格式如下:

[Public/Private] Const 符号常量名 [As 数据类型]=常量值

符号常量有三个范围级别：过程级别(在过程中声明的)、私有模块级别(Private)、公共模块级别(Public)。此外，符号常量一般要求以大写命名，以便与变量区分。

例如：

```
Const Pi=3.14159265358979323
Public Const A1 As Integer=6
Const BornDay=#03/23/82#
Private Const A2="Abcdef258"
```

2) 内部常量

VBA 提供了一些预定义的内部符号常量，它们主要作为 DoCmd 命令语句中的参数。内部常量以前缀 ac 开头，如 acCmdSaveAs。可通过在"对象浏览器"窗口中，选择"库"列表的 Access 项，再在"类"列表中选择"全局"选项，Access 的内部常量就会列出，如图 8.12 所示。

图 8.12 "对象浏览器"显示内部常量

3) 系统常量

系统定义的常量有 7 个：True、False、Null、Yes、No、On 和 Off，在系统启动时即存在，在编写程序时可以直接使用。

2. 变量

变量是用来存储在程序运行中可以改变的量，常用来临时保存数据。VBA 的变量命名规则如下。

(1) 变量名只能由字母、数字、汉字和下划线组成，不能含有空格和除了下划线字符"_"外的其他任何标点符号，长度不能超过 255 个字符。

(2) 必须以字母开头，不区分变量名的大小写。例如，"NewStu"和"newstu"代表的是同一个变量。

(3) 不能使用 VBA 的关键字。例如,不能以 If 命名一个变量。

(4) 变量名在同一作用域内不能相同。

虽然在代码中允许使用未经声明的变量,但一个良好的编程习惯应该是在程序开始的几行声明将用于本程序的所有变量。编程时,根据变量直接定义与否,可以将变量声明划分为隐式声明和显式声明两种形式。

1) 隐式声明

没有直接定义,借助将一个值指定给变量名的方式来建立变量,例如: NewVar = 2046 语句定义一个 Variant 类型变量 NewVar,值是 2046。当在变量名称后没有附加类型说明字符来指明隐含变量的数据类型时,默认为 Variant 数据类型。这种声明方式不但增加了程序运行的负担,而且极容易出现数据运算问题,造成程序出错。

为了避免使用隐式声明变量,可以在程序开始处使用 Option Explicit 语句来强制使用显式声明变量。在该方式下,如果变量没有经过下面即将介绍的 Dim 显式声明就使用,系统会提示错误。

2) 显式声明

变量先定义后使用是一个良好的程序设计习惯。显式声明变量要使用 Dim 语句,语法格式为:

```
Dim 变量名 As [数据类型]
Dim 变量名称 1, 变量名称 2, …变量名称 n AS 某种数据类型
Dim 变量名称 1, 变量名称 2, …AS 数据类型 1 变量名称 n AS 数据类型 2
```

如果不使用"数据类型"可选项,默认定义的变量为 Variant 数据类型。可以使用 Dim 语句在一行中声明多个变量。

例如:

```
Dim strX As String                    '定义了 1 个字符型变量 strX
Dim intX As Integer,strZ As String    '定义了 1 个整型变量 intX 和 1 个字符型变量 strZ
Dim x                                 '定义了 1 个变体 (Variant)类型变量 x
Dim I,j,k As integer                  '只有 k 是 integer 型,I 与 j 都是 Variant 型
```

3) 变量的作用域

在 VBA 程序中所声明的变量都是有其有效范围的,它的有效范围仅限于其所属的子程序之中(SUB…END SUB 之间的程序代码),一旦超出这个区域,就无法再存取这些变量值。

在过程内部声明的变量称为局部变量,该变量只在过程内有效,无法在过程外部访问它。在过程外部声明的变量叫全局变量,任何过程都可以访问全局变量。全局变量一般都在模块的声明节中加以声明,如图 8.13 所示,这样模块中的各个过程都可以使用这些变量。

另外,可以在声明变量时加上 Public 关键字,可使变量成为全局变量,被应用程序的任何位置访问,例如:

```
Public weight AS Integer book_name AS String
```

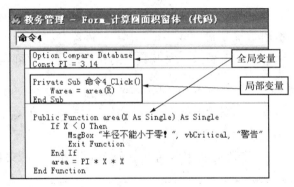

图 8.13 模块中声明节的应用

以上三种变量的使用规则与作用域如表 8.3 所示。

表 8.3 变量的使用规则与作用域

作 用 范 围	局部变量	模 块 变 量	全 局 变 量
声明方式	Dim、Static	Dim、Private	Public
声明位置	在子过程中	在窗体/模块的声明区域	在标准模块的声明区域
能否被本模块的其他过程存取	不能	能	能
能否被其他模块的过程存取	不能	不能	能

4）数据库对象变量

Access 建立的数据库对象及其属性，均可被看成是 VBA 程序中的变量及其指定的值来加以引用。例如，窗体和报表对象的引用格式为：

Forms(或 Reports)!窗体(或报表)名称!控件名称[.属性名称]

其中，Forms 或 Reports 分别代表窗体或报表对象集；感叹号(!)为分隔符，用于分隔开对象名称和控件名称；"属性名称"为可选项，若省略，则默认为控件的基本属性 Value。

提示：如果对象名称中含有空格或标点符号，引用时要用方括号把对象名称括起来。
例如，要在代码中引用窗体(Myform1)中名为 Txtx 的文本框控件，可使用以下语句：

```
Forms!Myform1!Txtx="990808"
Forms!Myform1![T x tx]="990808"
```

若在本窗体的模块中引用，可以使用 Me 代替 Forms!Myform1。语句变为：

```
Me!Txtx="990808"
```

当需要多次引用对象时，可以先声明一个 Control(控件)数据类型的对象变量，然后使用 Set 关键字建立指向控件对象的对象变量。方式如下：

```
Dim Txtxh1 As Control          '定义对象变量,数据类型为 Control(控件)数据类型
Set Txtxh1=Forms!Myform1!Txtx  '为对象变量指定窗体控件对象
```

3. 数组的使用

数组由数组名和数组下标组成。在 VBA 中不允许隐式说明数组,可用 Dim 语句来声明数组,说明数据元素的类型、数组大小及数组的作用范围。数组声明方式为:

```
Dim 数组名([下标下界 to] 下标上界) As 数据类型
```

下标下界的默认值为 0,数组元素为:数组名(0)至数组名(下标上界)。如果设置下标下界非 0,要使用 to 选项以指定数组上下界。

在使用数组时,可以在模块的通用声明部分使用 Option Base 来指定数组的默认下标下界是 0 或 1。

```
Option Base 1                        '设置数组的默认下标下界为 1
Option Base 0                        '语句的默认形式
```

数组有两种类型:固定数组和动态数组。若数组的大小在声明时被指定,则它是个固定大小的数组。这种数组在程序运行时不能改变数组元素的个数。若程序运行时数组的大小可以被改变,则它是个动态数组。

1) 声明固定大小的数组

(1) 声明一维数组,语句格式为:

```
Dim 数组变量名(下标上界) as   数据类型
```

例如:

```
Dim Book_name(100) As String        '定义 100 个元素的字符串元素数组
Dim Score(50) As Integer            '定义 50 个元素的整数元素数组
```

(2) 声明二维数组和多维数组,语句格式为:

```
Dim 数组名([下标] To 上界,[[下标] To 上标,……]) [As 数据类型]
```

例如:

```
Dim IntArray(3,5) As Integer
```

定义了一个二维数组,第一维有 3 个元素,第二维有 5 个元素。

类似的声明也可以用在二维以上的数组中,例如:

```
Dim MultArray(3,1 to 5,0 to 5) As Long
```

定义了一个三维数组,第一维有 4 个元素,第二维有 5 个元素,第三维有 6 个元素,其中数组元素的总数为三个维数的乘积:$4 \times 5 \times 6 = 120$。

2) 声明动态数组

如果在程序运行之前不能肯定数组的大小,可以使用动态数组。建立动态数组的步骤是:首先声明空维表:Dim Array(),但不指定数组元素的个数;然后用 ReDim 语句配置数组个数。ReDim 语句声明只能用在过程中,它是可执行语句,可以改变数组中元素的个数,但不能改变数组的维数。每次用 ReDim 配置数组时,原有数组的值全部清零。

若要保存数组中原先的值,则可以使用 ReDim Preserve 语句来扩充数组。例如,下面的语句将 varArray 数组扩充了 10 个元素,而原本数组中的当前值并没有消失掉。

```
ReDim Preserve varArray(UBound(varArray)+10)
```

【实例 8.5】　定义动态数组 Intdyn,设默认下界为 1。

```
Dim Intdyn() As Integer                         '声明动态数组
ReDim Intdyn(5)                                 '声明 5 个元素数组,下标为 1~5
For I=1 To 5                                    '使用循环程序给数组元素赋值
    Intdyn(I)=2 * I
Next I
ReDim Preserve intdyn(UBound(intdyn)+10)        '将数组元素个数增为 10 个
```

执行不带 Preserve 关键字的 ReDim 语句时,数组中存储的数据会全部丢失。VBA 将重新设置其中元素的值。对于 Variant 变量类型的数组,设为 Empty;对于 Numeric 类型的数组,设为 0;对于 String 类型的数组则设为空字符串;对象数组则设为 Nothing。

3) 数组使用实例

【实例 8.6】　声明一个 5 行 10 列的二维数组。如果将数组想成矩阵,则第一个参数代表行而第二个参数代表列。可以使用嵌套的 For…Next 语句去处理多重维数数组。下列的过程将一个二维数组的所有元素都填入 Single 值。

```
Sub FillArrayMulti()
    Dim intI As Integer, intJ As Integer
    Dim sngMulti(1 To 5, 1 To 10) As Single
    Rem 用值填入数组
    For intI=1 To 5
        For intJ=1 To 10
            sngMulti(intI, intJ)=intI * intJ
            Debug.Print sngMulti(intI, intJ)
        Next intJ
    Next intI
End Sub
```

8.4.4　运算符与表达式

在 VBA 编程语言中,提供了丰富的运算符,通过运算符与操作数组合成表达式,完成各种形式的运算和处理。

1. 运算符

运算符是表示实现某种运算的符号。根据运算的不同,VBA 中的运算符可分为 4 种类型:算术运算符、字符串运算符、关系运算符和逻辑运算符。

1) 算术运算符

算术运算符是常用的运算符,用来执行简单的算术运算。VBA 提供了 8 个算术运算符,表 8.4 列出了这些算术运算符。

表 8.4   算术运算符

运算符	名　　称	优先级	表达式例子	说　　明
^	乘幂运算	1	X^Y	计算乘方和方根
*	乘法运算	2	X * Y	
/	浮点除法运算	2	X/Y	标准除法操作,其结果为浮点数
\	整数除法运算	3	X\Y	执行整除运算,结果为整数型
Mod	取模运算	3	X Mod Y	求余数
+	加法运算	4	X+Y	
—	减法运算	4	X—Y	

乘幂运算(^)用来求一个数字的某次方。在运用乘方运算符时,只有当指数为整数值时,底数才可以为负数。

整数除法(\)运算符用来对两个操作数做除法运算并返回一个整数。整除的操作数一般为整型值。当操作数带有小数时,首先被四舍五入为整型数或长整型数,然后进行整除运算;如果运算结果有小数,系统将截断为整型数(Integer)或长整型数(Long)。

取模(Mod)运算符用来对两个操作数做除法运算并返回余数。如果操作数有小数,系统会四舍五入变成整数后再运算。如果被除数是负数,余数也取负数;反之,如果被除数是正数,余数则为正数。

算术运算符两边的操作数应是数值型,若是数字字符或逻辑型,系统自动转换成数值类型后再运算。例如,如下算术运算符应用示例。

```
2^8                    '计算 2 的 8 次方
2^(1/2)或 2^0.5         '计算 2 的平方根
7/2                    '标准除法,结果为 3.5
7\2                    '整数除法,结果为 3
10 Mod 4               '取模运算,结果为 2
10 Mod-4               '结果为 2
-10 Mod-4              '结果为-2
-8.8 Mod 5             '结果为-4
20 - True             '结果为 21,逻辑量 True 转化为数值-1
20+False+6            '结果为 26,逻辑量 False 转化为数值 0
```

2) 字符串运算符

字符串运算就是将两个字符串连接起来生成一个新的字符串。字符串运算符包括"&"运算符和"+"运算符。

(1) "&"运算符。"&"运算符用来强制两个表达式做字符串连接。

提示:由于符号 & 还是长整型的类型定义符,在字符串变量后使用运算符 & 时,变量与运算符 & 之间应加一个空格。

运算符"&"两边的操作数可以是字符型,也可以是数值型。不管是字符型还是数值型,进行连接操作前,系统先进行操作数类型转换,数值型转换成字符型,然后再做连接运算。例如：

```
Strx="ABC"
Strx&"是大写英文字母"                    '出错
Strx & "是大写英文字母"                  '结果为"ABC 是大写英文字母"
"Access" & "数据库教程"                  '结果为"Access 数据库教程"
"abcd" & 1234                          '结果为 abcd1234
"abcd" & "1234"                        '结果为 abcd1234
"4321" & "1234"                        '结果为 43211234
4321 & 1234                            '结果为 43211234
"2+3" & "=" & (2+3)                    '结果为 2+3=5
```

（2）"＋"运算符。"＋"运算符用来连接两个字符串表达式，形成一个新的字符串。

提示："＋"运算符要求两边的操作数都是字符串。

如果两边都是数值表达式时，做普通的算术加法运算；若一个是数字型字符串，另一个为数值型，则系统自动将数字型字符串转化为数值，然后进行算术加法运算；若一个为非数字型字符串，另一个为数值型，则出错。例如：

```
"4321"+1234                            '结果为 5555
"4321"+"1234"                          '结果为 43211234
"abcd"+1234                            '出错
4321+"1234" & 100                      '结果为 5555100
```

3）关系运算符

关系运算符也称比较运算符，用来表示两个或多个表达式间的大小关系，比较的结果是一个逻辑值，即真（True）或假（False）。用关系运算符连接两个算术表达式所组成的表达式叫做关系表达式。VBA 提供了 6 个关系运算符，如表 8.5 所示。

表 8.5 关系运算符列表

运算符	名 称	表达式例子	结 果
=	等于	"abcd"="abc"	False
>	大于	"abcd">"abc"	True
>=	大于等于	"abcd">="abce"	False
<	小于	"41"<"5"	False
<=	小于等于	41<=5	False
<>	不等于	"abcd"<>"ABCD"	True

在使用关系运算符进行比较时，应注意以下规则。

（1）如果参与比较的操作数均是数值型，则按其大小进行比较。

（2）如果参与比较的操作数均是字符型，则按字符的 ASCII 码从左到右一一对应比较，即首先比较两个字符串的第一个字符，ASCII 码大的字符串大。如果两个字符串的第一个字符相同，则比较第二个字符串，以此类推，直到出现不同的字符为止。汉字字符大于西文字符。

例如：

```
Dim S                              '定义变量 S
S=（3>2）                          '结果为 True
S=（2>=3）                         '结果为 False
S=（"abcd">"abc"）                 '结果为 True
S=（"张力">"刘力"）                '结果为 True
S=（#2011/10/10#>#2010/10/12#）    '结果为 True
```

4）逻辑运算符

逻辑运算也称布尔运算，包括与（And）、或（Or）和非（Not）三个运算符。除了非（Not）是单目运算符外，其余均是双目运算符。由逻辑运算符连接两个或多个关系式，对操作数进行逻辑运算，结果是逻辑值 True 或 False。逻辑运算法则如表 8.6 所示。

表 8.6 逻辑运算表

A	B	A And B	A Or B	Not A
True	True	True	True	False
True	False	False	True	False
False	True	False	True	True
False	False	False	False	True

例如：

```
Dim S                    '定义变量 S
S=（5>3 And 3>=5）       '结果为 False
S=（5>3 Or 3>=5）        '结果为 True
S=Not（3>=4）            '结果为 True
```

2. 表达式和优先级

1）表达式的组成

表达式由字面值、常量、变量、运算符、函数、标识符、逻辑量和括号等按一定的规则组成，表达式通过运算得出结果，运算结果的类型由操作数的数据和运算符共同决定。

提示：在 VBA 中，逻辑量在表达式中进行算术运算时，True 值被当成-1，False 值被当成 0 处理。

2）表达式的书写规则

（1）只能使用圆括号且必须成对出现，可以使用多个圆括号，但必须配对。

（2）乘号不能省略。X 乘以 Y 应写成 X * Y，不能写成 XY。

（3）表达式从左至右书写，无大小写区分。

3）运算优先级

当一个表达式中含有多种不同类型的运算符时，运算进行的先后顺序由运算符的优先级决定。VBA常用运算符的优先级划分如表8.7所示。

表 8.7 运算符的优先级

优先级	高◄───低			
	算术运算符	字符串运算符	关系运算符	逻辑运算符
高 ↑ | | 低	指数运算(^)		=	Not
	负数(一)		<>	And
	乘法和除法(＊、/)	& +	<	Or
	整数除法(\)		>	
	取模运算(Mod)		<=	
	加法和减法(＋、一)		>=	

(1) 不同类型运算符的优先级:算术运算符>字符串运算符>关系运算符>逻辑运算符。

(2) 圆括号优先级最高,因此可以用圆括号改变表达式的优先顺序。

(3) 所有关系运算符的优先级相同。也就是说,按从左到右顺序处理。

8.4.5 常用标准函数

在VBA中,除模块创建中可以定义子过程与函数过程来完成特定功能外,又提供了近百个内置的标准函数,可以方便地完成许多操作。

标准函数一般用于表达式中,其标准形式如下:

函数名(< 参数1> < ,参数2> [,参数3][,参数4][,参数5]…)

其中,函数名必不可少,函数的参数放在函数名后的圆括号中,参数可以是常量、变量或表达式,可以有一个或多个,少数函数为无参函数。每个函数被调用时,都会返回一个特定类型的值。

1. 数学函数

数学函数完成数学计算功能,主要包括以下函数。

1) 绝对值函数:Abs(<表达式>)

返回数值表达式的绝对值。如 Abs(-6)=6。

2) 向下取整函数:Int(<数值表达式>)

返回数值表达式的向下取整数的结果,参数为负值时返回小于等于参数值的第一个负数。

3) 取整函数:Fix(<数值表达式>)

返回数值表达式的整数部分。参数为负值时返回大于等于参数值的第一个负数。

Int 和 Fix 函数当参数为正值时,结果相同;当参数为负值时结果可能不同。Int 返回小于等于参数值的第一个负数,而 Fix 返回大于等于参数值的第一个负数。

例如，Int(4.25)=4,Fix(4.25)=4,但 Int(−4.25)=−5,Fix(−4.25)=−4。

4) 自然指数函数：Exp(<数值表达式>)

计算 e 的 N 次方，返回一个双精度数。

5) 自然对数函数：Log(<数值表达式>)

计算以 e 为底的数值表达式的值的对数。

6) 开平方函数：Sqr(<数值表达式>)

计算数值表达式的平方根。例如：Sqr(16)=4。

7) 三角函数

Sin(<数值表达式>)：计算数值表达式的正弦值。

Cos(<数值表达式>)：计算数值表达式的余弦值。

Tan(<数值表达式>)：计算数值表达式的正切值。

这里，数值表达式是以弧度为单位的角度值。

例如：

```
Const Pi=3.14159
Sin(60 * Pi/180)                    '计算 60°角的正弦值
Cos(90 * Pi/180)                    '计算 90°角的余弦值
Tan(45 * Pi/180)                    '计算 45°角的正切值
```

8) 产生随机数函数：Rnd(<数值表达式>)

产生一个 0~1 之间的随机数，为单精度类型。

例如：

```
Int(100 * Rnd)                      '产生[0,99]的随机数
Int(101 * Rnd)                      '产生[0,100]的随机数
Int(100 * Rnd+1)                    '产生[1,100]的随机数
Int(100+200 * Rnd)                  '产生[100,299]的随机数
```

2. 字符串函数

字符串函数完成字符串处理功能，主要包括以下函数。

1) 字符串检索函数：InStr([Start,]<Str1>,<Str2>[,Compare])

检索子字符串 Str2 在字符串 Str1 中最早出现的位置，返回一整型数。Start 为可选参数，为数值式，设置检索的起始位置。如省略，从第一个字符开始检索；Compare 也为可选参数，指定字符串比较的方法。值可以为 1、2 和 0(默认)。指定 0(默认)做二进制比较，指定 1 做不区分大小写的文本比较，指定 2 做基于数据库中包含信息的比较。如指定了 Compare 参数，则一定要有 Start 参数。

提示：如果 Str1 的串长度为零，或 Str2 表示的串检索不到，则 InStr 返回 0；如果 Str2 的串长度为零，InStr 返回 Start 的值。

例如：

```
Str1="98765"
Str2="65"
```

```
s=InStr(Str1,Str2)                          '返回 4
s=InStr(3,"aSsiAB","a",1)                    '返回 5(从字符 s 开始,检索出字符 A)
```

2）字符串长度检测函数：Len（＜字符串表达式＞或＜变量名＞）

该函数用于返回字符串所含字符数。

例如：

```
Dim str As String * 10
Dim i
str="123"
i=12
len1=Len("12345")                            '返回 5
len3=Len(i)                                  '返回 2
len4=Len("考试中心")                          '返回 4
len5=Len(str)                                '返回 3
```

3）字符串截取函数

Left（＜字符串表达式＞，＜N＞）：从字符串左边起截取 N 个字符。

Right（＜字符串表达式＞，＜N＞）：从字符串右边起截取 N 个字符。

Mid（＜字符串表达式＞，＜N1＞，＜N2＞）：从字符串左边第 N1 个字符起截取 N2 个字符。

提示：对于 Left 函数和 Right 函数,如果 N 值为 0,返回零长度字符串;如果大于等于字符串的字符数,则返回整个字符串。对于 Mid 函数,如果 N1 值大于字符串的字符数,返回零长度字符串;如果省略 N2,返回字符串中左边起 N1 个字符开始的所有字符。

例如：

```
str1="opqrst"
str2="计算机等级考试"
str=Left(str1,3)                             '返回 opq
str=Left(str2,4)                             '返回"计算机等"
str=Right(str1,2)                            '返回 st
Str=Right(str2,2)                            '返回"考试"
Str=Mid(str1,4,2)                            '返回 rs
Str=Mid(str2,1,3)                            '返回"计算机"
Str=Mid(str2,4)                              '返回"等级考试"
```

4）生成空格字符函数：Space（＜数值表达式＞）

返回数值表达式的值指定的空格字符数。

例如：

```
str1=Space(3)                                '返回 3 个空格字符
```

5）大小写转换函数

Ucase（＜字符串表达式＞）：将字符串中的小写字母转成大写字母。

Lcase（＜字符串表达式＞）：将字符串中的大写字母转成小写字母。

例如：

```
str1=Ucase("Abc")              '返回 ABC
Str2=Lcase("Abc")              '返回 abc
```

6）删除空格函数

LTrim(＜字符串表达式＞)：删除字符串的开始空格。

RTrim(＜字符串表达式＞)：删除字符串的尾部空格。

Trim(＜字符串表达式＞)：删除字符串的开始和尾部空格。

例如：

```
str="  ab  cde  "
Str1=LTrim(str)                '返回"ab  cde  "
Str2=RTrim(str)                '返回"  ab  cde"
Str3=Trim(str)                 '返回"ab  cde"
```

3. 日期/时间函数

日期/时间函数的功能是处理日期和时间。主要包括以下函数。

1）系统日期和时间函数

Date()：返回当前系统日期。

Time()：返回当前系统时间。

Now()：返回当前系统日期和时间。

例如：

```
D=Date()                       '返回当前系统日期,如 2011-04-24
T=Time()                       '返回当前系统时间,如 10：32：20
DT=Now()                       '返回当前系统日期和时间,如 2011-04-24  10：32：20
```

2）截取日期分量函数

Year(＜表达式＞)：返回日期表达式年份。

Month(＜表达式＞)：返回日期表达式月份。

Day(＜表达式＞)：返回日期表达式日期。

Weekday(＜表达式＞,[W])：返回 1～7 的整数,表示星期几。

Weekday 函数中,参数 W 为可选项,是一个指定一星期的第一天是星期几的常数。如省略,默认为 vbSunday,即周日返回 1,周一返回 2,以此类推。

W 参数的设定值如表 8.8 所示。

表 8.8   指定一星期的第一天的常数

常　　数	值	描　　述	常　　数	值	描　　述
vbSunday	1	星期日(默认)	vbThursday	5	星期四
vbMonday	2	星期一	vbFriday	6	星期五
vbTuesday	3	星期二	vbSaturday	7	星期六
vbWednesday	4	星期三			

例如：

```
D=#2011-4-24#
YY=Year(D)                  '返回 2011
MM=Month(D)                 '返回 4
DD=Day(D)                   '返回 24
WD=Weekday(D)               '返回 1,因为#2011-4-24#是星期日
WD=Weekday(D,3)             '返回 6
```

3）截取时间分量函数

Hour(<表达式>)：返回时间表达式的小时数。

Minute(<表达式>)：返回时间表达式的分钟数。

Second(<表达式>)：返回时间表达式的秒数。

例如：

```
T=#10:32:20#
HH=Hour(T)                  '返回 10
MM=Minute(T)                '返回 32
SS=Second(T)                '返回 20
```

4. 类型转换函数

类型转换函数的功能是将数据类型转换成其他指定数据类型,常用类型转换函数如下。

1）字符串转换字符代码函数

Asc(<字符串表达式>)：返回字符串首字符的 ASCII 码值。

例如：

```
s=Asc("abc")               '返回 97
```

2）字符串代码转换字符函数

Chr(<字符串代码>)：返回字符代码相关的字符。

例如：

```
s=Chr(65)                  '返回 a
s=Chr(13)                  '返回回车字符
```

3）数字转换成字符串函数

Str(<数值表达式>)：将数值表达式值转换成字符串。

提示：当一数字转成字符串时,会在前头保留一空格来表示正负。表达式值为正,返回的字符串包含一前导空格表示一正号。

例如：

```
s=Str(80)                  '返回 80,有一前导空格
s=Str(-5)                  '返回-5
```

4）字符串转换成数字函数

Val(<字符串表达式>)：将数字字符串转换成数值型数字

提示：数字串转换时可自动将字符串中的空格、制表符和换行符去掉，当遇到它不能识别为数字的第一个字符时，停止读入字符串。

例如：

```
s=Val("20")                    '返回 20
s=Val("3 45")                  '返回 345
s=Val("78af20")                '返回 78
```

8.5 VBA 流程控制语句

VBA 中的语句是能够完成某项操作的一条完整命令，它可以包含关键字、函数、运算符、变量、常量以及表达式等。每一个语句都属于下列三种类别之一。

（1）顺序结构：按照语句顺序顺次执行。如赋值语句、过程调用语句等。

（2）分支结构：又称选择结构，根据条件选择执行路径。

（3）循环结构：重复执行某一段程序语句。

8.5.1 赋值语句

赋值语句用于指定一个值或表达式给变量或常量。使用格式为：

[Let] 变量名=值或表达式

其中，Let 为可选项，在使用赋值语句时一般都省略。

例如，指定 InputBox 函数的返回值给变量 yourName：

```
Sub Question()
    Dim yourName As String
    yourName=InputBox("What is your name?")        '赋值语句
    MsgBox "Your name is " & yourName
End Sub
```

提示：当要指定一个对象给已声明成对象类型的变量，赋值语句关键字 Set 不能省略。

例如，使用 Set 语句指定 Sheet1 上的一个范围给对象变量 myCell，代码如下。

```
Sub ApplyFormat()
Dim myCell As Range
Set myCell=Worksheets("Sheet1").Range("A1")
    With myCell.Font
        .Bold=True
        .Italic=True
    End With
End Sub
```

8.5.2 条件语句

执行语句是程序的主体,程序功能靠执行语句来实现。语句的执行方式按流程可以分为顺序结构、条件判断结构和循环结构三种。

(1) 顺序结构:按照语句的逻辑顺序依次执行,如赋值语句。

(2) 条件判断结构:又称选择结构,根据条件是否成立选择语句执行路径。

(3) 循环结构:可重复执行某一段程序语句。

1. If 条件语句

在 VBA 代码中使用 If 条件语句,可根据条件表达式的值来选择程序执行哪些语句。

If 条件语句的主要格式有单分支、双分支和多分支等。

1) 单分支结构语句

单分支结构语句格式为:

```
If <条件表达式>Then  <语句>
```

或

```
If <条件表达式>Then
    <语句块>
End If
```

功能:当条件表达式为真时,执行 Then 后面的语句块或语句,否则不做任何操作。

说明:语句块可以是一条或多条语句。在使用上面的单行简单格式时,Then 后只能是一条语句,或者是多条语句用冒号分隔,但必须与 If 语句在一行上。

例如,比较两个数值变量 x 和 y 的值,用 x 保存大的值,y 保存小的值。语句如下:

```
If x<y Then
  t=x                        't 为中间变量,用于实现 x 与 y 值的交换
  x=y
  y=t
End If
```

或

```
If x<y Then t=x: x=y: y=t
```

2) 双分支结构语句

双分支结构语句格式为:

```
If <条件表达式>Then <语句 1>Else <语句 2>
```

或

```
If <条件表达式>Then
    <语句块 1>
Else
```

```
    <语句块 2>
End If
```

功能：当条件表达式为真时，执行 Then 后面的语句 1 或语句块 1，否则执行 Else 后面的语句 2 或语句块 2。

【**实例 8.7**】　自定义过程 Procedure1，其功能是：如果当前系统时间在 12～18 点之间，则在立即窗口显示"下午好！"，否则显示"欢迎下次光临！"。

```
Sub Procedure1()
    If Hour(Time())>=12 And Hour(Time())<18 Then        '不含 18:00 点
        Debug.Print"下午好！"
    Else
        Debug.Print"欢迎下次光临！"
    End If
End Sub
```

双分支结构语句只能根据条件表达式的真或假来处理两个分支中的一个。当有多种条件时，要使用多分支结构语句。

3) 多分支结构语句

多分支结构语句格式为：

```
If <条件表达式 1>Then
    <语句块 1>
ElseIf <条件表达式 2>Then
    <语句块 2>
ElseIf <条件表达式 3>Then
    <语句块 3>
  ⋮
Else
    <语句块 n+1>
End If
```

功能：依次测试条件表达式 1、条件表达式 2、……，当遇到条件表达式为真时，则执行该条件下的语句块。如均不为真，若有 Else 选项，则执行 Else 后的语句块，否则执行 End If 后面的语句。

【**实例 8.8**】　根据工作级别来计算奖金，编写 VBA 代码如下。

```
Function Bonus(performance, salary)
    If performance=1 Then
        Bonus=salary * 0.1
    ElseIf performance=2 Then
        Bonus=salary * 0.09
    ElseIf performance=3 Then
        Bonus=salary * 0.07
    Else
```

```
        Bonus=0
    End If
End Function
```

【实例 8.9】　判断一个字符是否是字母和它的大小写,可用下列 VBA 代码。

```
If Asc(strChar)>63 And Asc(strChar)<91　Then
    strCharType="大写字母"
ElseIf Asc(strChar)>96 And Asc(strChar)<123 Then
    strCharType="小写字母"
End If
```

通常,If…End If 结构的使用频率要比其他流控制语句高。

2. 多分支 Select Case 语句

当条件选项较多时,使用 If 语句嵌套来实现,程序的结构会变得很复杂,不利于程序的阅读与调试。此时,用 Select Case 语句会使程序结构更清晰。

Select Case 语句格式为:

```
Select Case 变量或表达式
    Case 表达式 1
        <语句块 1>
    Case 表达式 2
        <语句块 2>
            ⋮
    [Case Else
        <语句块 n+1>]
End Select
```

功能:Select 语句首先计算 Select Case 后<变量或表达式>的值,然后依次计算每个 Case 子句中表达式的值,如果<变量或表达式>的值满足某个 Case 值,则执行相应的语句块,如果当前 Case 值不满足,则进行下一个 Case 语句的判断。当所有 Case 语句都不满足时,执行 Case Else 子句。如果条件表达式满足多个 Case 语句,则只有第一个 Case 语句被执行。

提示:"变量或表达式"可以是数值型或字符串表达式。Case 表达式与"变量或表达式"的类型必须相同。每个 Case 的值是一个或几个值的列表,如果在一个列表中有多个值,就用逗号把值隔开。

【实例 8.10】　判断一个字符的类型,可用下列 VBA 代码。

```
Select Case strChar
    Case "A" To " Z "
        strCharType="大写字母"
    Case  "a" To " z "
        strCharType="小写字母"
    Case "0" To " 9 "
```

```
        strCharType="数字"
    Case "!", "?", ".", ",", ";"
        strCharType="标点符号"
    Case " "
        strCharType="空串"
    Case <32
        strCharType="特殊字符"
    Case Else
        strCharType="未知字符"
End Select
```

本例说明当 Select Case 语句中有字符串时，不管是在被测试的变量还是在 Case 语句后的表达式中，将只判断该串的第一个字符的 ASCII 码值。因此，尽管 strChar 为一个字符串变量，Case<32 仍为一个有效的测试。

3. 条件函数

除了以上几种选择结构外，VBA 还提供了三个函数来完成相应的选择操作。

1) IIf 函数

调用格式为：IIf(条件式,表达式 1,表达式 2)。该函数是根据"条件式"的值来决定函数的返回值。当"条件式"为真(True)时,函数返回"表达式 1"的值；当"条件式"为假(False)时,函数返回"表达式 2"的值。

例如：

```
Sub qq()
    Score=85
    Result=IIf(Score<60, "不及格", "及格")
    Debug.Print Result
End Sub
```

上例是根据 Score 的值来决定 Result 的值，如果 Score 的值小于 60，那么 Result 的值为"不及格"；否则，Result 的值为"及格"。

2) Switch 函数

调用格式为：

```
Switch(条件式 1,表达式 1[,条件式 2,表达式 2]…)
```

该函数是根据满足哪一条件式的要求来决定返回其后对应表达式的值。条件式是由左至右进行计算判断的，而表达式则会在第一个对应的条件式为 True 时作为函数返回值返回。如果其中有部分不成对，则会产生一个运行错误。

例如：

```
Sub qq()
    Score=85
    Result=Switch(Score<60, "不及格", Score<85, "及格", Score<=100, "良好")
    Debug.Print Result
```

```
End Sub
```

上例是根据 Score 的值来决定 Result 的值。如果 Score 的值小于 60，则 Result 的值为"不及格"；如果 Score 的值在[60,85)区间，那么 Result 的值为"及格"；如果 Score 的值在[85,100)区间，那么 Result 的值为"良好"。

3) Choose 函数

调用格式为：

```
Choose(索引式,选项 1[,选项 2,…[,选项 n]])
```

该函数是根据"索引式"的值来决定返回选项列表中的某个值。当"索引式"值为 1 时，函数返回"选项 1"；当"索引式"值为 2 时，函数返回"选项 2"值；以此类推。需要说明的是，只有当"索引式"的值界于 1 和可选的项目数之间时，函数才会返回其后所对应的选项值；否则会返回无效值(Null)。

8.5.3　循环语句

循环结构允许重复执行一行或数行程序代码。在 VBA 中提供了两种循环结构，即 DO 循环和 FOR 循环。

1. Do While…Loop 循环语句

语法格式为：

```
Do While 条件表达式
    <循环体>
    [Exit Do]
    <语句块>
Loop
```

功能：当条件表达式结果为真时，执行循环体，直到条件表达式结果为假或执行到 Exit Do 语句而退出循环体。

2. Do Until…Loop 循环语句

语法格式为：

```
Do Until 条件表达式
    <循环体>
    [Exit Do]
    <语句块>
Loop
```

功能：当条件表达式结果为假时，执行循环体，直到条件表达式结果为真或执行到 Exit Do 语句而退出循环体。

3. Do…Loop While 循环语句

语法格式为：

```
Do
    <语句块>
    [Exit Do]
    <语句块>
Loop While 条件表达式
```

功能：此种结构是先执行语句块，再测试表达式的值。如果为假，就结束循环语句，只要表达式为真，循环就一直执行，直至表达式为假时结束循环。

4. Do…Loop Until 循环语句

语法格式为：

```
Do
    <语句块>
    [Exit Do]
    <语句块>
Loop Until 条件表达式
```

功能：此种结构是先执行循环语句块，再测试表达式的值，直到表达式条件为真时结束循环语句。如果表达式为假，执行循环语句块，只要表达式为真时结束循环。

对于 1 和 2 循环语句先判断后执行，循环体有可能一次也不执行；而对于 3 和 4 循环语句为先执行后判断，循环体至少执行一次。

在 Do…Loop 循环体中，可以在任何位置放置任意个数的 Exit Do 语句，随时跳出Do…Loop 循环。如果 Exit Do 使用在嵌套的 Do…Loop 语句中，则 Exit Do 会将控制权转移到 Exit Do 所在位置的外层循环。

循环结构仅由 Do…Loop 关键字组成，表示无条件循环，若在循环体中不加 Exit Do语句，循环结构为"死循环"。

【实例 8.11】 声明一个名为 Alphabet() 的有 26 个元素的数组，将把从 A～Z 的大写字母赋给数组元素。

```
Dim Alphabet(1 to 26) As String
intLetter=1
Do While intLetter <=27
    Alphabet (intLetter)=Chr (intLetter+ 64)
    intLetter=intLetter+1
Loop
```

5. For…Next 循环语句

For…Next 循环语句主要用于循环次数已知的循环操作。语句格式为：

```
For 循环变量=初值 To 终值 [step 步长值]
    <语句块>
[Exit For]
    <语句块>
Next 循环变量
```

功能：循环变量先被赋初值。判断循环变量是否在终值内，如果是，则执行循环体，然后循环变量加步长值继续；如果否，结束循环，执行 Next 后的语句。

step 步长值是可选参数。如果没有指定，则 step 的步长值默认为 1。注意，步长值可以是任意的正数或负数。一般为正数，初值应小于等于终值；若为负数，初值应大于等于终值；步长值不能为 0，否则造成"死循环"或循环体一次都不执行。

【实例 8.12】 用 For 循环实现例 8.11 的功能。

```
Dim Alphabet(1 to 26) As String
For intLetter=1 To 26
    Alphabet(intLetter)=Chr(intLetter+64)
Next intLetter
```

若用户使用了 Dim Alphabet(26)As String 而不是 Dim Alphabet（1 To 26）As String，则给数组的 27 个元素中的 26 个赋值，由于字母 A 的 ASCII 码值为 65，intLetter 的初始值为 1，故给 intLetter 加 64。

【实例 8.13】 在立即窗口中显示由(*)组成的 5×5 的正方形。

```
Sub Procedure5()              '输出 5*5 的正方形
  Const MAX=5                 '定义常量
  Dim Str As String
  Str=""
  For n=1 to Max
    Str=Str+"*"
  Next n
  For n=1 to Max
    Debug.print Str
  Next n
End Sub
```

8.5.4 标号和 Goto 语句

Goto 语句用于在程序执行过程中实现无条件转移。格式为：

```
Goto 标号
```

程序执行过程中，遇到 Goto 语句，会无条件地转到其后的"标号"位置，并从该位置继续执行程序。

标号定义时，名字必须从代码行的第一列开始书写，名字后加冒号"："。

例如：

```
    ⋮
Goto Label1                   '跳转到标号为 Label1 的位置执行
    ⋮
Label1:                       '定义的 Label1 标号位置
    ⋮
```

提示：在 VBA 中，程序的执行流程可用结构化语句控制，除在错误处理的"On Error Goto…"结构中使用外，应避免使用 Goto 语句。

8.6 过程调用与参数传递

在前面已经介绍了子过程和函数过程的创建方法，本节结合实例介绍子过程与函数过程的调用和参数传递的使用。

8.6.1 过程调用

1. 函数过程的调用

函数过程的调用形式只有一种，语句格式如下：函数过程名([实参列表])。

说明：多个实参之间用逗号分隔。"实参列表"必须与形参保持个数相同，位置与类型一一对应，实参可以是常数、变量或表达式。

调用函数过程时，把实参的值传递给形参，称为参数传递。参数传递有两种方式，分别是传值（ByVal 选项）和传址（ByRef 选项）。

由于函数过程会返回一个值，故函数过程不作为单独的语句加以调用，必须作为表达式或表达式中的一部分使用。例如，将函数过程返回值赋给某个变量。格式为：变量＝函数过程名([实参列表])，将函数过程返回值作为某个过程的实参来使用。

【实例 8.14】 在窗体对象中，使用函数过程实现任意半径的圆面积计算，当输入圆半径值时，计算并显示圆面积。

【操作步骤】

在窗体中创建两个标签控件，其标题分别设为"半径"和"圆面积"；创建两个文本框控件，其名字分别设为 SinR 和 SinS；创建一个命令按钮，其标题设为"计算"，在其 Click 事件过程中，加入如下代码语句。

```
Private Sub command1_Click()
    me!SinS=Area(me!SinR)
End Sub
```

在窗体模块中，建立求解圆面积的函数过程 Area()，代码如下。

```
Public Function Area(R As Single) As Single
    IF R<=0 Then
        Msgbox "圆半径必须为正数值!",vbCritical, "警告"
        Area=0
        Exit Function
    End If
    Area=3.14*R*R
End Function
```

运行结果：当在"半径"文本框中输入数值数据时，单击"计算"按钮，将在"圆面积"文本框中显示计算的圆面积值。

函数过程可以被查询、宏等调用使用,在某些计算控件的设计中经常使用。

2. 子过程的调用

子过程的调用有两种方法,语句格式为:

```
Call 子过程名 [(实参列表)]
子过程名 [实参列表]
```

提示:用 Call 关键字调用子过程时,若有实参,则必须把实参用圆括号括起,无实参时可省略圆括号;不使用 Call 关键字,若有实参,也不用圆括号括起。

若实参要获得子过程的返回值,则实参只能是变量,不能是常量、表达式或控件名。

【**实例 8.15**】　在窗体对象中,使用子过程实现数据的排序操作,当输入两个数值时,从大到小排列并显示结果。

【**操作步骤**】

在窗体中创建两个标签控件,其标题分别设为"x 值"和"y 值";创建两个文本框控件,其名字分别设为 Sinx 和 Siny;创建一个命令按钮,其标题设为"排序",在其 Click 事件过程中,加入如下代码语句。

```
Private Sub command1_Click()
    Dim a,b
    If Val(me!Sinx)>Val(me!Siny) Then
        Msgbox "x 值大于 y 值,不需要排序",vbinformation, "提示"
        Me!Sinx.SetFocus
    Else
        a=Me!Sinx
        b=Me!Siny
        Swap a,b
        Me!Sinx=a
        Me!Siny=b
        Me!Sinx.SetFocus
    End If
End Sub
```

在窗体模块中,建立完成排序功能的子过程 Swap,代码如下。

```
Public Sub Swap(x,y)
    Dim t
    t=x
    x=y
    y=t
End Sub
```

运行窗体,可实现输入数据的排序。

8.6.2 参数传递

在调用过程中,主调过程和被调过程之间一般都有数据传递,即主调过程的实参传递给被调过程的形参,然后执行被调过程。

在 VBA 中,实参向形参的数据传递有两种方式,即传值(ByVal 选项)和传址(ByRef 选项),传址调用是系统默认参数传递方式。区分两种方式的标志是:要使用传值的形参,在定义时前面加有 ByVal 关键字。

1. 传值调用的处理方式

当调用一个过程时,系统将相应位置实参的值复制给对应的形参,在被调过程处理中,实参和形参没有关系。被调过程的操作处理是在形参的存储单元中进行,形参由于操作处理引起的任何变化均不反馈、影响实参的值。当过程调用结束时,形参所占用的内存单元被释放,因此,传值调用方式具有"单向性"。

2. 传址调用的处理方式

当调用一个过程时,系统将相应位置实参的地址传递给对应的形参。因此,在被调过程处理中,对形参的任何操作处理都变成了对相应实参的操作,实参的值将会随被调过程对形参的改变而改变,传址调用方式具有"双向性"。

提示:在调用过程时,若要对实参进行处理并返回处理结果,必须使用传址调用方式。这时的实参必须是与形参同类型的变量,不能是常量或表达式。

当实参是常量或表达式时,形参即使已为传址(ByRef 选项)定义说明,实际传递的也只是常量或表达式的值,这种情况下,传址调用的双向性不起作用。

此外,在实参向形参的数据传递中,实参的数目和类型应与对应形参的数目和类型相匹配。

【实例 8.16】 创建有参被调子过程 Test(),通过主调过程 test_click()被调用,观察实参值传递前后的变化。

被调子过程 Test():

```
Public Sub Test(ByRef x As Integer)        '形参 x 说明为传址形式的整型量
    x=x+10                                  '改变形参 x 的值
End Sub
```

主调子过程 test_click():

```
Private Sub test_click()
    Dim n As Integer                        '定义整型变量 n
    n=6                                      '变量 n 赋初值 6
    Call Test(n)
    MsgBox  n                               '显示 n 值
End Sub
```

当主调过程 test_click()调用子过程 Test()后,MsgBox n 语句显示 n 的值已经发生了变化,其值变为 16,说明通过传址调用改变了实参 n 的值。

如果将主调子过程 test_click()中的调用语句 Call Test(n)换成 Call Test(n+1),再运行主调过程 test_click(),结果显示 n 的值仍然是 6。这表明常量或表达式在参数的传址调用过程中,双向作用无效,不能改变实参的值。

8.7 VBA 常用操作方法

在 VBA 编程过程中会经常用到一些操作,如打开或关闭某个窗体或报表,显示一些提示信息,对控件输入数据进行验证或实现一些"定时"功能等。这些功能可以使用 VBA 的输入框、信息框及计时事件 Timer 等来完成。

8.7.1 打开和关闭操作

1. 打开窗体操作

一个程序中往往包含多个窗体,可以用代码的形式关联这些窗体,从而形成完整的程序结构。打开窗体操作的命令格式为:

```
DoCmd.OpenForm formname[,view] [,filtername] [,wherecondition] [,datamode]
[,windowmode]
```

有关参数说明如下。

(1) formname:字符串表达式,代表窗体的有效名称。

(2) view:窗体打开模式。具体参数值如表 8.9 所示。

表 8.9 view 选项取值说明

常 量	值	说 明	常 量	值	说 明
acNormal	0	默认值。窗体视图打开	acPreview	2	预览视图打开
acDesign	1	设计视图打开	acFormDS	3	

(3) filtername:字符串表达式,代表过滤查询的有效名称。

(4) wherecondition:字符串表达式,不含 WHERE 的有效 SQL WHERE 子句。

(5) datamode:窗体的数据输入模式。具体参数值如表 8.10 所示。

表 8.10 datamode 选项取值说明

常 量	值	说 明
acFormAdd	0	可以追加,但不能编辑
acFormEdit	1	可以追加和编辑
acFormReadOnly	2	只读
acFormPropertySettings	−1	默认值

（6）windowmode：打开窗体时所采用的窗口模式。具体参数值如表 8.11 所示。

表 8.11　windowmode 选项取值说明

常　　量	值	说　　明
acWindowNormal	0	默认值。正常窗口模式
acHidden	1	隐藏窗口模式
acIcon	2	最小化窗口模式
acDialog	3	对话框模式

其中，filtername 与 wherecondition 用于对窗体的数据源数据进行过滤和筛选；windowmode 规定窗体的打开形式。

例如，以对话框形式打开名为"学生基本信息"的窗体：

```
DoCmd.OpenForm "学生基本信息",,,,,acDialog
```

提示：参数可以省略，取其默认值，但相应的分隔符"，"不能省略。

2. 打开报表操作

命令格式为：

```
DoCmd.OpenReport reportname[,view][,filtername][,wherecondition]
```

有关参数说明如下。

（1）reportname：字符串表达式，代表报表的有效名称。

（2）view：报表打开模式。具体参数值如表 8.12 所示。

表 8.12　view 选项取值说明

常　　量	值	说　　明	常　　量	值	说　　明
acViewNormal	0	默认值。打印模式	acViewPreview	2	预览模式
acViewDesign	1	设计模式			

（3）filtername：字符串表达式，代表当前数据库中查询的有效名称。

（4）wherecondition：字符串表达式，不含 WHERE 的有效 SQL WHERE 子句。

例如，预览名为"学生信息表"的报表，命令语句为：

```
DoCmd.OpenReport "学生信息表",acViewPreview
```

3. 关闭操作

命令格式为：

```
DoCmd.Close [,objecttype][,objectname][,save]
```

有关参数说明如下。

（1）objecttype：关闭对象的类型。具体参数值如表 8.13 所示。

（2）objectname：字符串表达式，代表有效的对象名称。

（3）save：对象关闭时的保存性质。具体参数值如表 8.14 所示。

表 8.13 objecttype 选项取值说明

常　量	值	说　明	常　量	值	说　明
acDefault	−1	默认值	acModule	5	模块
acTable	0	表	acDataAccessPage	6	数据访问页
acQuery	1	查询	acServerView	7	视图
acForm	2	窗体	acDiagram	8	图表
acReport	3	报表	acStoredProcedure	9	存储过程
acMacro	4	宏	acFunction	10	函数

表 8.14 save 选项取值说明

常　量	值	说　明
acSavePrompt	0	默认值。提示保存
acSaveYes	1	保存
acSaveNo	2	不保存

DoCmd. Close 命令广泛用于关闭 Access 各种对象。省略所有参数的命令（DoCmd. Close）可以关闭当前窗体。

例如，关闭名为"学生基本信息"的窗体。

```
DoCmd.Close acForm,"学生基本信息"
```

如果"学生基本信息"窗体为当前窗体，则可以使用语句：DoCmd. Close。

8.7.2 输入和输出操作

1. 输入框

输入框（InputBox）用于在一个对话框中显示提示信息，等待用户输入正文或单击按钮，并返回包含文本框内容的 String。此函数主要用于接收用户从键盘输入的内容，其使用格式如下：

```
InputBox(prompt[,title][,default][,xpos][,ypos][,helpfile,context])
```

有关参数说明如下。

（1）prompt：提示字符串，最大长度大约是 1024 个字符。如包含多个行，则可在各行之间用回车符 Chr(13)、换行符 Chr(10) 或回车换行符组合 Chr(13)&Chr(10) 来分隔。

（2）title：显示对话框标题栏中的字符串表达式。如果省略 title，则把应用程序名放入标题栏中。

（3）default：显示文本框中的字符串表达式。

（4）xpos：指定对话框的左边与屏幕左边的水平距离。如果省略 xpos，则对话框会在水平方向居中。

（5）ypos：数值表达式，成对出现，指定对话框的上边与屏幕上边的距离。如果省略 ypos，则对话框被放置在屏幕垂直方向距下边大约 1/3 的位置。

（6）helpfile：字符串表达式，识别帮助文件，用该文件为对话框提供上下文相关的帮助。如果已提供 helpfile，则也必须提供 context。

（7）context：数值表达式，由帮助文件的作者指定给某个帮助主题的帮助上下文编号。如果已提供 context，则也必须要提供 helpfile。

调用该函数时，若中间有若干个参数省略，其对应分隔符逗号","不能缺少。

如果用户单击 OK 按钮或按 Enter 键，则 InputBox 函数返回文本框中的内容。如果用户单击 Cancel 按钮，则此函数返回一个长度为零的字符串（""）。

【实例 8.17】　本例说明使用 InputBox 函数来显示用户输入数据的不同用法。如果省略 x 及 y 坐标值，则会自动将对话框放置在两个坐标的正中。如果用户单击"确定"按钮或按 Enter 键，则变量 Value 保存用户输入的数据。如果用户单击"取消"按钮，则返回一个零长度字符串。

```
Dim Message, Title, Default, Value
Message="Enter a value between 1 and 3"      '设置提示信息
Title="InputBox Demo"                        '设置标题
Default="1"                                   '设置默认值
Value=InputBox(Message, Title, Default)       '显示信息标题及默认值
'使用帮助文件及上下文"帮助"按钮便会自动出现
Value=InputBox(Message, Title, , , , "DEMO.HLP", 10)
Value=InputBox(Message, Title, Default, 100, 100)
'在 100, 100 的位置显示对话框
```

又如，通过下面的 InputBox 函数输入学生考试分数，运行结果如图 8.14 所示。

```
inputbox("请输入考试分数","成绩录入框")
```

图 8.14　InputBox 函数应用对话框

2. 消息框

消息框（MsgBox）用于在对话框中显示消息，等待用户单击按钮，并返回一个整型值告诉用户单击哪一个按钮。其使用格式如下：

```
MsBox(prompt[,buttons][,title][,helpfile][,context])
```

有关参数说明如下。

（1）prompt：显示在对话框中的消息，最大长度大约是 1024 个字符。如包含多个行，可在各行之间用回车符、换行符或是回车与换行符的组合分隔开来。

（2）buttons：指定显示按钮的数目及形式、使用的图标样式、默认按钮是什么以及消息框的强制回应等。如果省略，则 buttons 的默认值为 0。具体取值或其组合如表 8.15 所示。

表 8.15　buttons 选项取值说明

常　量	值	说　明
VbOKOnly	0	只显示 OK 按钮
VbOKCancel	1	显示 OK 及 Cancel 按钮
VbAbortRetryIgnore	2	显示 Abort、Retry 及 Ignore 按钮
VbYesNoCancel	3	显示 Yes、No 及 Cancel 按钮
VbYesNo	4	显示 Yes 及 No 按钮
VbRetryCancel	5	显示 Retry 及 Cancel 按钮
VbCritical	16	显示 Critical Message 图标
VbQuestion	32	显示 Warning Query 图标
VbExclamation	48	显示 Warning Message 图标
VbInformation	64	显示 Infornation Message 图标

（3）title：在对话框标题栏中显示的字符串表达式。如果省略 title，则将应用程序名放在标题栏中。

（4）helpfile：字符串表达式，识别用来向对话框提供上下文相关帮助的帮助文件。如果提供了 helpfile，则也必须提供 context。

（5）context：数值表达式，指定给适当的帮助主题的上下文编号。如果提供了 context，则也必须提供 helpfile。

如图 8.15 所示的是打开消息（MsgBox）对话框的一个实例。调用以下语句：

图 8.15　MsgBox 消息框

```
MsgBox "打开窗体成功!",VbInformation,"提示"
```

8.7.3　VBA 编程验证数据

使用窗体和数据访问页，每当保存记录数据时，所做的更改便会保存到数据源表中。在控件中的数据被改变之前或记录数据被更新之前会发生 BeforeUpdate 事件。通过创建窗体或控件的 BeforeUpdate 事件过程，可以实现对输入到窗体控件中的数据进行各种验证。

【实例 8.18】 对窗体 test 上文本框控件 testAge 中输入的学生年龄数据进行验证。要求：该文本框中只接受 10～25 之间的数值数据，提示取消不合法的数据。

添加该文本控件的 BeforeUpdate 事件过程代码如下：

```
Private Sub testAge_BeforeUpdate (Cancel As Integer)
  If Me!testAge="" or IsNull (Me!testAge)Then          '数据为空时的验证
    MsgBox "年龄不能为空!",VbCritical,"提示"
    Cancel=True                                         '取消 BeforeUpdate 事件
  ElseIf IsNumeric (Me!testAge)=False Then              '非数值数据输入的验证
    MsgBox "年龄必须输入数值数据!",VbCritical,"提示"
    Cancel=True                                         '取消 BeforeUpdate 事件
  Else If Me! testAge <10 or Me! testAge >25 Then       '非法范围数据输入的验证
    MsgBox "年龄必须为 10~25 范围内数据!",VbCritical,"提示"
    Cancel=True                                         '取消 BeforeUpdate 事件
  Else                                                  '数据验证通过
    MsgBox "数据验证 OK!",VbInformation,"通告 "
  End If
End Sub
```

提示：控件 BeforeUpdate 事件过程是有参过程。通过设置其参数 Cancel，可以确定 BeforeUpdate 事件是否会发生。将 Cancel 参数设置为 True 将取消 BeforeUpdate 事件。

此外，在进行控件输入数据验证时，VBA 提供了一些相关函数来帮助进行验证。例如上面过程代码中用到 IsNumeric 函数来判断输入数据是否为数值。常用的验证函数如表 8.16 所示。

表 8.16　VBA 常用验证函数

函数名称	返回值	说　　明
IsNumeric	Boolean 值	指出表达式的运算结果是否为数值。返回 True,为数值
IsDate	Boolean 值	指出一个表达式是否可以转换成日期。返回 True,可转换
IsNull	Boolean 值	指出表达式是否为无效数据(Null)。返回 True,无效数值
IsEmpty	Boolean 值	指出变量是否已经初始化。返回 True,未初始化
IsArray	Boolean 值	指出变量是否为一个数组。返回 True,为数组
IsError	Boolean 值	指出表达式是否为一个错误值。返回 True,有错误
IsObject	Boolean 值	指出标识符是否表示对象变量。返回 True,为对象

8.7.4　计时事件

VBA 并没有直接提供计时事件(Timer)时间控件，而是通过设置窗体的"计时器间隔(TimerInterval)"属性与添加"计时器触发(Timer)"事件来完成类似的定时功能。其处理过程是：Timer 事件每隔 TimerInterval 时间间隔就会被激发一次，并运行 Timer 事件过程来响应。这样不断重复,即可实现"定时"处理功能。

【实例 8.19】　使用计时事件 Timer 在窗体的一个标签上实现自动计数操作(从 1 开始)。要求:窗体打开时开始计数,单击其上按钮,则停止计数,再单击一次按钮,继续计数。窗体运行如图 8.16 所示。

【操作步骤】

(1) 创建窗体 timer,并在其上添加一个标签 lBell 和一个按钮 bOK。

(2) 打开窗体属性对话框,设置"计时器间隔"属性值为 1000,并选择"计时器触发"属性为"[事件过程]"项,如图 8.17 所示。单击其后的"…",进入 Timer 事件过程编辑环境编写事件代码。

图 8.16　窗体打开计时效果

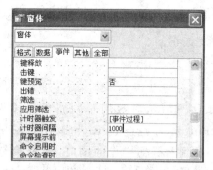

图 8.17　设置计时间隔和计时器事件属性

提示:"计时器间隔"属性值以毫秒为计量单位,故输入 1000 表示间隔为 1s。

(3) 设计 timer 窗体"计时器触发"事件、timer 窗体"打开"事件和 bOK 按钮"单击"事件代码及有关变量的类模块定义如下:

```
Option Compare Datebase
Dim flag As Boolean                          '标记变量,用于存储按钮的单击动作
Private Sub bOK_Click ()                      '按钮单击事件过程
    flag=Not flag                            '单击按钮,标记变量状态值改变
End Sub


Private Sub Form_Open (Cancel As Integer)     '窗体打开事件过程
    flag=True                                '设置窗体打开时标记变量的初始状态为 True
End Sub

Private Sub Form_timer ()                      '窗体 Timer 事件过程
    If flag=True Then                         '根据标记变量状态值来决定是否进行屏幕数据更新显示
        Me!lBell.Caption=CLng(Me!lbell.Caption)+1      '标签更新
    End If
End Sub
```

(4) 运行测试,结果如图 8.16 所示。

利用窗体 Timer 事件进行动画效果设计时,只需将相关代码添加进 Form_Timer()

事件模板中即可。

此外,"计时器间隔"属性值也可以安排在代码中进行动态设置(Me. TimerInterval＝1000),而且可以通过设置"计时器间隔"属性值为零(Me. TimerInterval＝0)来终止Timer事件继续发生。

8.7.5 鼠标和键盘事件处理

在程序的交互式操作过程中,鼠标与键盘是最常用的输入设备。

1. 鼠标操作

涉及鼠标操作的事件主要有 MouseDown(鼠标按下)、MouseMove(鼠标移动)和MouseUp(鼠标抬起)三个,其事件过程形式为(×××为控件对象名):

```
×××_MouseDown (Button As Integer,Shift As Integer, X As Single, Y As Single)
×××_MouseMove (Button As Integer,Shift As Integer, X As Single, Y As Single)
×××_MouseUp (Button As Integer,Shift As Integer, X As Single, Y As Single)
```

其中,Button 参数用于判断鼠标操作的是左中右哪个键,可以分别用符号常量acLeftButton(左键 1)、acRightButton(右键 2)和 acMiddleButton(中键 4)来比较。Shift参数用于判断鼠标操作的同时,键盘控制键的操作,可以分别用符号常量 acAltMask(Shift 键 1)、acAltMask(Ctrl 键 2)和 acAltMask(Alt 键 4)来比较。X 和 Y 参数用于返回鼠标操作的坐标位置。

2. 键盘操作

涉及键盘操作的事件主要有KeyDown(键按下)、KeyPress(键按下)和 KeyUp(键抬起)三个,其事件过程形式为(×××为控件对象名):

```
×××_KeyDown (KeyCode As Integer, Shift As Integer)
×××_KeyPress (KeyAscii As Integer)
×××_KeyUp (KeyCode As Integer, Shift As Integer)
```

其中,KeyCode 参数和 KeyAscii 参数均用于返回键盘操作键的 ASCII 值。这里,KeyDown 和 KeyUp 的 KeyCode 参数常用于识别或区别扩展字符键(F1～F12)、定位键(Home、End、Page Up、Page Down、向上键、向下键、向右键、向左键及 Tab)、键的组合和标准的键盘更改键(Shift、Ctrl 或 Alt)及数字键盘或键盘数字键等字符。KeyPress 的KeyAscii 参数常用于识别或区别英文大小写、数字及换行(13)和取消(27)等字符。Shift参数用于判断键盘操作的同时控制键的操作,其用法同上。

8.7.6 数据文件读写

1. 打开文件

Open 函数是在窗体中打开一个文件的过程,书写格式为:

```
Open pathname For mode [access] [lock] As [#] filenumber[len=recordlength]
```

参数说明：

（1）pathname：所要打开的文件路径。

（2）mode：下列值之一（Append、Binary、Input、Output、Random（随机，默认值））。

（3）access：下列值之一（Read（只读，默认值）、Write、Read Write）。

（4）lock：下列值之一（Shared（共享，默认值）、Lock Read、Lock Write、Lock Read Write）。

（5）filenumber：用来标识处理的文件，包含 FreeFile 函数调用结果的变量。

2. 读取文件内容

（1）Input♯语句。其功能是从打开的文件中提取数据并向变量赋值。

（2）Line Input ♯语句。与 Input 相似，也是从打开的文件中读取数据，但是一次一行地提取。

3. 写入文件

写入文件的过程就是将值添加到相关文件中的过程。文件打开时，Write♯ 和 Print♯语句都可以向其写入数据。两者的区别在于，Write♯ 是将数据传送到指定的文件中，而 Print♯ 是创建一个新的打印文件。

语句格式：

```
Write # filenumber [ , outputlist]
Pritn # filenumber [ , outputlist]
```

8.7.7　用代码设置 Access 选项

Access 系统环境有许多选项设定（工具/选项菜单项），值不同会产生不同的效果。例如，当程序中执行某个操作查询（更新、删除、追加、生成表）时，有些环境会弹出一些提示信息要求确认等。所有选项设定均可在 Access 环境下静态设置，也可以在 VBA 代码里动态设置。其结构语法为：

```
Application.SetOption(OptionName,Setting)
```

其中，OptionName 参数为选项名称，Setting 参数为设置的选项值。

【实例 8.20】　用代码设置相关选项，以消除操作查询执行时的确认提示。

```
Private Sub Form_Load()
  Application.SetOption "Confirm Record Changes",False '确认取消 (记录更改)
  Application.SetOption "Confirm Document Deletions",False
  '确认取消 (删除文档)
  Application.SetOption "Confirm Action Queries",False '确认取消 (操作查询)
End Sub
```

其效果如图 8.18 所示。

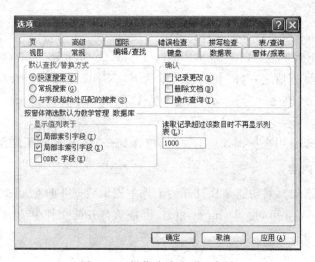

图 8.18   操作确认选项示意图

8.8   用户定义类模块创建和引用

8.8.1   用户定义类模块概念

用户定义类模块由其属性和属性过程、方法及事件封装构成。

1. 属性和属性过程

属性描述类模块对象的静态特性，反映对象的性质和状态。Access 类模块有两种类型的属性：一般属性和属性过程。

一般属性就是向类模块中添加 Public 变量，定义方式类似标准模块的公共变量。

属性过程则是向类模块中添加 Property Get/Let/Set 过程的定义。属性过程按照数据流向不同，又分为只读（Property Get）、只写（Property Let/Set）、读写（Property Get 和 Let/Set）属性过程三种。这里，Set 和 Let 都是定义属性的写过程，但有区别。Set 用于定义对象类型属性的写过程，而 Let 用于定义非对象类型属性的写过程。

Get/Let/Set 的含义是：当读取/使用该属性值时，执行 Property Get 中的代码；当写入/修改该属性值时，执行 Property Let 或 Set 中的代码。在存取或指派属性值时能执行属性过程中的代码（如检验代码），这正是属性过程的特点和优点。

1) Property Let 语句

定义形式：

```
[Public|Private|Friend] [Static]Property Let name ([arglist,] value)
    [statement]
    [Exit Property]
    [statement]
End Property
```

2）Property Set 语句

定义形式：

```
[Public|Private|Friend] [Static]Property Set name ([arglist,] reference)
    [statements]
    [Exit Property]
    [statements]
End Property
```

3）Property Get 语句

定义形式：

```
[Public|Private|Friend] [Static]Property Get name ([arglist,])[AsReturntype]
    [statements]
    [name=expression]
    [Exit Property]
    [statements]
    [name=expression]
End Property
```

Property Let/Set/Get 语句各部分语法说明参见表 8.17。

表 8.17　Property Let/Set/Get 参数说明

部　分	描　述
[ ]	可选的。表示调用者可以提供或不提供该参数
Public	可选的。表示所有模块的所有其他过程都可访问这个属性过程
Private	可选的。表示只有包含其声明的模块的其他过程可以访问该属性过程
Friend	可选的。只能在类模块中使用。表示该属性过程在整个工程中都是可见的，但对对象实例的控制者是不可见的
Static	可选的。表示在调用之间保留属性过程的局部变量的值。Static 属性对在过程外声明的变量不会产生影响，即使过程中也使用了这些变量
name	必需的。属性过程的名称，遵循标准的变量命名约定
arglist	可选的。代表在调用时要传递给属性过程的参数的变量列表，对于多个变量则用逗号隔开
value	必需的。该变量中包含要赋予属性的值。当过程被调用时，该参数将出现在调用表达式的右侧
reference	必需的。对象引用赋值的右边所使用的包含对象引用的变量
statements	可选的。属性过程体中所执行的任何语句组。一般安排写数据验证
expression	可选的。Get 属性过程返回的表达式属性值
AsReturntype	可选的。Get 读属性的返回值类型

其中 arglist 参数的语法以及语法各个部分如下，其中的参数说明参见表 8.18。

```
[Optional] [ByVal|ByRef] [ParamArray] varname[()][As type] [=defaultvalue]
```

表 8.18   arglist 参数说明

部 分	描 述
Optional	可选的。表示参数不是必需的。如果使用了该选项,则 arglist 中的后续参数都必须是可选的,而且必须都使用 Optional 关键字声明。注意,Property Set 表达式的右边不可能是 Optional
ByVal	可选的。表示该参数按值传递
ByRef	可选的。表示该参数按地址传递。ByRef 是 VBA 的默认选项
ParamArray	可选的。只用于 arglist 的最后一个参数,指明最后这个参数是一个 Variant 元素的 Optional 数组。使用 ParamArray 关键字可以提供任意数目的参数。ParamArray 关键字不能与 ByVal、ByRef 或 Optional 一起使用
varname	必需的。代表参数的变量的名称;遵循标准的变量命名约定
type	可选的。传递给该过程的参数的数据类型;可以是 Byte、Boolean、Integer、Long、Currency、Single、Double、Decimal(目前尚不支持)、Date、String(只支持变长)、Object 或 Variant。如果参数不是 Optional,则也可以是用户定义类型或对象类型
defaultvalue	可选的。任何常数或常数表达式。只在 Optional 参数时是合法的。如果类型为 Object,则显式的默认值只能是 Nothing

2. 方法

方法描述类模块的动态特性,是对象本身所具有的、反映该对象功能的内部函数或过程,也即对象的动作。

Access 类模块的方法定义,就是向类模块中添加 Sub 或 Function 两种类型的过程。

3. 事件

事件描述类模块的消息驱动机制,泛指能被对象识别的用户操作动作或对象状态的变化发出的信息,也即对象的响应。

设计和使用类模块中的自定义事件很特殊,不易理解。具体而言,涉及 4 个技术环节。

(1) 在类模块的声明部分,用 Public Event 定义一个事件,事件可以有参数。

(2) 在该类模块的某一个模块方法中,用 Raise Event 激发该事件。

(3) 在窗体等调用模块的事件源中编写上述类模块事件的具体事件代码。

(4) 在窗体等调用模块中利用 WithEvents 关键字来定义带事件处理类变量,格式为:

```
PrivateWithEvents 类变量名 As 用户类名
```

需要注意的是,使用 WithEvents 只是声明了对象变量,而并不实际生成对象。为了生成真实的对象,需要在声明后使用 Set 语句进行指定。此外,不能把 WithEvents 变量声明为 As New,不能在标准模块中使用 WithEvents。

8.8.2   用户定义类模块创建和引用

在定义完一个类模块的属性、属性过程、方法和事件内容后,就可以利用 new 运算符来创建该类模块(类模块名称)的对象实例,并进而引用其内部元素。例如,定义好类模块对象 ClsTest,则实例创建形式为:

```
Private x As ClsTest
Set x=New ClsTest 或 Set x=New ClsTest(参数)
```

一般变量的定义区分过程级、模块级和全局变量,不同位置其作用域各不相同。类变量定义也会随定义位置的不同,表现出不同的作用范围。要注意下面两点。

(1) 由于类是生成对象实例的模具,每生成一个对象,相当于产生了一个副本,这个副本就是对象的"真身",副本间是相互独立的,从而变量只作用于副本自身。

(2) 过程级的类变量只要过程执行完毕,对象变量即会被释放,其生命期和作用域小;模块级的类变量则等模块结束(如窗体关闭等),对象变量才会被释放,其生命期和作用域相对要长。

8.9　VBA 程序的运行错误处理

1. 模块中常见错误

在模块中编写程序代码不可避免地会发生错误。常见的错误主要有以下三个方面。

(1) 语法错误,如变量定义错误、语句前后不匹配等。例如,在条件语句的嵌套使用中,For 与 Next 关键字不匹配等。

Access 2010 的代码窗口是逐行进行检查的,VBA 编辑器能自动检测到语法错误。对于复杂的错误,如数据的重复定义等,可选择菜单中的 Compile 命令,来编译当前代码,在编译过程中,模块中的所有语法错误都将被指出。

(2) 运行错误,如数据传递的类型不匹配,数据发生异常和动作发生异常等。

程序在运行时发生错误,Access 2010 会在出现错误的地方停下来,并且将代码窗口打开,显示出错代码。

(3) 逻辑错误,应用程序没有按照希望的结果执行,导致运算结果不符合逻辑。

程序运行不发生错误,但得到的结果不正确,这类错误一般属于程序算法上的错误,比较难以查找和排除。需要修改程序的算法来排除错误。程序调试的大部分时间将放在发现和纠正逻辑错误上,一般可通过设置断点、单步执行、观察值的变化等方法来发现和纠正逻辑错误。

2. 设置错误陷阱的 4 种语句

不管用户如何认真地测试程序代码,最终总会出现运行错误。当 Access 2010 执行程序代码时出现的错误就叫运行错误。当出现运行错误时,可使用 On Error GoTo 指令来控制应用程序。On Error 指令不是很高级的指令,却是对 Access 模块进行错误处理的最佳选择。用户可以使之分支到标签或忽略错误。

此外,在 VBA 编程语言中,除了使用 On Error 指令外,还提供了一个 Err 对象、一个 Error 函数和一个 Error 语句来辅助了解错误信息。

（1）On Error Goto 语句：在遇到错误发生时，控制程序的处理。

语句的使用格式有如下几种。

```
On Error Goto 标号
On Error Resume Next
On Error Goto 0
```

"On Error Goto 标号"语句在遇到错误发生时，程序将转移到指定的标号位置来执行，标号后的代码一般包含一个错误处理的过程调用。一般来说，"On Error Goto 标号"语句放在过程的开始，错误处理程序代码放在过程的最后。比如下述的 ErrorProc：

```
On Error GoTo ErrHandler
    ⋮
[ RepeatCode:(Code using ErrProc to handle errors)]
    ⋮
GoTo SkipHandler
ErrHandler:
Call ErrorProc
[GoTo RepeatCode]
SkipHandler:
    ⋮
(Additional code)
```

在这个例子中，On Error GoTo 指令使得程序流向 ErrHandler 标签分支。该标签执行错误处理过程 ErrorProc。通常，错误处理代码位于过程的尾部。如果有不止一个错误处理或者错误处理位于一组指令的中间，那么若以前的代码没有错误则必须绕过它。使用 GoTo SkipHandler 声明绕过 Errhandler 指令。为了处理在 ErrorProc 完成其工作之后又产生错误的代码，在重复的代码的开始处增加如 RepeatCode 样的标签，然后分支到 ErrHandler :代码。或者，可以在代码的末端添加关键字 Resume 来恢复对产生错误的行的处理。

On Error Resume Next 语句在遇到错误发生时，系统会忽略错误，且继续处理随后的指令。

On Error Goto 0 语句用于关闭错误处理。

如果在程序代码中没有使用 On Error Goto 语句捕捉错误，或使用 On Error Goto 0 语句关闭了错误处理，则当程序运行发生错误时，系统会提示一个对话框，给出相应的出错信息。

（2）Err 对象：返回错误代码。

Err 对象取代了 Access 早期版本的 Err 函数。默认属性 Err.Number 返回一代表最后一个错误代码的整数。如果没有错误发生，则返回 0。这个属性通常在 Select Case 结构中使用，以决定错误句柄所应采用的动作，错误句柄由出现的错误类型所决定。用 Err. Description 属性来返回由它的参数所决定的错误代号的文本名称，如下例所示。

```
strErrorName=Err. Description
```

```
Select Case Err.Number
    Case 58 To 76
        Call FileError        'procedure for handling file errors
    Case 281 To 22000
        Call DDEError         'procedure for handling DDE errors
    Case 340 To 344
        Call ArrayError       'procedure for control array errors
End Select
Err. Clear
```

提示：用户可用上例中的 Call 指令替代实际的错误处理代码，但最好还是使用单个的过程来进行错误处理。Err. Numbers 设置错误代码为一特定的整数。使用 Err. Clear 方法在错误句柄完成它的操作后重置错误代码为 0，如上述所示。

（3）Error()函数：返回出错代码所在的位置，或根据错误代码返回错误名称。

（4）Error 语句：用于错误模拟，以检查错误处理语句的正确性。

在实际编程中，要充分利用上述错误处理机制，快速准确地找到错误原因并加以处理，从而编写出正确的程序代码。

习　　题

一、选择题

1. VBA 中定义符号常量可以用关键字＿＿＿＿。

    A. Const   B. Dim   C. Public   D. Static

2. Sub 过程和 Function 过程最根本的区别是＿＿＿＿。

    A. Sub 过程的过程名不能返回值，而 Function 过程能通过过程名返回值

    B. Sub 过程可以使用 Call 语句或直接使用过程名，而 Function 过程不能

    C. 两种过程参数的传递方式不同

    D. Function 过程可以有参数，Sub 过程不能有参数

3. 定义了二维数组 A(2 to 5,5)，则该数组的元素个数为＿＿＿＿。

    A. 25   B. 36   C. 20   D. 24

4. 已知程序段：

```
s=0
For i=1 to 10 step 2
  s=s+1
  i=i*2
Next i
```

当循环结束后，变量 i 的值为＿＿a＿，变量 s 的值为＿b＿。

    a. A. 10   B. 11   C. 22   D. 16

    b. A. 3   B. 4   C. 5   D. 6

5. 以下内容中不属于 VBA 提供的数据验证函数是_____。

    A. IsText   B. IsDate   C. IsNumeric   D. IsNull

6. 已定义好有参函数 f(m),其中形参 m 是整型量。下面调用该函数,传递实参为 5,将返回的函数值赋给变量 t。以下正确的是_____。

    A. t=f(m)   B. t=Call f(m)   C. t=f(5)   D. t=Call f(5)

7. 在有参函数设计时,要想实现某个参数的"双向"传递,就应当说明该形参为"传址"调用形式。其设置选项是_____。

    A. ByVal   B. ByRef   C. Optional   D. ParamArray

8. 在 VBA 代码调试过程中,能够显示出所有在当前过程中变量声明及变量值信息的是_____。

    A. 快速监视窗口   B. 监视窗口   C. 立即窗口   D. 本地窗口

9. VBA 的逻辑值进行算术运算时,True 值被当作_____。

    A. 0   B. -1   C. 1   D. 任意值

10. VBA 中不能进行错误处理的语句结构是_____。

    A. On Error Then 标号   B. On Error Goto 标号

    C. On Error Resume Next   D. On Error Goto 0

11. VBA 中用实际参数 a 和 b 调用有参过程 Area(m,n)的正确形式是_____。

    A. Area m,n   B. Area a,b

    C. Call Area(m,n)   D. Call Area a,b

12. 给定日期 DD,可以计算该日期当月最大天数的正确表达式是_____。

    A. Day(DD)

    B. Day(DateSerial(Year(DD),Month(DD),Day(DD)))

    C. Day(DateSerial(Year(DD),Month(DD),0))

    D. Day(DateSerial(Year(DD),Month(DD)+1,0))

13. 下列关于宏和模块的叙述中正确的是_____。

    A. 模块是能够被程序调用的函数

    B. 通过定义宏可以选择或更新数据

    C. 宏或模块都不能是窗体或报表上的事件代码

    D. 宏可以是独立的数据库对象,可以提供独立的操作动作

14. VBA"定时"操作中,需要设置窗体的"计时器间隔(TimerInterval)"属性值。其计量单位是_____。

    A. 微秒   B. 毫秒   C. 秒   D. 分钟

15. InputBox 函数返回值的类型为_____。

    A. 数值   B. 字符串

    C. 变体   D. 数值或字符串(视输入的数据而定)

16. 执行下面的语句后,所弹出的信息框外观样式为_____。

```
MsgBox "AAAA",vbOKCancel+vbQuestion,"BBBB"
```

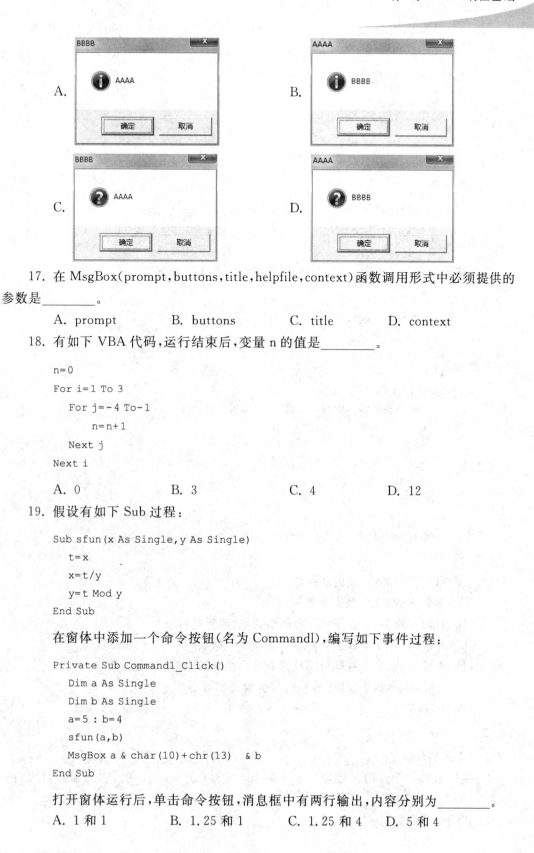

17. 在 MsgBox(prompt,buttons,title,helpfile,context)函数调用形式中必须提供的参数是_____。

    A. prompt   B. buttons   C. title   D. context

18. 有如下 VBA 代码,运行结束后,变量 n 的值是_____。

```
n=0
For i=1 To 3
    For j=-4 To-1
        n=n+1
    Next j
Next i
```

    A. 0   B. 3   C. 4   D. 12

19. 假设有如下 Sub 过程:

```
Sub sfun(x As Single,y As Single)
    t=x
    x=t/y
    y=t Mod y
End Sub
```

    在窗体中添加一个命令按钮(名为 Commandl),编写如下事件过程:

```
Private Sub Commandl_Click()
    Dim a As Single
    Dim b As Single
    a=5 : b=4
    sfun(a,b)
    MsgBox a & char(10)+chr(13)  & b
End Sub
```

    打开窗体运行后,单击命令按钮,消息框中有两行输出,内容分别为_____。
    A. 1 和 1   B. 1.25 和 1   C. 1.25 和 4   D. 5 和 4

20. 有如下 VBA 程序段：

```
sum=0
n=0
For i=1 To 5
  x=n/i
  n=n+1
  sum=sum+x
Next i
```

以上 For 循环计算 sum，完成的表达式是＿＿＿＿＿＿。

A. 1＋1/1＋2/3＋3/4＋4/5　　　　　B. 1＋1/2＋1/3＋1/4＋1/5

C. 1/2＋2/3＋3/4＋4/5　　　　　　D. 1/2＋1/3＋1/4＋1/5

21. 在窗体中有一个命令按钮 run16，对应的事件代码如下：

```
Private Sub run16_Enter()
  Dim num As Integer
  Dim a As Integer
  Dim b As Integer
  Dim i As Integer
  For i=1 To 10
    num=InputBox("请输入数据: ", "输入",1)
    If Int(num/2)  =num/2 Then
      a=a+1
    Else
      b=b+1
    End If
  Next i
  MsgBox("运行结果: a=" & Str(a)  & ",b=" & Str(b) )
End Sub
```

运行以上事件所完成的功能是＿＿＿＿＿＿。

A. 对输入的 10 个数据求累加和

B. 对输入的 10 个数据求各自的余数，然后再进行累加

C. 对输入的 10 个数据分别统计有几个是整数，有几个是非整数

D. 对输入的 10 个数据分别统计有几个是奇数，有几个是偶数

22. 以下内容中不属于 VBA 提供的数据验证函数是＿＿＿＿＿＿。

A. IsNull　　　　　B. IsDate　　　　　C. IsNumeric　　D. IsText

二、填空题

1. VBA 的全称是＿＿＿＿＿＿。

2. 模块包含一个声明区域和一个或多个子过程（以＿＿＿＿＿＿开头）或函数过程（以＿＿＿＿＿＿开头）。

3. 声明变量最常用的方法，是使用＿＿＿＿＿＿结构。

4. VBA 中变量作用域分为三个层次，这三个层次是 _____、_____ 和 _____。

5. 在模块的声明区域中，用 _____ 关键字说明的变量是模块范围的变量；而用 _____ 或 _____ 关键字声明的变量是属于全局范围的变量。

6. 要在程序或函数的实例间保留局部变量的值，可以用 _____ 关键字 Dim。

7. 用户定义的数据类型可以用 _____ 关键字作说明。

8. VBA 的三种流程控制结构是顺序结构、_____ 和 _____。

9. VBA 中使用的三种选择函数是 _____、_____ 和 _____。

10. VBA 提供了多个用于数据验证的函数。其中 IsDate 函数用于 _____；_____ 函数用于判定输入数据是否为数值。

11. VBA 的有参过程定义，形参用 _____ 声明，表明该形参为传值调用，形参用 ByRef 声明，表明该形参为 _____。

12. VBA 的错误处理主要使用 _____ 语句结构。

13. On Error Goto 0 语句的含义是 _____。

14. On Error Resume Next 语句的含义是 _____。

15. VBA 语言中，函数 InputBox 的功能是 _____；_____ 函数的功能是显示消息信息。

16. 在 VBA 中双精度的类型标识是 _____。

17. 在 VBA 中，分支结构根据 _____ 选择执行不同的程序语句。

18. VBA 的逻辑值在表达式当中进行算术运算时，True 值被当作 _____、False 值被当作 _____ 来处理。

19. VBA 编程中，要得到[15,75]上的随机整数可以用表达式 _____。

20. VBA 的"定时"操作功能是通过窗体的 _____ 事件过程完成。

21. VBA 中打开窗体的命令语句是 _____。

22. Access 的窗体或报表事件可以有两种方法来响应：宏对象和 _____。

23. 窗体的计时器触发事件激发的时间间隔是通过 _____ 属性来设置的。

24. 窗体中有两个命令按钮"显示"（控件名为 cmdDisplay）和"测试"（控件名为 cmdTest）。当单击"测试"按钮时，执行的事件功能是：首先弹出消息框，若单击其中的"确定"按钮，则隐藏窗体上的"显示"按钮；否则直接返回到窗体中。请填空补充完整。

```
Private Sub cmdTest_Click()
    Answer=_____ ("隐藏按钮?",vbOKCancel+vbQuestion,"Msg")
    If Answer=vb OK Then
        Me!cmdDisplay.Visible=_____
    End If
End Sub
```

25. 设计一个计时的 Access 应用程序。该程序界面如图 8.19 所示，由一个文本框（名为 Text1）、一个标签及两个命令按钮（一个标题为 Start，命名为 Command1；另一个标题为 Stop，命名为 Command2）组成。程序功能为：打开窗体运行后，单击 Start 按钮，则开始计时,文本框中显示秒数;单击 Stop 按钮,则计时停止;双击 Stop 按钮,则退出。
请填空补充完整。

```
Dim i
Private Sub Command1_Click()
    i=0
    Me.TimerInterval=1000
End Sub

Private Sub Command2_Click(
    _____
End Sub

Private Sub Command2_DblClick(Cancel As Integer)
    DoCmd. _____
End Sub

Private Sub Form_Load()
    Me.TimerInterval=0
    Me!Text1=0
End Sub

Private SubForm_Timer()
    i=i+1
    Me!Text1=_____
End Sub
```

图 8.19　填空题 25 题图

26. 要实现如图 8.20 所示效果的消息框显示,VBA 代码语句为_____。

图 8.20　填空题 26 题图

27. 设有如下代码：

```
x=1
Do
  x=x+2
Loop Until _____
```

运行程序，要求循环体执行三次后结束循环，请在空白处填入适当的语句。

28. 设有以下窗体单击事件过程：

```
Private Sub Form_Click()
    a=1
    For i=1 To 3
        Select  Case i
            Case 1,3
                a=a+1
            Case 2,4
                a=a+2
        End Select
    Next i
    MsgBox a
End Sub
```

打开窗体运行后，单击窗体，则消息框的输出内容是_____。

29. 在窗体中添加一个命令按钮（名为 Commandl）和一个文本框（名为 Textl），编写事件代码如下：

```
Private Sub Commandl_Click()
    Dim a As Integer,y As Integer,z As Imteger
    x=5 : y=7 : z=0
    Me.Textl=""
    Call p1(x, y, z)
    Me.Text1=z
End Sub
Sub p1(a As Integer, b As Integer,  c As Integer)
  c=a+b
End Sub
```

打开窗体后，单击命令按钮，文本框中显示的内容是_____。

30. 在下面的 VBA 程序段运行时，内层循环的循环次数是_____。

```
For m=0 TO 7 Step 3
  For n=m-1 To m+1
  Next n
Next m
```

31. 在窗体中使用一个文本框（名为 numl）接收输入值，有一个命令按钮 run，单击事

件代码如下:

```
Private Sub run_Click()
    If Me!num1 >= 60 Then
        result="及格"
    ElseIf Me!numl >= 70 Then
        result="通过"
    Elself Me!numl >= 85 Then
        result="优秀"
    End If
    MsgBox result
End Sub
```

打开窗体后,若通过文本框输入的值为 85,单击命令按钮,输出结果是_____。

32. 在窗体中有一个名为 Command25 的命令按钮,Click 事件代码如下。该事件的完整功能是接收从键盘输入的 10 个大于 0 的整数,找出其中的最大值和对应的输入位置。请依据上述功能要求将程序补充完整。

```
Private Sub Command25_Click()
    max=0
    max_n=0
    For I=1 To 10
        num=Val(InputBox("请输入第" & i & "个大于 0 的整数:"))
        If num >max Then
            max=_____
            max_n=_____
        End If
    Next i
    MsgBox("最大值为第" & max_n & "个输入的" & max )
End Sub
```

33. 下面程序段是建立类模块 Myclass,定义读写属性 x 并设置初始值为"0001"的测试代码,试依据功能要求将程序补充完整。

类模块 MyClass 的代码:

```
Option Explicit
Private s As String
'读属性 x
Public Property Get x() As String
    '读出属性 x 中保存的变量 s 的值
    _____
End Property
'写属性 x
Public Property Let x(ByVal c As String)
    s=c
```

```
End Property
'类模块初始化过程,设置 x 属性初始值为"0001"
Private Sub Class_Initialize()

————

End Sub
```

标准模块的代码:

```
Option Explicit
Sub aTest()
    '定义并创建 mc 对象,类型为类模块 MyClass

    ————

    Debug.Print mc.x
End Sub
```

第9章 VBA 数据库编程

前面的章节中,已经介绍了使用各种类型的 Access 数据库对象来处理数据的方法和形式。实际上,要想快速、有效地管理好数据,开发出更具使用价值的 Access 数据库应用程序,还应当了解和掌握 VBA 的数据库编程方法。

9.1 VBA 数据库编程技术简介

9.1.1 数据库引擎及其接口

1. 数据库引擎及接口简介

VBA 是通过 Microsoft Jet 数据库引擎工具来支持对数据库的访问。所谓数据库引擎实际上是一组动态链接库(DLL),当程序运行时被连接到 VBA 程序而实现对数据库的数据访问功能。数据库引擎是应用程序与物理数据库之间的桥梁,它以一种通用接口的方式,使各种类型的物理数据库对用户而言都具有统一的形式和相同的数据访问与处理方法。

在 Microsoft Office VBA 中主要提供了三种数据库访问接口:开放数据库互连应用编程接口(Open Database Connectivity API,ODBC API)、数据访问对象(Data Access Objects,DAO)和 ActiveX 数据对象(ActiveX Data Objects,ADO)。

ODBC API:目前 Windows 提供的 32 位 ODBC 驱动程序对每一种客户/服务器 RDBMS、最流行的索引顺序访问方法(ISAM)数据库(Jet、dBase、FoxBase 和 FoxPro)、扩展表(Excel)和划界文本文件都可以操作。在 Access 应用中,直接使用 ODBC API 需要大量 VBA 函数原型声明(Declare)和一些烦琐、低级的编程,因此,实际编程中很少直接进行 ODBC API 的访问。

DAO:提供一个访问数据库的对象模型。利用其中定义的一系列数据访问对象,如 Database、QueryDef、RecordSet 等对象,实现对数据库的各种操作。这是 Office 早期版本提供的编程模型,用来支持 Microsoft Jet 数据库引擎,像开发者通过 ODBC 直接连接到其他数据库一样,连接到 Access 数据库。DAO 最适用于单系统应用程序或在小范围本地分布使用,其内部已经对 Jet 数据库的访问进行了加速优化,而且使用起来也是很方便的。所以如果数据库是 Access 数据库且是本地使用,可以使用这种访问方式。

ADO:是基于组件的数据库编程接口,是一个和编程语言无关的 COM 组件系统。

使用它可以方便地连接任何符合 ODBC 标准的数据库。

　　Microsoft Office 2000 及以后版本的应用程序均支持广泛的数据源和数据访问技术,于是产生了一种新的数据访问策略:通用数据访问(Universal Data Access,UDA)。用来实现通用数据访问的主要技术是称做 OLE DB(对象链接和嵌入数据库)的低级数据访问组件结构和称为 ActiveX 数据对象 ADO 的对应于 OLE DB 的高级编程接口。逻辑结构如图 9.1 所示。

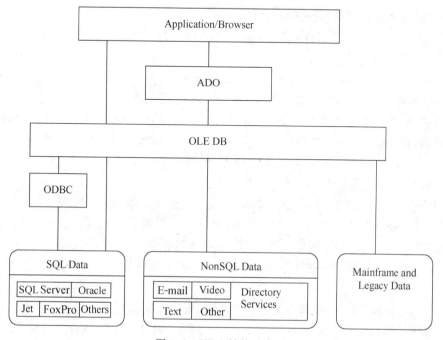

图 9.1　UDA 链接示意图

　　OLE DB 定义了一个 COM 接口集合,它封装了各种数据库管理系统服务。这些接口允许创建实现这些服务的软件组件。OLE DB 组件包括三个主要内容。

　　1) 数据提供者

　　提供数据存储的软件组件,小到普通的文本文件、大到主机上的复杂数据库,或者电子邮件存储,都是数据提供者的例子。有的文档把这些软件组件的开发商也称为数据提供者。

　　2) 数据消费者

　　任何需要访问数据的系统程序或应用程序,除了典型的数据库应用程序之外,还包括需要访问各种数据源的开发工具或语言。

　　3) 服务组件

　　专门完成某些特定业务信息处理和数据传输、可以重用的功能组件。

　　OLE DB 的设计是以消费者和提供者概念为中心。OLE DB 消费者表示传统的客户方,提供者将数据以表格形式传递给消费者。因为有 COM 组件,消费者可以用任何支持 COM 组件的编程语言去访问各种数据源。

　　分析 DAO 和 ADO 两种数据访问技术,ADO 是 DAO 的后继产物,它"扩展"了 DAO

所使用的层次对象模式,用较少的对象,更多的属性、方法(和参数),以及事件来处理各种操作,简单易用,微软已经明确表示今后会把重点放在 ADO 上,对 DAO 等不再升级,所以 ADO 已经成为当前数据库开发的主流技术。

Microsoft Access 2010 同时支持 ADO(含 ADO+ODBC 及 ADO+OLE DB 两种形式)和 DAO 的数据访问。

2. ACE 版本选择

一般情况下,目前有三种可能的配置。

(1) 仅 64 位的解决方案(64 位的 Access、64 位的 Windows)。若要实现 64 位的解决方案,必须执行以下操作。

① 在 64 位的 Windows 上部署 64 位的 Access 2010。

② 构建自定义的 64 位数据访问应用程序。

(2) 仅 32 位的解决方案(32 位的 Access、32 位的 Windows)。如果有 32 位的应用程序,希望通过 Access 2010 继续运行它而不进行更改,则必须安装 32 位版本的 Access 2010。32 位 Access 2010 的工作方式与 32 位 Access 2007 完全一样,无须对 VBA 代码、COM 加载项或 ActiveX 件进行更改即可继续运行。

(3) WOW64 解决方案(32 位的 Access、64 位的 Windows)。WOW64 技术允许在 Windows 64 位的平台上执行 32 位的应用程序。可以将 32 位的 Access 2010 安装在 64 位的 Windows 上。在这种情况下,数据应用程序必须是 32 位才能与 ACE 提供程序通信。这是 64 位 Windows 操作系统上的默认安装,可提供与 32 位 Office 应用程序的兼容性。

尽管 32 位的应用程序能够以透明方式运行,但是不支持在同一进程中混合使用两种类型的代码。64 位的应用程序不能针对 32 位的系统库(DLL)进行链接,同样 32 位的应用程序也不能针对 64 位的系统库进行链接。

3. ACE 引擎安装

若要运行 Access 2010 数据库代码示例,系统必须安装 ACE 引擎,其三种来源如下。

(1) Microsoft Access 2010。在以下 Office 2010 版本中提供: Professional、Professional Academic、Professional Plus 或 Microsoft Access 独立版本。

(2) Microsoft Access 2010 运行时。利用 Microsoft Access 2010 Runtime,可以将 Access 2010 应用程序分发给未在计算机上安装 Access 2010 完整版的用户,并可免费下载。

(3) Microsoft Access Database Engine 2010 可再发行组件。

需要说明的是,ACE 引擎与以前版本的 Jet 引擎完全向后兼容,以便从早期 Access 版本读取和写入(.mdb)文件。对于 Access 2010 版本,除了其他改进,ACE 引擎还进行了升级,可以支持 64 位的版本,并从整体上增强与 SharePoint 相关技术和 Web 服务的集成。

9.1.2 VBA 访问的数据库类型

VBA 访问的数据库有以下三种。

(1) Jet 数据库,即 Microsoft Access。

（2）ISAM 数据库，如 dBase、FoxPro 等。

索引顺序访问方法（Indexed Sequential Access Method，ISAM）是一种索引机制，用于高效访问文件中的数据行。

（3）ODBC 数据库，凡是遵循 ODBC 标准的客户/服务器数据库，如 Microsoft SQL Server、Oracle 等。

实际上，使用 UDA 技术可以大大扩展上述 Office VBA 的数据访问能力，完成多种非关系结构数据源的数据操作。

9.1.3　数据访问对象

数据访问对象（DAO）是 VBA 提供的一种数据访问接口。包括数据库创建、表和查询的定义等工具，借助 VBA 代码可以灵活地控制数据访问的各种操作。

需要指出的是，在 Access 模块设计时要想使用 DAO 的各个访问对象，首先应该增加一个对 DAO 库的引用。Access 2010 的 DAO 引用库为 DAO 3.6，其引用设置方式为：先进入 VBA 编程环境——VBE，选择"工具"|"引用"命令，弹出"引用"对话框，如图 9.2 所示，从"可使用的引用"列表框中选中 Microsoft DAO 3.6 Object Library 并单击"确定"按钮即可。

1. DAO 模型结构

DAO 模型的分层结构简图如图 9.3 所示。它包含一个复杂的可编程数据关联对象的层次，其中 DBEngine 对象处于最顶层，它是模型中唯一不被其他对象所包含的数据库引擎本身。层次低一些的对象，如 Workspace(s)、Database(s)、QueryDef(s)、RecordSet(s) 和 Field(s) 是 DBEngine 下的对象层，其下的各种对象分别对应被访问的数据库的不同部分。在程序中设置对象变量，并通过对象变量来调用访问对象方法、设置访问对象属性，这样就实现了对数据库的各项访问操作。

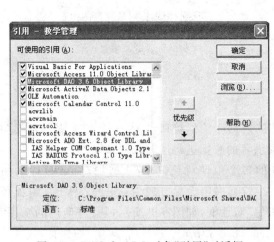

图 9.2　DAO 和 ADO 对象"引用"对话框

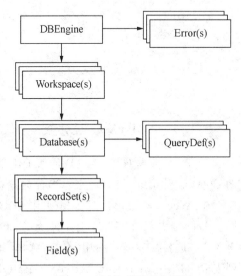

图 9.3　DAO 模型层次简图

下面对 DAO 的对象层次分别进行说明。

（1）DBEngine 对象：表示 Microsoft Jet 数据库引擎。它是 DAO 模型的最上层对象，而且包含并控制 DAO 模型中的其余全部对象。

（2）Workspace 对象：表示工作区。

（3）Database 对象：表示操作的数据库对象。

（4）RecordSet 对象：表示数据操作返回的记录集。

（5）Field 对象：表示记录集中的字段数据信息。

（6）QueryDef 对象：表示数据库查询信息。

（7）Error 对象：表示数据提供程序出错时的扩展信息。

2. 利用 DAO 访问数据库

通过 DAO 编程实现数据库访问时，首先要创建对象变量，然后通过对象方法和属性来进行操作。下面给出数据库操作的一般语句和步骤。

程序段：

```
'定义对象变量
Dim ws   As Workspace
Dim db As Database
Dim rs As RecordSet
'通过 Set 语句设置各个对象变量的值
Set ws=DBEngine.Workspace(0)                    '打开默认工作区
Set db=ws.OpenDatabase(<数据库文件名>)           '打开数据库文件
Set rs=db.OpenRecordSet(<表名、查询名或 SQL 语句>) '打开数据记录集
Do While Not rs.EOF                             '利用循环结构遍历整个记录集直至末尾
    ⋮                                           '安排字段数据的各类操作
    rs.MoveNext                                 '记录指针移至下一条
Loop
rs.close                                        '关闭记录集
db.close                                        '关闭数据库
Set rs=Nothing                                  '回收记录集对象变量的内存占有
Set db=Nothing                                  '回收数据库对象变量的内存占有
    ⋮
```

9.1.4　ActiveX 数据对象

ActiveX 数据对象（ADO）是基于组件的数据库编程接口，它是一个和编程语言无关的 COM 组件系统，可以对来自多种数据提供者的数据进行读取和写入操作。

在 Access 模块设计时要想使用 ADO 的各个组件对象，也应该增加对 ADO 库的引用。Access 2010 的 ADO 引用库为 ADO 2.1，其引用设置方式为：先进入 VBA 编程环境 VBE，选择"工具"|"引用"命令，弹出"引用"对话框，如图 9.2 所示，从"可使用的引用"列表框中选中 Microsoft ActiveX Data Objects 2.1 Library 并单击"确定"按钮即可。

需要指出的是，当打开一个新的 Access 2010 数据库时，Access 可能会自动添加对

Microsoft DAO 3.6 Object Library 库和 Microsoft ActiveX Data Objects 2.1 库的引用，即同时支持 DAO 和 ADO 的数据库操作。但两者之间存在一些同名对象（如 RecordSet、Field），为此 ADO 类型库引用必须加 ADODB 短名称前缀，用于明确标识与 DAO（RecordSet）同名的 ADO 对象。

如 Dim rs As new ADODB. RecordSet 语句，显式定义了一个 ADO 类型库的 RecordSet 对象变量 rs。

1. ADO 对象模型

ADO 对象模型简图如图 9.4 所示，它提供一系列组件对象供使用。

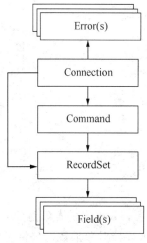

图 9.4　ADO 对象模型简图

不过，ADO 接口与 DAO 不同，ADO 对象无须派生，大多数对象都可以直接创建（Field 和 Error 除外），没有对象的分级结构。使用时，只需在程序中创建对象变量，并通过对象变量来调用访问对象方法，设置访问对象属性，这样就可实现对数据库的各项访问操作。其主要对象如下。

Connection 对象：用于建立与数据库的连接。通过连接可从应用程序访问数据源，它保存诸如指针类型、连接字符串、查询超时、连接超时和默认数据库这样的连接信息。例如，可以用连接对象打开一个对 Access 数据库的连接。

Command 对象：在建立数据库连接后，可以发出命令操作数据源。一般情况下，Command 对象可以在数据库中添加、删除或更新数据，或者在表中进行数据查询。Command 对象在定义查询参数或执行存储过程时非常有用。

RecordSet 对象：表示数据操作返回的记录集。这个记录集是一个连接的数据库中的表，或者是 Command 对象的执行结果返回的记录集。所有对数据的操作几乎都是在 RecordSet 对象中完成的，可以完成指定行、移动行、添加、更改和删除记录操作。

Field 对象：表示记录集中的字段数据信息。

Error 对象：表示数据提供程序出错时的扩展信息。

2. 主要 ADO 对象使用

ADO 的各组件对象之间都存在一定的联系（见图 9.5），了解并掌握这些对象间的联系形式和联系方法是使用 ADO 技术的基础。

在实际编程过程中，使用 ADO 存取数据的主要对象操作如下。

（1）连接数据源。利用 Connection 对象可以创建一个数据源的连接。应用的方法是 Connection 对象的 Open 方法。

语法：

```
Dim cnn As new ADODB.Connection                '创建 Connection 对象实例
cnn.Open[ConnectionString][,UserID][,PassWord][,OpenOptions]     '打开连接
```

其中，ConnectionString 是可选项，包含连接的数据库信息。最重要的就是体现 OLE DB 主要环节的数据提供者（Provider）信息。不同类型的数据源连接，需使用规定的数据提

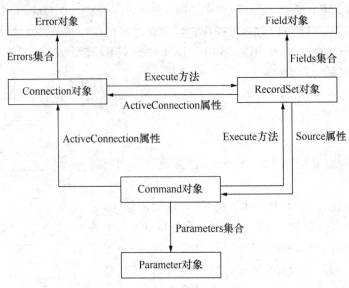

图 9.5　ADO 对象联系图

供者。数据提供者信息也可以在连接对象 Open 操作之前的 Provider 属性中设置。如 cnn 连接对象的数据提供者(Access 数据源)可以设置为：

```
cnn.Provider="Microsoft.Jet.OLEDB.4.0"
```

UserID：可选项，包含建立连接的用户名。

PassWord：可选项，包含建立连接的用户密码。

OpenOptions：可选项，假如设置为 adConnectAsync，则连接将异步打开。

此外，利用 Connection 对象打开连接之前，一般还需要考虑记录集游标位置。它是通过 CursorLocation 属性来设置的。其语法格式为：

```
cnn.CursorLocation=Location
```

其中，Location 指明了记录集存放的位置。具体取值如表 9.1 所示。

表 9.1　Location 取值说明

常　量	值	说　　明
adUseServer	2	默认值。使用数据提供者或驱动程序提供的服务器端游标
adUseClient	3	使用由本地游标库提供的客户端游标

CursorLocation 属性的简单理解就是记录集保存的位置，对于客户端游标，记录集将会被下载到本地缓冲区，这样对于大数据量查询，会导致网络资源的严重占用，而服务器端游标直接将记录集保存到服务器缓冲区上，可以大大提高页面的处理速度。

服务器端游标对数据的变化有很强的敏感性。客户端游标在处理记录集的速度上有优势，配合仅向前游标等使用可以提高程序的性能，并且少占网络资源。

如果取到记录集以后，有人修改了数据库中的数据，使用服务器端游标加上动态游标就可以得到最新的数据,而客户端游标就无法察觉到数据的变化,要根据实际情况来使用。使用服务器端游标可以调用存储过程,但无法返回记录条数(RecordCount)。

(2)打开记录集对象或执行查询。实际上,记录集是一个从数据库取到的查询结果集;执行查询则是对数据库目标表直接实施追加、更新和删除记录操作。一般有三种处理方法:一是使用记录集的 Open 方法,二是用 Connection 对象的 Execute 方法,三是用 Command 对象的 Execute 方法。其中第一部分只涉及记录集操作,第二、三部分则会涉及记录集及执行查询操作。

(3)使用记录集。得到记录集后,可以在此基础上进行记录指针定位,记录的检索、追加、更新和删除等操作。

ADO 提供了多种定位和移动记录指针的方法。主要有 Move 和 Move×××两部分方法。例如,MoveFirst、MoveLast、MoveNext、MovePrevious 等方法。

在 ADO 中,记录集内信息的快速查询检索主要提供了两种方法:Find 和 Seek。

如语句"rs. Find "姓名 LIKE '王 * '""就是查找记录集 rs 中姓"王"的记录信息,检索成功记录指针会定位到第一条王姓记录。

在 ADO 中添加新记录用的方法为 AddNew。

更新记录其实与记录重新赋值没有太大的区别,只要用 SQL 语句将要修改的记录字段数据找出来重新赋值就可以了。

提示:更新记录后,应使用 Update 方法将所更新的记录数据存储在数据库中。

在 ADO 中删除记录集中的数据的方法为 Delete 方法。这与 DAO 对象的方法相同,但是在 ADO 中它的能力增强了,可以删掉一组记录。

(4)关闭连接或记录集。在应用程序结束之前,应该关闭并释放分配给 ADO 对象(一般为 Connection 对象和 RecordSet 对象)的资源,操作系统回收这些资源并可以再分配给其他应用程序。

使用的方法为 Close 方法。

语法:

```
'关闭对象
Object.Close                        'Object 为 ADO 对象
'回收资源
Set Object=Nothing                  'Object 为 ADO 对象
```

3. 利用 ADO 访问数据库的一般过程和步骤

(1)定义和创建 ADO 对象实例变量。

(2)设置连接参数并打开连接——Connection。

(3)设置命令参数并执行命令(分为返回和不返回记录集两种情况)——Command。

(4)设置查询参数并打开记录集——RecordSet。

(5)操作记录集(检索、追加、更新、删除)。

(6)关闭、回收有关对象。

具体可参阅以下程序段分析。

程序段 1——在 Connection 对象上打开 RecordSet。

```
    ⋮
'创建对象引用
Dim cn As new ADODB.Connection              '创建一连接对象
Dim rs As new ADODB.RecordSet               '创建一记录集对象

cn.Open<连接串等参数>                        '打开一个连接
rs.Open<连接串等参数>                        '打开一个记录集

Do While Not rs.EOF                         '利用循环结构遍历整个记录集直至末尾
    ⋮                                       '安排字段数据的各类操作
    rs.MoveNext                             '记录指针移至下一条
Loop
rs.close                                    '关闭记录集
cn.close                                    '关闭连接
Set rs=Nothing                              '回收记录集对象变量的内存占用
Set cn=Nothing                              '回收连接对象变量的内存占用
    ⋮
```

程序段 2——在 Command 对象上打开 RecordSet。

```
    ⋮
'创建对象引用
Dim cm As new ADODB.Command                 '创建一命令对象
Dim rs As new ADODB.RecordSet               '创建一记录集对象
'设置命令对象的活动连接、类型及查询等属性
With cm
    .ActiveConnection=<连接串>
    .CommandType=<命令类型参数>
    .CommandText=<查询命令串>
End With
Rs.Open cm,<其他参数>                        '设置 rs 的 ActiveConnection 属性
Do While Not rs.EOF                         '利用循环结构遍历整个记录集直至末尾
    ⋮                                       '安排字段数据的各类操作
    rs.MoveNext                             '记录指针移至下一条
Loop
rs.close                                    '关闭记录集
Set rs=Nothing                              '回收记录集对象变量的内存占用
    ⋮
```

9.2　VBA 数据库编程技术

9.2.1　数据库编程分析

综合分析 Access 环境下的数据库编程，大致可以划分为以下情况。

(1) 利用 VBA＋ADO(或 DAO)操作当前数据库。

（2）利用 VBA＋ADO（或 DAO）操作本地数据库（Access 数据库或其他）。

（3）利用 VBA＋ADO（或 DAO）操作远端数据库（Access 数据库或其他）。

对于这些数据库编程设计，完全可以使用前面叙述的一般 ADO（或 DAO）操作技术进行分析和加以解决。操作本地数据库和远端数据库，最大的不同就是连接字符串的设计。对于本地数据库的操作，连接参数只需要给出目标数据库的盘符路径即可；对于远端数据库的操作，连接参数还必须考虑远端服务器的名称或 IP 地址。

从前面的 ADO（或 DAO）技术分析看，对数据库的操作都要经历打开连接、创建记录集并实施操作的主要过程。尤其是连接字符串的确定、记录集参数的选择等成为能否完成数据库操作的关键环节。关于不同数据库的连接字符串构造，网上资料也比较多，下面仅列举常用的一些数据源的连接字符串定义。

1. Access

（1）ODBC：

```
"Driver={Microsoft Access Driver(*.accdb)};Dbq=数据库文件;
Uid=Admin;Pwd=;"
```

（2）OLE DB：

```
"Provider=Microsoft.Jet.OLEDB.4.0;Data Source=数据库文件;
User ID=admin;Password=;"
```

2. SQL Server

（1）ODBC：

```
"Driver={SQL Server};Server=服务器名或 IP 地址;Database=数据库名;
Uid=用户名;Pwd=密码;"
```

（2）OLE DB：

```
"Provider=sqloledb;Data Source=服务器名或 IP 地址;
Initial Catalog=数据库名;User Id=用户名;Password=密码;"
```

3. Text

（1）ODBC：

```
"Driver={Microsoft Text Driver(*.txt;*.csv)};Dbq=文件路径;Extensions=asc,
csv,tab,txt;"
```

（2）OLE DB：

```
"Proveder=Microsoft.Jet.OLEDB.4.0;
        Extended Properties=""Text;HDR=YES;DATABASE=文件路径"""
```

或

```
"Proveder=Microsoft.Jet.OLEDB.4.0;Data Source=文件路径;
```

```
Extended Properties="""Text;HDR=Yes;FMT=Delimited"""
```

这里,HDR＝Yes 表示第一行是标题。

提示:SQL 语法:"Select * From customer.txt"。

4. Excel

(1) ODBC:

```
"Driver={Microsoft Excel Driver(*.xlsx)};Dbq=文件名;
DefaultDir=文件路径;ReadOnly=False;"
```

(2) OLE DB:

```
"Provider=Microsoft.Jet.OLEDB.4.0;Data Source=文件名;Extended
Properties="""Excel 11.0;HDR=Yes;IMEX=1"""
```

这里,HDR＝Yes 表示第一行是标题。

IMEX＝1 表示数据以文本方式读取。

Excel 97、Excel 2000、Excel 2002(XP)和 Excel 2003 工作簿分别对应 Excel 版本号为 8.0、9.0、10.0、11.0。

提示:SQL 语法:"SELECT * FROM[sheet1 $]",即工作表的名称后要加一个"$"符号,而且将名称放在一对"[]"内。

对当前数据库的操作,除了一般的 ADO 编程技术外,还有一些特殊的处理方法需要了解和掌握。

1. 直接打开(或连接)当前数据库

在用 Access 的 VBA＋DAO 操作当前数据库时,系统提供了一种数据库打开的快捷方式,即 Set dbName＝Application.CurrentDB(),用以绕过 DAO 模型层次开头的两层集合并打开当前数据库,但在 Office 其他套件(如 Word、Excel、PowerPoint 等)的 VBA 及 Visual Basic 的代码中则不支持 Application 对象的 CurrentDB()用法。

在用 Access 的 VBA＋ADO 操作当前数据库时,系统也提供了上述类型的当前数据库连接快捷方式,即 Set cnn＝Application.CurrentProject.Connection,它指向一个默认的 ADODB.Connection 对象,该对象与当前 Access 数据库的 Jet OLE DB 服务提供者一起工作。不像 CurrentDB()是可选的,必须使用 Application.CurrentProject.Connection 作为当前打开数据库的 ADODB.Connection 对象的引用。

实际上,借助 Application.CurrentProject 对象引用的当前 Access 项目还可获得当前项目的其他一些有用属性和方法。如 Application.CurrentProject.Path 可返回项目的路径等。

需要说明的是,Application 对象是 Access 的基类对象,包含其所有对象和集合。实际使用时可以省略前面的 Application。使用 Application 对象,可以将其方法或属性设置应用于整个 Access 应用程序。

2. 绑定表单窗体与记录集对象并实施操作

可以绑定表单窗体(或控件)与记录集对象,从而实现对记录数据的多种操作形式。

这些窗体和控件的相关属性如下。

（1）RecordSet 属性。返回或设置 ADO RecordSet 或 DAO RecordSet 对象,代表指定窗体、报表、列表框控件或组合框控件的记录源,可读写。该属性是窗体(报表及控件)记录源的直接反映,如果更改其 RecordSet 属性返回的记录集内某记录为当前记录,则会直接影响表单窗体(或报表)的当前记录。

RecordSet 属性的读/写行为取决于该属性所标识的记录集内所包含的记录集类型(ADO 或 DAO)和数据类型(Jet 或 SQL)。具体参阅表 9.2。

表 9.2　RecordSet 属性的读/写行为

记录集类型	基于 SQL 数据	基于 Jet 数据
ADO	读/写	读/写
DAO	N/A	读/写

（2）RecordSetClone 属性。返回由窗体的 RecordSource 属性指定的基础查询或基础表的一个副本,只读。如果窗体基于一个查询,那么对 RecordSetClone 属性的引用与使用相同查询来复制 RecordSet 对象是等效的。

使用 RecordSetClone 属性可以独立于窗体本身对窗体上的记录进行导航或操作。例如,如果要使用一个不能用于窗体的方法(如 DAO Find 方法),则可以使用 RecordSetClone 属性。

提示:与使用 RecordSet 属性不同的是,对 RecordSetClone 属性返回记录集的操作一般不会直接影响表单窗体(或报表)的输出,只有重新启动对象或刷新其记录源(对象.Requery)时,状态变化才会反映在表单窗体(或报表)之上。

（3）RecordSource 属性。指定窗体或报表的数据源。String 型,可读写。

RecordSource 属性设置可以是表名称、查询名称或者 SQL 语句。

如果对打开的窗体或报表的记录源进行了更改,则会自动对基础数据进行重新查询。如果窗体的 RecordSet 属性在运行时设置,则会更新窗体的 RecordSource 属性。

下面举例说明 VBA 的数据库编程应用。

【实例 9.1】 试编写子过程分别用 DAO 和 ADO 来完成对"教学管理.accdb"文件中"学生表"的学生年龄都加 1 的操作。假如文件存放在 E 盘"考试中心教程"文件夹中。

子过程 1——使用 DAO。

```
Sub SetAgePlusl()
    '定义对象变量
    Dim ws As DAO.Workspace              '工作区对象
    Dim db As DAO.Database               '数据库对象
    Dim rs As DAO.Recordset              '记录集对象
    Dim fd As DAO.Field                  '字段对象

    '如果操作当前数据库,可用 Set db=CurrentDb()来替换下面两条语句
    Set ws=DBEngine.Workspaces(0)        '打开 0 号工作区
```

```
Set db=ws.OpenDatabase("e:\考试中心教程\教学管理.accdb")      '打开数据库

Set rs=db.OpenRecordset("学生表")               '返回"学生表"记录集
Set fd=rs.Fields("年龄")                        '设置"年龄"字段引用

'对记录集使用循环结构进行遍历
Do While Not re.EOF
    rs.Edit                                     '设置为"编辑"状态
    fd=fd+1                                      '年龄加 1
    rs.Update                                   '更新记录集,保存年龄值
    rs.MoveNext                                 '记录指针移动至下一条
Loop

'关闭并回收对象变量
rs.Close
db.Close
Set rs=Nothing
Set db=Nothing
End Sub
```

子过程 2——使用 ADO。

```
Sub SetAgePlus2()
    '创建或定义对象变量
    Dim cn As New ADODB.Connection              '连接对象
    Dim rs As New ADODB.Recordset               '记录集对象
    Dim fd As ADODB.Field                       '字段对象
    Dim strConnect As String                    '连接字符串
    Dim strSQL As String                        '查询字符串
    '如果操作当前数据库,可用 Set cn=CurrentProject.Connection 替换下面三条语句
    strConnect="e:\考试中心教程\教学管理.accdb" '设置连接数据库
    cn.Provider="Microsoft.Jet.OLEDB.4.0"       '设置 OLE DB 数据提供者
    cn.Open strConnect                          '打开与数据源的连接

    strSQL="Select 年龄 from 学生表"             '设置查询表
    rs.Open strSQL,cn,adOpenDynamic,adLockOptimistic,adCmdText    '记录集
    Set fd=rs.Fields("年龄")

    '对记录集使用循环结构进行遍历
    Do While Not rs.EOF
        fd=fd+1                                 '年龄加 1
        rs.Update                               '更新记录集,保存年龄值
        rs.MoveNext                             '记录指针移动至下一条
    Loop
```

```
'关闭并回收对象变量
    rs.Close
    cn.Close
    Set rs=Nothing
    Set cn=Nothing
End Sub
```

【**实例 9.2**】 假设"教学管理"数据库内存在学生信息表 stud(sno,sname,ssex)。其中性别 ssex 字段已经建立索引。编程查询男同学的第一条和最后一条记录。

```
Private Sub Form_Load()
    Dim rs As ADODB.RecordSet
    Set rs=New ADODB.Recordset

    rs.ActiveConnection="Provider=Microsoft.Jet.OLEDB.4.0;"&_
              "Data Source=e:\考试中心教程\教学管理.accdb;"
    rs.CursorType=adOpenKeyset
    rs.LockType=adLockOptimistic
    rs.Index="ssex"                             '设置 Index 属性,配合 Seek 检索用
    rs.Open "stud",,,,adCmdTableDirect          '打开记录集,并保证 Seek 检索
    rs.Seek "男",adSeekFirstEQ                   '查找男第一条记录
    Debug.Print rs("sno"),rs("sname"),rs("ssex") '调试窗口输出记录信息
    rs.Seek "男",adSeekLastEQ                    '查找男最后一条记录
    Debug.Print rs("sno"),rs("sname"),rs("ssex") '调试窗口输出记录信息
    rs.Close
    Set rs=Nothing
End Sub
```

【**实例 9.3**】 下面的过程示例是打开一个记录集,然后通过将当前窗体的 RecordSet 属性设为新建 RecordSet 对象,从而将窗体与记录集绑定。然后,使用窗体过滤(Filter)属性选择女教师信息。

```
Dim rs As ADODB.Recordset                    '定义变量
Sub GetRS()
    Set rs=New ADODB.Recordset               '创建变量
    rs.CursorLocation=adUseClient            '设置游标类型
    rs.Open "Select * From 教师表",CurrentProject.Connection,adOpenKeyset,
    adLockOptimistic
    Set Me.Recordset=rs                      '设置窗体的 Recordset 属性,注意,必须用 Set
    'Filter 属性可以在对窗体、报表、查询或表应用筛选时指定要显示的记录子集
    Me.Filter="性别='女'"
    'FilterOn 属性确定是否应用窗体或报表的 Filter 属性(取 True 或 False)
    Me.FilterOn=True
End Sub
```

【**实例 9.4**】 分别使用 RecordSet 和 RecordSetClone 属性来实现表单窗体记录集内

的记录和窗体当前记录的同步。当从组合框中选择学生姓名时,使用 DAO FindFirst 方法来定位该学生的记录。

```
'使用 Recordset 属性实现同步
Sub SNamel()
    Dim rst As DAO.Recordset
    Dim strSName As String
    Set rst Me.Recordset
    srtSName=Me!SName
    ret.FindFirst "姓名='"& strSName & "'"
    If rst.NoMatch Then
        MsgBox "无该记录!"
    End If
End Sub
'使用 RecordsetClone 属性实现同步
Sub SName2()
    Dim rst As DAO.Recordset
    Dim strSName As String
    Set rst=Me.RecordsetClone
    strSName=Me!SName
    rst.FindFirst "姓名='"& strSName & "'"
    If rst.NoMatch Then
        MsgBox "无该记录!"
    Else
    'Bookmark 为书签,用来标识窗体基表、基础查询或 SQL 语句中的特定记录
      Me.Bookmark=rst.Bookmark
    End If
    rst.Close
End Sub
```

【实例 9.5】 使用 ADO 和 OLE DB 技术连接 Excel 磁盘文件 MyBook.xlsx。该文件为 Excel 2010 版,且第一行为标题设置。

```
Dim cn As ADODB.Connection                       '定义变量
Set cn=New ADODB.Connection                      '创建实例
With cn
    .Provider="Microsoft.Jet.OLEDB.4.0"          '设置 OLE DB 提供者
    .ConnectionString="Data Source=C:\MyFolder\MyBook.xlsx; "&_
    "Extended Properties=Excel 11.0;HDR=Yes;" '连接字符串
    .Open                                        '打开连接
End With
```

【实例 9.6】 使用 ADO 和 OLE DB 技术连接 C 盘根目录下文本磁盘文件 aaa.txt。该文档结构内容如下。

a,b,c

1,2,3

2,3,4

3,4,5

每行数据间用逗号分隔,且第一行为标题设置。

代码如下:

```
Sub Text()
    Dim iDB       As ADODB.Connection
    Dim iRe       As ADODB.Recordset
    Dim iConc   $
    '设置数据库的连接字符串。c:\是文本文件所在目录
    iconc="Provider=Microsoft.Jet.OLEDB.4.0;"_
            "Extended Properties=""Text;HDR=Yes;DATABASE=c:\ """
    Set iDB=New ADODB.connection
    iDB.Open iConc
    Set iRe=New ADODB.Recordset
    '使用的时候注意,要将.txt换成#txt
    iRe.Open " [aaa#txt] ",iDB          ' [aaa#txt]是文件名 aaa.txt
    MsgBox iRe(0)                        '消息框输出第一行的首行记录值,这里为 1
    '关闭并回收对象变量
    iRe.Close
    Set iRe=Nothing
    iDB.Close
    Set iDB=Nothing
End Sub
```

【实例 9.7】　存在关系 STUD(学号,姓名,性别,年龄),试编程分别实现其主键设置和取消。

```
'设置主键为"学号"字段
Function AddPrimaryKey()
    Dim strSQL As String
    'SQL 语句设置主键
    strSQL="ALTER TABLE STUD ADD CONSTRAINT PRIMARY_KEY"_
            &"PRIMARY KEY(学号)"
    CurrentProject.Connection.Execute strSQL
End Function
'取消 STUD 表的主键
Function DropPrimaryKey()
    Dim strSQL As String
    'SQL 语句取消主键
    strSQL="ALTER TABLE STUD Drop CONSTRAING PRIMABY_KEY"
    CurrentProject.Connection.Execute strSQL
End Function
```

【实例 9.8】　下面的过程示例是定义一个对象变量,发挥当前窗体的 RecordSet 属性

记录集引用,最后输出记录集(即窗体记录源)的记录个数。

```
Sub GetRecNum()
    Dim rs As Object                '定义对象变量
    Set rs=Me.Recordset             '引用窗体的 Recordset 属性,注意,必须用 Set
    MsgBox rs.RecordCount
End Sub
```

【实例 9.9】　根据窗体上组合框控件 cmbZHICHE 中选定的教师职称,将窗体的记录源更改为"教师表"的有关信息。该组合框的内容由一条 SQL 语句决定,该语句返回的是选定职称教师的信息。"职称"的数据类型为"文本"型。

```
Sub cmbZHICHE_AfterUpdate()
    Dim strSQL As String
    strSQL="SELECT * FROM教师表"&"WHERE 职称='"& Me!cmbZHICHE &"'"
    Me.RecordSource=strSQL          '设置窗体的记录源属性
End Sub
```

【实例 9.10】　已经设计出一个表格式表单窗体,可以输出教师表的相关字段信息。按照以下功能要求补充设计。

(1) 改变窗体当前记录时,弹出消息提示"选择的教师是×××"。

(2) 单击"记录删除"按钮,直接删除窗体当前记录。

(3) 单击"退出"按钮,关闭窗体。

其效果示意图如图 9.6 所示。

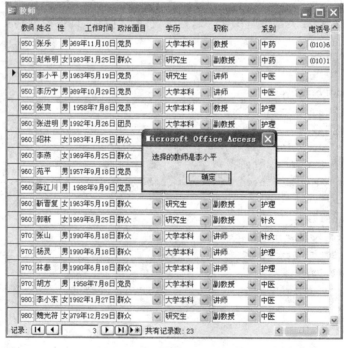

图 9.6　当前记录变化示意图

代码如下：

```
'单击"退出"按钮,关闭窗体
Private Sub btnCancel_Click()
    DoCmd.Close
End Sub
'单击"记录删除"按钮,直接删除窗体当前记录
Private Sub btnDelete_Click()
    Me.Recordset.Delete
End Sub
'表格式窗体当前记录变化时触发 Form_Current 事件
Private Sub Form_Current()
    MsgBox "选择的教师是" & Me!姓名        ' "姓名"为文本框控件名称
    '也可以使用窗体以下 Recordset 属性
    MsgBox "选择的教师是" & Me.Recordset.Fields(1)
    MsgBox "选择的教师是" & Me.Recordset.Fields("姓名")
End Sub
```

【**实例 9.11**】 编写程序过程,用 ADO 实现在学生基本信息表中查询学生信息的操作。具体要求：创建查询窗体,当用户在查找内容输入框中输入学生"籍贯"信息并单击"查询"按钮时,查找符合条件的学生信息。若找到则显示相应数据记录,否则,提示相应信息。

【**操作步骤**】

(1) 创建查询窗体,添加如下控件。

文本框控件 1：名字 Strjg,标签标题"输入学生籍贯："。

文本框控件 2：名字 w1,标签标题"学号"。

文本框控件 3：名字 w2,标签标题"姓名"。

文本框控件 4：名字 w3,标签标题"性别"。

文本框控件 5：名字 w4,标签标题"籍贯"。

文本框控件 6：名字 Recc,标签标题"符合条件记录数："。

4 个浏览记录的按钮控件,名字分别为 Cfirst、Cprev、Cnext、Clast,标题分别为"首记录"、"上一条"、"下一条"、"末记录"。

两个查询操作按钮控件,名字分别为 Rccx 和 Rcjx,标题分别为"查询"和"继续",窗体运行结果如图 9.7 所示。

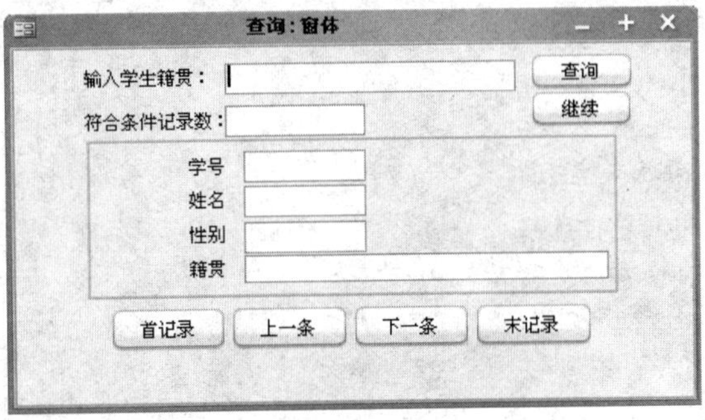

图 9.7 查询窗体视图

（2）建立事件过程代码。

```
Option Compare Database
Dim cn1 As New ADODB.Connection
Dim rs As New ADODB.Recordset
Dim x as String
Dim y as String

Private Sub Rccx_Click()
        Set cn1=CurrentProject.Connection
        y=Trim(Me!strjg)

        x="select * from b2 where jg='" & y & "'"
        rs.LockType=adLockPessimistic
        rs.CursorType=adOpenKeyset
        rs.Open x, cn1, adCmdText
        If rs.RecordCount=0 Then
                MsgBox "没有符合条件的记录", vbInformation, "提示"
                rs.Close
                cn1.Close
                Set rs=Nothing
                Set cn1=Nothing
                Me!com1.Enabled=True
                Me!cx.SetFocus
                Me!com2.Enabled=False
        Else
                Me!Recc=rs.RecordCount
                Call s1
                Me!cx.SetFocus
                Me!com1.Enabled=False
                Me!com2.Enabled=True
        End If
End Sub

Private Sub Rcjx_Click()
                rs.Close
                cn1.Close
                Set rs=Nothing
                Set cn1=Nothing
                Me!com1.Enabled=True
                Me!cx.SetFocus
                Me!com2.Enabled=False
End Sub
```

```
Private Sub s1()
Me!w1=rs.Fields(0)
            Me!w2=rs.Fields(1)
            Me!w3=rs.Fields(2)
            Me!w4=rs.Fields(3)
End Sub

Private Sub Formcx_Load()
            Me!w1=""
            Me!w2=""
            Me!w3=0
            Me!w4=""
            Me!cx=""
            Me!wj=""
End Sub

Private Sub Cfirst_Click()
            rs.MoveFirst
            Call s1
End Sub

Private Sub Cprev_Click()
            rs.MovePrevious
            If rs.BOF Then
              rs.MoveLast
            End If
            Call s1
End Sub

Private Sub Cnext_Click()
            rs.MoveNext
            If rs.EOF Then
              rs.MoveFirst
            End If
            Call s1
End Sub

Private Sub Clast_Click()
            rs.MoveLast
            Call s1
End Sub
```

在上述几例中,主要介绍了使用 DAO 和 ADO 对象进行数据库编程的基本知识,熟练掌握 DAO 和 ADO 中的各个对象的使用,对使用 VBA 开发数据应用系统十分重要。必须说明的是,DAO 和 ADO 中各个对象都具有自己的属性和方法。由于篇幅所限,本书不做详细介绍。

9.2.2　特殊函数与 RunSQL 方法

下面介绍数据库数据访问和处理时使用的几个特殊域聚合函数及 DoCmd 对象下 RunSQL 方法的使用。

1. Nz 函数

Nz 函数可以将 Null 值转换为 0、空字符串("")或者其他的指定值。在数据库字段数据处理过程中,如果遇到 Null 值的情况,就可以使用该函数将 Null 值转换为规定值以防止它通过表达式去扩散。

调用格式:

Nz(表达式或字段属性值[,规定值])

当"规定值"参数省略时,如果"表达式或字段属性值"为数值型且值为 Null,Nz 函数返回 0;如果"表达式或字段属性值"为字符型且值为 Null,Nz 函数返回空字符串("")。当"规定值"参数存在时,如果"表达式或字段属性值"为 Null,Nz 函数返回"规定值"。

【实例 9.12】　对窗体 test 上的一个控件 tValue 进行判断,并返回基于控件值的两个字符串之一。如果控件值为 Null,则使用 Nz 函数将 Null 值转换为空字符串。

代码如下。

```
Sub CheckValue()
    Dim fm As Form,ctl As Control
    Dim strResult

    Set fm=Forms!test                    '返回指向 test 窗体的 Form 对象变量
    Set ctl=fm!tValue                    '返回指向 tValue 的控件对象变量
    '根据控件的值选择结果
    strResult=IIf(Nz(ctl.Value)="","值不存在!","值为"& ctl.Value)
    MsgBox strResult                     '消息框显示结果
End Sub
```

2. DCount 函数、DAvg 函数和 DSum 函数

DCount 函数用于返回指定记录集中的记录数;DAvg 函数用于返回指定记录集中某个字段列数据的平均值;DSum 函数用于返回指定记录集中某个字段列数据的和。它们均可以直接在 VBA、宏、查询表达式或计算控件中使用。

调用格式:

```
DCount(表达式,记录集[,条件式])
DAvg(表达式,记录集[,条件式])
DSum(表达式,记录集[,条件式])
```

这里,"表达式"用于标识统计的字段;"记录集"是一个字符串表达式,可以是表的名称或查询的名称;"条件式"是可选的字符串表达式,用于限制函数执行的数据范围。"条件式"

一般要组织成 SQL 表达式中的 WHERE 子句,只是不含 WHERE 关键字,如果忽略,函数在整个记录集的范围内计算。

【实例 9.13】 在一个文本框控件中显示"教师表"中女教师的人数。

设置文本框控件的"控件源(ControlSource)"属性为以下表达式:

```
=DCount("编号","教师表","性别='女'")
```

【实例 9.14】 在一个文本框控件中显示"学生表"中学生的平均年龄。

设置文本框控件的"控件源(ControlSource)"属性为以下表达式:

```
=DAvg("年龄","学生表")
```

3. DMax 函数和 DMin 函数

DMax 函数用于返回指定记录集中某个字段列数据的最大值;DMin 函数用于返回指定记录集中某个字段列数据的最小值。它们均可以直接在 VBA、宏、查询表达式或计算控件中使用。

调用格式:

```
DMax(表达式,记录集[,条件式])
DMin(表达式,记录集[,条件式])
```

其中,"表达式"用于标识统计的字段;"记录集"是一个字符串表达式,可以是表的名称或查询的名称;"条件式"是可选的字符串表达式,用于限制函数执行的范围。"条件式"一般要组织成 SQL 表达式中的 WHERE 子句,只是不含 WHERE 关键字,如果忽略,函数在整个记录集的范围内计算。

【实例 9.15】 在一个文本框控件中显示"学生表"中男同学的最大年龄。

设置文本框控件的"控件源(ControlSource)"属性为以下表达式:

```
=DMax("年龄","学生表","性别='男'")
```

4. DLookup 函数

DLookup 函数是从指定记录集中检索特定字段的值。它可以直接在 VBA、宏、查询表达式或计算控件中使用,而且主要用于检索来自外部表(而非数据源表)字段中的数据。

调用格式:

```
DLookup(表达式,记录集[,条件式])
```

这里,"表达式"用于标识需要返回其值的检索字段;"记录集"是一个字符串表达式,可以是表的名称或查询的名称;"条件式"是可选的字符串表达式,用于限制函数的检索范围。"条件式"一般要组织成 SQL 表达式中的 WHERE 子句,只是不含 WHERE 关键字,如果忽略,函数在整个记录集的范围内查询。

如果有多个字段满足"条件式",DLookup 函数将返回第一个匹配字段所对应的检索字段值。

【实例 9.16】 试根据窗体上一个文本框控件(名为 tNum)中输入的课程编号,将"课程表"中对应的课程名称显示在另一个文本框控件(名为 tName)中。

添加以下窗体事件过程即可。

```
Private Sub tNum_AfterUpdate()
    '用于字符串型条件值,则字符串的单引号不能丢失
    '用于日期型条件值,则日期的#号不能丢失
    Me!tName=DLookup("课程名称","课程表","课程编号='"& Me!tNum &"'")
End Sub
```

这些域聚合函数是 Access 为用户提供的内置函数,通过这些函数可以方便地从一个表或查询中取得符合一定条件的值赋予变量或控件值,而无须进行数据库的连接、打开等操作,这样编写的代码要少很多。

但是如果需要更灵活的设计,比如所查询的域没有在一个固定的表或查询中,而是一个动态的 SQL 语法,或是临时生成的、复杂的 SQL 语句,此时还是需要从 DAO 或者 ADO 中定义记录集来获取值。因为上述域聚合函数毕竟是一个预先定义好格式的函数,支持的语法有限。

5. DoCmd 对象的 RunSQL 方法

用来运行 Access 的操作查询,完成对表的记录操作。还可以运行数据定义语句实现表和索引的定义操作。它也无须从 DAO 或者 ADO 中定义任何对象进行操作,使用方便。

调用格式:

```
DoCmd.RunSQL(SQLStatement[,UseTransaction])
```

SQLStatement 为字符串表达式,表示操作查询或数据定义查询的有效 SQL 语句。它可以使用 INSERT INTO、DELETE、SELECT…INTO、UPDATE、CREATE TABLE、ALTER TABLE、DROP TABLE、CREATE INDEX 或 DROP INDEX 等 SQL 语句。UseTransaction 为可选项,使用 True 可以在事务处理中包含该查询,使用 False 则不使用事务处理。默认值为 True。

【实例 9.17】 编程实现学生表中学生年龄加 1 的操作。

添加以下几行代码即可。

```
Dim strSQL As String                        '定义变量
strSQL="Update 学生表 Set 年龄=年龄+1"      '赋值 SQL 操作字符串
DoCmd.RunSQL  strSQL                         '执行查询
```

习　题

一、选择题

1. 能够实现从指定记录集里检索特定字段值的函数是_____。

　　A. Nz　　　　　　B. DSum　　　　　　C. Rnd　　　　　　D. DLookup

2. DAO 模型层次中处在最顶层的对象是_____。

A. DBEngine　　B. Workspace　　　C. Database　　　D. RecordSet

3. ADO 对象模型中可以打开 RecordSet 对象的是_____。

    A. 只能是 Connection 对象

    B. 只能是 Command 对象

    C. 可以是 Connection 对象和 Command 对象

    D. 不存在

4. ADO 的含义是_____。

    A. 开放数据库互连应用编程接口　　　B. 数据库访问对象

    C. 动态链接库　　　　　　　　　　　D. Active 数据对象

二、填空题

1. VBA 中主要提供了三种数据库访问接口：ODBC API、_____和_____。

2. DAO 对象模型采用分层结构，其中位于最顶层的对象是_____。

3. Access 的 VBA 编程操作本地数据库时，提供一种 DAO 数据库打开的快捷方式是_____，而相应也提供一种 ADO 的默认连接对象是_____。

4. DAO 模型中，主要的控制对象有_____、_____、_____、_____、QueryDef 和 Error。

5. ADO 对象模型主要有_____、_____、_____、_____和 Error 5 个。

6. 已知一个名为"学生"的 Access 数据库，库中的表 stud 存储学生的基本情况信息，包括学号、姓名、性别和籍贯。下面程序的功能是：通过窗体向 stud 表中添加学生记录。对应"学号"、"姓名"、"性别"和"籍贯"的 4 个文本框的名称分别为：tNo、tName、tSex 和 tRes。当单击窗体上的"增加"命令按钮（名称为 Commandl）时，首先判断学号是否重复，如果不重复则向 stud 表中添加学生记录；如果学号重复，则给出提示信息。当单击窗体上的"退出"命令按钮（名称为 Command2）时，关闭当前窗体。

依据要求功能，请将以下程序补充完整。

```
Private Sub Form_Load()
    '打开窗口时,连接 Access 数据库
    Set ADOcn=CurrentProject Connection
End Sub

Dim ADOcn As New ADODB.Connection
Private Sub Commandl_Click()
'增加学生记录
    Dim strSQL As String
    Dim ADOrs As New ADO.Recordset
    Set ADOrs ActiveConnection=ADOcn
    ADOrs.Open "Select 学号 From Stud Where 学号='"+tNo+"'"
    If Not ADOrs._____ Then
        MsgBox "你输入的学号已存在,不能新增加!"
    Else
```

```
            StrSQL="Insert Into stud(学号,姓名,性别,籍贯)"
            StrSQL=strSQL+"Values('"+tNo+"', '"+tName+"', '"+tSex+"', '"+tRes+"')"
            ADOrs.Execute _____
            MsgBox "添加成功,请继续!"
        End If
        ADOrs.Close
        Set ADOrs=Nothing
    End Sub

    Private Sub Command_Click()
        Docmd.Close
    End Sub
```

7. Nz 函数主要用于处理_____值时的情况;Dlookup 函数的功能是_____。

参 考 文 献

[1] 教育部考试中心. 全国计算机等级考试二级教程——Access 数据库程序设计(2013 年版). 北京：高等教育出版社,2013.

[2] 徐秀花,程晓锦,李业丽. Access 2010 数据库应用技术教程. 北京：清华大学出版社,2013.

[3] 科教出版室. Access 2010 数据库技术及应用(第 2 版).北京：清华大学出版社,2011.

[4] 全国计算机等级考试命题组. 全国计算机等级考试上机考试与题库解析——二级 Access. 北京：北京邮电大学出版社,2012.

[5] 付兵. 数据库基础及应用——Access 2010. 北京：科学出版社,2012.

[6] NCRE 研究组. 全国计算机等级考试考点解析、例题精解与实战练习——二级 Access 数据库程序设计. 北京：高等教育出版社,2010.

[7] 全国计算机等级考试命题组. 全国计算机等级考试考眼分析与样卷解析——二级 Access. 北京：北京邮电大学出版社,2012.

[8] 李梓. Access 数据库系统及应用. 北京：科学出版社,2009.